微量润滑智能与洁净精密制造
案例库设计

李长河　杨　敏　张彦彬　张乃庆　刘　波　著
卢秉恒　主审

科学出版社
北京

内 容 简 介

本项目教学案例库的建设是基于智能与洁净精密制造课题组15年的持续研究与工程实践,在国家自然科学基金(51175276,51575290,51975305,51905289)以及山东省重点研发计划重大创新工程项目(2019JZZY020111)的支持下开展的研究工作。

全书主要内容包括微量润滑磨削案例库的国内外研究现状及难题描述、纳米流体微量润滑可降解基础油案例库设计、纳米流体微量润滑砂轮/工件流场案例库设计、纳米粒子射流微量润滑供给系统案例库设计、静电雾化微量润滑供给系统案例库设计、超声波振动辅助磨削的纳米流体微量润滑案例库设计、纳米流体热物理参数在线测量系统案例库设计、低温冷却纳米粒子射流微量润滑供给系统案例库设计、多自由度微量润滑智能供给系统案例库设计、纳米流体微量润滑轴向力可控的外科骨钻案例库设计、医用材料纳米流体微量润滑磨削装置与工艺案例库设计、纳米流体微量润滑磨削工艺与表面评价案例库设计等内容。

本书可作为高等院校机械类、近机类各专业的本科生与研究生的教材和参考书,同时也可供机械工程专业技术人员学习和参考使用。

图书在版编目(CIP)数据

微量润滑智能与洁净精密制造案例库设计 / 李长河等著. —北京:科学出版社,2020.12
ISBN 978-7-03-066853-0

Ⅰ. ①微… Ⅱ. ①李… Ⅲ. ①纳米润滑—磨削—研究 Ⅳ. ①TG580.1

中国版本图书馆 CIP 数据核字(2020)第 225392 号

责任编辑:邓 静 张丽花 / 责任校对:王 瑞
责任印制:张 伟 / 封面设计:迷底书装

科学出版社 出版
北京东黄城根北街 16 号
邮政编码:100717
http://www.sciencep.com

北京建宏印刷有限公司 印刷
科学出版社发行 各地新华书店经销
*

2020 年 12 月第 一 版 开本:720×1000 1/16
2020 年 12 月第一次印刷 印张:17 3/4
字数:358 000

定价:158.00 元
(如有印装质量问题,我社负责调换)

前　　言

　　随着科学技术的迅速发展，国民经济各部门所需求的多品种、多功能、高精度、高品质、高度自动化的技术装备的开发和制造，促进了先进制造技术的发展。磨削加工技术是先进制造技术中的重要领域，是现代机械制造业中实现精密加工和超精密加工最有效、应用最广的基本工艺技术。为使研究生学习和掌握该领域的理论、技术与工艺，十分有必要构建教学案例库，让研究生在案例中学习并深刻理解绿色智能制造技术与工艺。同时，案例库将有效弥补研究生在该领域实践的缺乏。

　　案例学习的意义在于通过展现层次丰富、角度不同，彼此之间有密切逻辑关系的事实，回答"为什么"和"怎么样"的问题，而不是对"应该是什么"之类的问题做出直接判断。它是一种理论联系实际的、启发式的、教学相长的教学过程，是一个准确、有效的复杂过程，也是形象生动的代表物，具有方法论意义。更具体的，构建磨削加工理论与技术课程案例库的重要意义包括：首先，它是案例教学的基本条件。没有好的案例，案例教学就成了无米之炊。其次，案例库具有知识存储和知识管理功能，案例库可以对案例进行统一编选、制作，并对入库案例进行及时更新，使入库案例具有良好的覆盖性和系统性，并形成大量的工程案例积累，从而使教师和学生可以更为方便地使用案例及进行工程项目研究。另外，案例库还具有交流功能，案例库之间、案例库与工程项目部门、工程培训机构间可以进行案例的交流和共享，从而扩大案例的使用范围。最后，案例库还具有资源整合功能，通过整合教师、学生、企业等资源，案例不断地得到教学检验和市场检验，从而使案例的质量和数量不断提高。

　　绿色制造是国际上广泛关注的制造技术发展前沿，也是"中国制造 2025"制造强国战略部署的五大工程之一。传统切削油液在机械工业的大量普及使用已有数百年的历史，解决了切削加工界面强热力耦合作用下的冷却、润滑和排屑等技术难题，但其使用过程中产生的切削油雾以及废弃油液排放导致了严重职业健康危害和环境污染。随着环保立法和环保督查政策日益严格，切削油液的成本也日益高昂。少或无切削油液的准干式制造成为机械工业绿色发展的迫切需要和亟需突破的瓶颈技术。

　　本书是多年来产学研持续合作的成果，构筑了微量润滑基础油制备、多能场智能可控输运、纳米流体热物性检测、准干式制造工艺体系等核心关键技术案例库。本书由青岛理工大学李长河、杨敏、张彦彬，以及上海金兆节能科技有限公司张乃庆和四川明日宇航工业有限责任公司刘波合著完成。另外，课题组的吴启东高级工程师、侯亚丽老师以及研究生也参与了本书部分内容的研究工作。在编写过程中，得到了著者所在院校和科学出版社的大力支持，在此表示诚挚的感谢！

　　本书承蒙中国工程院院士、西安交通大学卢秉恒教授主审。卢院士提出了许多宝贵的建议，在此表示衷心的感谢。

　　在本书撰写过程中得到了许多专家、同仁的大力支持和帮助，参考了许多教授、专家的有关文献，在此一并向他们表示衷心的感谢。

　　由于著者的水平和时间有限，书中难免存在疏漏和不当之处，恳请广大读者批评指正。

著　者

2020 年 9 月

目　　录

第1章 绪 论

1.1 概 述

随着科技的日益发展，机械加工行业对硬脆性材料、难加工材料以及新型先进材料的需求量不断增加，对关键零件的加工质量、加工精度以及加工效率也提出了更高的要求。在磨削加工过程中，去除材料的方式是通过磨粒的负前角切削，因此磨削加工切除单位体积的材料需要消耗大量的能量，这些能量远远大于切削、铣削和钻削等机械加工形式[1,2]。而消耗的这些能量绝大部分被转化成了热量，同时因为砂轮高速旋转，砂轮表面的每个磨粒在磨削过程中与工件接触时间很短，另外由于材料的去除体积较小，因此磨屑带走的热量极少，大约仅有不到10%的热量被磨屑带离磨削区[3]，90%以上的热量传递到了砂轮和工件基体内，引起工件表面温度升高。磨削温度对被加工零件的表面质量和砂轮磨粒的切削性能有很大的影响[4,5]。当磨削温度较高时，会使零件出现磨削烧伤现象；另外在高温下，磨粒的硬度大大下降，而且磨粒与被磨材料之间产生黏结磨损与扩散磨损，这使磨粒快速钝化，失去应有的切削能力，使砂轮的使用寿命缩短，降低了加工精度[6]。这些加工缺陷严重制约着零件加工精度及加工效率的提高[7]。在当前追求资源节约、环境友好且能源利用率高的绿色可持续磨削加工技术的背景下，纳米流体微量润滑技术应运而生[8-10]。其将一定的纳米级固体粒子加入可降解的微量润滑中制备成纳米流体，通过高压气体将纳米流体进行雾化，并以射流的方式喷入磨削区，高压气体起冷却、除屑和输送润滑液的作用；微量润滑液起润滑和减摩的作用；在相同粒子体积分数下，纳米级固体粒子的表面积和热容量远大于毫米级或微米级的固体粒子，因此纳米流体的导热能力将大幅度增加。更进一步的研究结果表明[11]：纳米粒子具有极好的抗磨减摩特性和高的承载能力，可进一步提高磨削区的润滑减摩的摩擦学性能。为全面系统地探究纳米流体微量润滑作用机制，提高其在磨削加工中的综合运用效率，建立纳米流体微量润滑剂的制备、供给、注入、辅助磨削工艺集成设计以及指标和表面评价的案例库尤为重要。

1. 浇注式磨削加工

浇注式磨削是较为传统的一种加工方式，通过喷嘴向磨削区大量供给磨削液，以达到充分冷却的目的，防止工件表面烧伤。但是，在实际加工过程中，砂轮在高速旋转的同时，周边容易形成气障层，阻碍了磨削液的进入。大量的磨削液难以进入加工界面，因而冷却与润滑效果并不理想。另外，从喷嘴出来的磨削液有四部分走向：砂轮、工件、随着砂轮的旋转进入砂轮/工件接触界面、到达砂轮与工件组成的楔形入口区后冲破气障层的阻碍作用进入磨削区。而只有第三和第四部分，即进入磨削区起到冷却与润滑作用的这部分磨削液为有效磨削液。在浇注式磨削中，实际磨削液的有效流量仅为喷嘴总流量的 5%～40%[12]，使用效率较低，造成了资源浪费。此外，切削液的使用与处理成本大大增加，Sancheza 等[13]统计出制造业中冷却液的占比，如图 1-1 所示，其中冷却液的使用成本占据加工工艺的 18%，而在这18%的费用中，配备润滑液的费用仅占其 14%，其余相关费用占 86%。

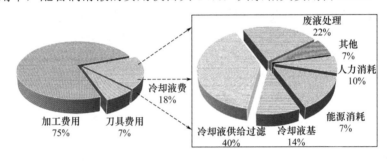

图 1-1　冷却液占比

在环保方面，在磨削加工过程中磨削液会在磨削区受热挥发，还会发生泄漏逸出等，造成加工车间空气环境恶化，污染水源和土壤，严重破坏生态系统；挥发的磨削液会对操作工人的皮肤和呼吸系统造成伤害，严重威胁工人的身体健康[14]。大流量供给磨削液的浇注式磨削不仅增加了磨削液的回收处理成本，而且造成了磨削液的浪费，对环境产生了极坏的影响。当前环境和资源问题成为人类的共同挑战，针对如何实现可持续性发展已达成共识，绿色制造无疑是工业升级转型的必经之路。发展绿色制造技术，有利于缓解当前环境资源约束问题，有利于新经济增长点快速培育，而且对加速经济发展方式转变、推动工业转型升级、新旧动能转化、提升制造业国际竞争力具有深远的历史意义。综合考虑各个方面的因素，浇注式加工方式已不能满足现代的机械加工需求。因此需要开发绿色环保、高效低耗的磨削液或者发展新的清洁、低耗、高效和可持续的绿色磨削加工新技术。

2. 干式磨削加工

基于磨削液的各种危害，研究人员提出了干式磨削加工，干式磨削不是简单地完全摒弃磨削液，而是在保证零件加工精度和砂轮使用寿命的前提下，废除磨削液的使用[15,16]。众所周知，磨削液的应用能够提高砂轮的使用寿命，降低磨削力和磨削区温度，能够得到较为理想的表面质量；相反，干式磨削中的磨削力和温度都要比浇注式加工高，这会大大降低砂轮寿命和工件表面质量，磨削区产生的高温会引起工件几何偏差；然而并不是对所有的材料加工都存在这样的状况，在一些情况下干式磨削表现出积极的影响，如低的热冲击和较理想的砂轮寿命[17]。磨削区温度的提高可以软化工件材料，使磨削加工变得更为理想。有研究表明采用高速磨削，会得到较高磨削区温度，这将降低磨削力同时增加砂轮寿命；然而在加工高化学反应性能的材料时如钛[18]、镍基合金时[19]，磨削区高温增加了砂轮和工件材料的化学反应性能，导致砂轮因黏附、扩散和摩擦过度磨损，因此磨削区的高温存在一定临界值；当达到这一临界值后，这些材料会发生加工硬化或砂轮过度磨损，这都将为加工过程带来极为不利的影响[20]。干式磨削加工对砂轮、工件材料和机床要求较高，应用于干式磨削加工的砂轮需要具有高的硬度、韧性和耐磨性，同时磨粒工件表面需具有较低的摩擦系数，同业上应用的先进砂轮磨粒材料有 CBN、PCBN、PCD、金属陶瓷、陶瓷。干式磨削加工过多的应用条件，大大限制了其在工业上的广泛应用。

3. 低温冷却磨削加工

低温冷却润滑方式以低温冷却介质代替浇注式磨削液喷射到磨削区的一种冷却润滑方式[21-24]。低温冷却介质主要分为两类：低温气体及低温液体[25]。低温冷却润滑方式相对于干磨削明显地降低了磨削区的温度及砂轮与工件之间的摩擦力，提高了砂轮的使用寿命[26,27]，磨粒能够保持锋利的状态，进而提高了加工表面质量。虽然低温冷却润滑方式是比较理想的一种磨削加工方式，但是，采用液氮或者气体二氧化碳等低温介质，虽然能够对磨削区起到极速降温的作用，但是，利用低温介质像磨削液一样直接喷射到磨削区，不仅会加大使用及储存成本[28]，最重要的是当空气中氮气或者二氧化碳浓度过高时，会对人体造成窒息性的危险。在使用及运输这些低温介质时，必须做好相应的防护措施，这进一步限制了这些低温介质的使用[29,30]。

4. 微量润滑磨削加工

基于浇注式磨削对环境和人员健康危害大、生产成本高，干式磨削应用范围小，低温冷却润滑成本高的学术背景下，学者提出了微量润滑（Minimum Quantity Lubricant，MQL）技术；MQL 是指在压缩空气中混入微量的润滑基油，依靠高压气流（0.4～0.65MPa）混合雾化后进入高温磨削区[31-34]。对于微量润滑磨削加工，主要依靠压缩空气实现冷却和清洗，当压缩空气进入磨削区时，由于其速度快，加速了磨削区附近的空气流动，从而增加了对流换热作用，降低了磨削区的温度，同时也会清洗掉大量的磨屑防止砂轮堵塞；微量润滑磨削加工，主要依靠润滑基油实现磨削区润滑，通过压缩空气携带进入磨削区的微量润滑基油，在工件表面会形成一次润滑膜，这层润滑膜具有一定的抗摩减磨特性，这将对磨削区产生较好的润滑效果。

传统的浇注式供液方式磨削液用量为单位砂轮宽度 60L/h，而微量润滑的磨削液的消耗量仅为单位砂轮宽度 30～100mL/h。微量润滑中润滑基油的使用量仅为浇注式的千分之几甚至万分之几[35]，但其润滑效果在某些工况下，达到甚至超过了浇注式的润滑。微量润滑磨削加工中采用的润滑基油通常为可降解的植物油，这大大降低了磨削液维护和处理成本，同时消除了磨削液对环境的污染和对人体健康的危害。

进入磨削区的高速气流虽然在一定程度上增加了对流换热能力，但其冷却效果并不能达到预期值[36]，因此仅依靠压缩空气并不能对磨削区进行充分冷却；这会造成热量在工件表面堆积，促使磨削区工况不断恶化，最终会导致工件表面质量的下降，同时也会大大降低砂轮使用寿命，甚至导致砂轮失效报废，因此，微量润滑技术仍需进一步发展[37]。

5. 纳米流体微量润滑磨削加工

基于微量润滑（MQL）冷却性能不足的特点，研究者急于找到一种更为理想的冷却润滑方式来取代浇注式磨削。根据强化换热理论可知，固体的换热能力远远大于液体和气体[38]，将适量的纳米级固体颗粒加入可生物降解的微量润滑液中形成纳米流体[39,40]，通过压缩气体将纳米流体微量润滑液进行雾化，并以射流的方式输送到砂轮/工件界面。压缩气体主要起冷却、除屑和输运纳米流体的作用[41]；微量润滑液主要起润滑作用；纳米粒子强化了磨削区流体的换热能力，起到了良好的冷却作用，与此同时，纳米粒子起到了良好的抗磨减磨特性和承载能力[42-43]，从而提高了磨削区的润滑效果，较大程度地改善了工件表面质量和烧伤现象，有效提高了砂轮的使用寿命，改善了工作环境[44]。目前使用频率较高的纳米粒子主要为金属纳米粒子（Cu[45]、Ag 等）、氧化物纳米粒子（Al_2O_3、SiO_2、CuO[46]等）、SiC 纳米粒子以及单壁、双壁、多壁碳纳米管（SWCNT[47]、DWCNT、MWCNT）等，粒径小于 100nm。每种纳米粒子因其分子具有不同的结构特性和化学特性，与润滑液混合形成纳米流体后将会产生不同的润滑性能和换热能力。在微量润滑磨削中应用纳米流体，其良好的抗磨减磨特性有助于提高微量润滑磨削砂轮/工件界面、砂轮/切屑界面的润滑性能[48,49]，使工件的加工精度、表面质量，特别是表面完整性得到显著的改善；同时砂轮的使用寿命得以延长，工作环境得以改善[50]。因此，它有望成为一种资源节约、环境友好且能源利用率高的绿色可持续磨削方法[51-55]。

6. 纳米流体微量润滑磨削加工案例库设计

国内外企业和学者致力于相关设备和方法的研究，开展了高效的实验分析与设备优化工作，积累了大量真实的纳米微量润滑磨削加工案例库，具备了建立案例库的条件。本书通过案例浏览、案例检索以及案例整理，基于纳米粒子理化特性，系统地从纳米流体可降解基础油、磨削液供给/回收、磨削液注入三种工艺建立了分类案例库。进一步分析了目前辅助纳米粒子微量润滑的工艺,建立了超声振动、静电雾化、磁增强电场驱动、电卡内冷却、低温冷却辅助纳米粒子微量润滑案例库。进一步分析了纳米流体微量润滑在医用骨磨削方面的重要作用,建立了外科骨磨削及口腔修复等生物医学方面的工艺案例库。最后,针对纳米流体微量润滑磨削加工效果,建立了加工表面评价案例库。

1.2 研 究 意 义

随着科学技术的飞速发展,高效生产与绿色发展的矛盾日益凸显,传统的磨削加工也在面临技术转型。微量润滑磨削加工是环境友好、资源节约和能源高效利用的可持续绿色磨削新方法。借助纳米粒子强化热能力和抗磨减摩的摩擦学特性,纳米流体微量润滑将纳米级固体粒子加入可降解的润滑基液制备纳米流体,不仅继承了微量润滑的所有优点,还解决了传统在微量润滑换热能力不足的致命缺陷,获得了更佳的工件表面完整性。目前纳米流体微量润滑磨削加工工艺已具有较为成熟的技术体系,通过建立系统的纳米流体微量润滑制备、供给、注入、辅助加工工艺、加工质量评价案例库,对推动纳米流体磨削行业的发展具有重要的科学意义和应用价值。

1.3 纳米流体微量润滑磨削加工案例库 设计国内外研究现状分析

1.3.1 国内研究现状

张乃庆和吴启东[56]设计了一种可降解微量润滑油,其包含质量百分比浓度为1%~99%的聚季戊四醇甲基丙烯酸油酸酯。该发明的一种微量润滑油配合微量润滑装置使用,使用量可以减少至原来的 5%以下,达到良好的润滑、冷却效果,节能减排、环境保护效果。张乃庆[57]设计了一种有机钼微量润滑油,由以下原料的重量百分比制备而成:有机钼 31%~100%;润滑油基础油 0~69%;极压抗磨剂 0~10%;防锈剂 0~10%。该发明的有机钼微量润滑油克服了现有技术中的微量润滑油运用于难加工金属的加工时效果不佳的问题。

袁松梅等[58]发明了一种收缩式阿基米德型线涡流管喷嘴,其喷嘴包括入气口、喷嘴外部流道、流道挡板、喷嘴流道、喷嘴涡流室和外围挡板,喷嘴流道采用收缩式阿基米德型线设计,且采用了双层流道设计。既可以增加空气在涡流室中的旋转速度,从而提升涡流室中内外层气体的换热效率,又可以避免采用单入气口压缩空气的流量和压力在各个喷嘴流道处分布不均的情况,最终达到提高制冷效率的目的。姚军[59]发明了一种切削液喷嘴组件,包括出液管,出液管的一端设置有出液喷嘴,另一端连接有用于引入去切削液的软管,从而喷嘴实现上下位移与转动,进而解决现有的切削液喷头长期使用后切削液与刀具切削位置发生偏移,导致润滑和散热效果差的问题。罗志勤和林静霞[60]发明了一种不锈钢工件切削装置,主轴一端可转动连接于机架上,主轴另一端与刀具相连,喷嘴侧面与机架固定连接。通过喷嘴将气液混合物送至刀口,产生良好的润滑效果,气流吹去积屑,且迅速降低刀口温度。唐智等[61]发明了一种机床切削液外部冷却装置,该装置可以在机床工作状态下,根据机床本身对不同刀具的调用,实时地自动改变喷嘴的喷射角度,达到对机床刀具高效、精准、安全的喷射效果。

杨恩龙等[62]发明了一种装有圆锥形辅助电极的多喷头静电纺丝装置,该装置通过具有圆锥形辅助电极、聚四氟乙烯喷丝板、聚四氟乙烯支架板、橡皮管、多喷头、储液槽等装置实现了静电纺丝的过程。在金属喷头附近安装两个完全相同的圆锥形辅助电极,同时固定在聚四氟乙烯喷丝板上。在静电纺丝过程中,辅助电极的存在降低了喷头间电场的相互干扰,改变原有电场,起到稳定射流改善电场分布的作用,从而制得的纳米纤维更细,纤网更均匀。但圆锥形辅助电极和喷头均固定在喷丝板上,形式固定不够灵活。李舟和石波璟[63]发明了一种具有辅助电极的静电纺丝系统和静电纺丝方法,该装置包括料筒、喷嘴、第一高压电源、接收装置、第二高压电源、辅助电极和移动控制装置,其中,喷嘴与辅助电极分别位于接收装置的上方和下方;喷嘴固定不动,辅助电极能够在移动控制装置的控制下移动;第一高压电源用于在接收装置和料筒之间形成差值为 V_1 的第一电压差,第二高压电源用于在接收装置和辅助电极之间形成差值为 V_2 的第二电压差,使料筒与辅助电极之间的电压差值为 V_1 与 V_2 之和。该装置利用了辅助电极对纳米纤维的牵引作用,通过移动辅助电极,使静电纺织时喷射的纳米纤维能够按照辅助电极的移动路径沉积成相应的图案。但不能改变纳米纤维的形态,优化静电纺丝的效果。梁志强等[64]发明了一种超声振动三维螺线磨削方法,其砂轮轴向的超声振动使磨粒在工件表面上的轨迹相互干涉,从而实现了粗糙度的降低;同时砂轮径向的超声振动导致磨粒的最大切削深度增加,磨粒发生断续性切削作用,从而实现磨削力的降低以及材料去除率的提高。该方法可提高加工表面质量,减少表面损伤,提高生产效率,因此适用于难加工材料的高效精密加工。但是此方法并没有冷却与润滑的辅助磨削装置,将会有大量磨削热,而并没有很好的冷却效果。也不能方便准确地测量各个方向的磨削力和磨削温度的在线检测,没有对磨削状态进行实时监控。磨削力和磨削温度是评价磨削效果的关键因素,通过对磨削力和磨削温度的精确测量以及对实验数据的分析,可为磨削加工提供指导。李厦等[65]发明了一种超声振动辅助磨削装置,该装置通过旋转台上下底座的精确旋转实现任意方向的超声振动；同时由于采用了对合的夹紧方式方便工件托台平面调整水平；测力仪只与旋转台下底座连接，可以保证变幅杆任意角度旋转时仍能够测量砂轮三个方向的力。该发明中超声波振子通过带有圆盘的支架支撑，仅有一个支撑点，无法保证系统的稳定性，而且一维超声波振动磨削有其局限性，需要满足一定的加工参数条件，才能实现理想的加工效果。

马重芳等[66]发明了一种涡流管喷嘴，其喷嘴的流道采用了几何轴对称，气动上沿喷嘴流道的中心轴线按等马赫梯度的设计方法以使气流沿气流轴向速度为等马赫梯度增加，气体流动损失减小；喷嘴进气前流道与喷嘴流道在同一个平面上，沿中线等气体流速设计，即保持进气流道中心线的法向面上的速度与涡流管进口速度一致。一方面可以提高涡流管的制冷温度效应，同时可以提高涡流管达到最大制冷温度效应时的冷流率，从而提高涡流管的单位制冷量和制冷系数。傅玉灿等[67]发明了一种成型磨削用热管砂轮，砂轮内部设有热管管腔，热管管腔内填充工作介质，蒸发端内壁面靠近砂轮磨削面，冷凝端远离砂轮磨削面；砂轮端面上设置有独立的抽真空接口和封尾接口，抽真空接口用于外接抽真空及注液装置，封尾接口包括三个通道，一路连通外界大气，一路通过位于砂轮内部的抽气槽连通抽真空接口，一路通过抽气孔连通热管管腔，封尾接口匹配封尾模块，安装封尾模块后，封尾接口与外界大气隔绝，封尾模块进行深程度控制抽气槽与抽气孔的通断。目前的热管砂轮对于降低磨削区温度具有良好的效果，然而考虑到与砂轮配合使用降低磨削区温度设备的换热问题，热管砂轮的结构可做进一步的改进。袁松梅等[68]设计了一种低温微量润滑系统，该系统包括气源管路、微量润滑装置、油量调节阀、油雾管路、喷嘴、混合器、冷气管路、低温气体流量调节阀、低温气体发生装置、低温气体发生装置调压阀、微量润滑装置调压阀。压缩气体经气源管路部分进入微量润滑装置，部分进入低温气体发生装置调压阀和微量润滑装置调压阀。压缩气体经微量润滑装置调压阀调节压力后进入微量润滑装置，产生的油气混合物进入油雾管路。压缩气体经低温气体发生装置调压阀调节压力后进入低温气体发生装置，产生的冷气调节流量后进入冷气管路。油雾及冷风的混合方式可以为混合器混合，也可以为经各自喷嘴喷出后混合。张宝和夏玉冰[69]发明了一种低温准干式微量润滑冷却装置，包括箱体、气源处理器、气动电磁阀、涡流管、注油机组、油品过滤器、油气混合装置以及喷雾嘴，所述箱体的外左侧设有气源处理器，该气源处理器的进气端连接气源，出气端通过气管连接气动电磁阀的进气端，该气动电磁阀位于箱体内部的左上角；所述气动电磁阀的出气端通过气管连接位于箱体内上部的涡流管，该涡流管的排气口伸出箱体外；所述涡流管的输出端连接油气混合装置的进气端口。本实用新型在切削刀具刃上喷上一层润滑油，使得切削加工时润滑油能够在刀具和工件之间形成一层油膜，保护刀具和工件，并使刀具和工件得到充分的润滑与冷却，提高工件表面质量和加工精度。徐晓峰等[70]发明了一种涡流管制冷器，其涡流发生器由一端与冷端管相连接的主涡流发生器与套接在主涡流发生器另一端的辅助涡流发生器两部分组成，然后与热端管相连接。通过增加辅助涡流发生器使进入主涡流发生器的气体旋流得到增强并改变气旋角度，增大涡流管内部冷热气流的压差从而增强能量分离效率，达到增强降温效果提高制冷系数的目标。

李长河等[71]设计了一种在纳米粒子射流微量润滑条件下的磨削表面粗糙度预测方法和装置。它包括一个传感器杠杆，传感器杠杆左端设有触针，触针与砂轮表面接触，传感器杠杆右端与电感式位移传感器连接，传感器杠杆的支点处与测量装置机体铰接；电感式位移传感器与交流电源连接；电感式位移传感器数据输出端则与滤波放大器连接，滤波放大器分别与计算器和示波器连接，计算器还与存储器连接。

1.3.2　国外研究现状

Jackson[72]制备了一种低温流体成分，具有高压、润滑和冷却特性的低温流体组合物及其形成方法包括以各种比例组合固相二氧化碳，惰性稀释气体和添加剂。低温加工流体通过将可以包含或夹带一种或多种加工润滑剂添加剂的固体二氧化碳冷却剂与作为各种浓度的惰性且相对不冷凝的气相的稀释剂相混合而得到。低温流体组合物可用于清洁，机械加工或制造过程中以冷却、润滑或烧蚀基底。低温流体组合物还可以与激光处理或机加工工艺结合使用，而不会不利地影响激光的激光质量。同时，Jackson 制备了一种在加工过程中形成用于处理衬底表面的加工喷雾的方法[73]，包括提供包含固体二氧化碳颗粒的第一组分。在与固体二氧化碳颗粒混合之前，第二种提供的组分衍生自惰性气体，该惰性气体的温度范围为 $305 \sim 477K$。在接触基材之前，将第一组分和第二组分合并以形成低温流体组合物。可以将任选的添加剂与固体二氧化碳颗粒或惰性气体混合。低温流体组合物表现出在其组合之前未观察到的每种组分的协同增强的理化性质，其中，赋予流体增强的冷却、加热或润滑作用。另外，Jackson 还设计了一种用于形成复合流体的喷嘴装置和方法[74]。喷嘴装置通常包括连接到主体的喷嘴部分。主体包括延伸穿过其中的内部轴向孔。因此，环形壁径向延伸，并且环形物从环形壁的外周延伸。环形空间和环形壁限定至少部分地向大气开放的环形室。入口使孔与环形腔室流体连通。喷嘴部分包括收敛的鼻部，该鼻部还具有延伸穿过其中的内部轴向孔。环形套环从鼻部延伸并且至少部分地布置在环形室内。用于输送第一流体的第一管布置在主体和鼻部的轴向孔内，在喷嘴部分的出口处终止。用于输送第二流体的第二管布置在主体的轴向孔内，在入口附近终止。在压力下被引入主体的孔中的推进剂流体引导第二流体通过门从第二管离开进入环形腔室。在进入环形腔室时，推进剂流体和第二流体绕环形套环通过，并沿着鼻部的外表面朝着出口行进。推进剂流体和第二流体与离开第一管和出口的第一流体混合，以在喷嘴外部形成复合流体，在门户附近终止。

Branson 等[75]制备了包含解聚的金刚石纳米颗粒的传热流体和润滑流体。包含解聚的金刚石纳米颗粒的复合材料及其制备方法，还包括使用解聚的金刚石纳米颗粒以改善材料的性质如导热性和润滑性的方法。Shankman[76]研究了异位合成石墨烯、氧化石墨烯、还原的氧化石墨烯、其他石墨烯衍生物结构和用作抛光剂的纳米粒子的方法。用于抛光、硬化、保护、增加使用寿命以及润滑和润滑设备及系统中活动与固定零件的组合物和方法，可用于发动机、涡轮、轨道、竞赛、车轮、轴承、齿轮等系统，研究了在某些情况下是非原位形成的纳米抛光剂及其在机械加工中相互作用的硬表面的热屏蔽以及其他物理和机械系统，以及它们的各种用途。Zhamu 和 Jang[77]制备了一种具有改进的润滑剂性质的润滑剂组合物，包括润滑液和分散在流体中的纳米石墨烯片晶(NGPs)，其中纳米石墨烯片晶具有基于流体和石墨烯片晶组合的总重量的 0.001%～60%的比例。所述组合物至少包括单层石墨烯片。润滑液含有石油或合成油和分散剂或表面活性剂。通过添加增稠剂或所需量的 NGPs，润滑剂成为润滑脂组合物。与石墨纳米粒子或碳纳米管改性润滑剂相比，NGPs 改性润滑油具有更好的导热性、减摩性能、抗磨性能和黏度稳定性。

Mccants 和 Hayes[78]设计了一种用于热管理系统的纳米流体,通常提供一种纳米流体用于传热系统。所述纳米流体可以包括悬浮在基液中，纳米粒子浓度 0.01%～5%(体积)。纳米颗粒可以包括氧化锌纳米颗粒，用于传热系统的纳米流体还可以包含表面活性剂。还提供了热管理系统，该系统配置为冷却具有在使用过程中产生热量的集成电路的计算机。热管理系统可以包括氧化锌纳米流体经由泵通过一系列管循环，使得计算机的电子组件产生的热量可以被循环的纳米流体捕获，然后通过散热器从纳米流体中除去。Sedarous 和 Attlesey[79]设计了一种用于冷却电子设备的纳米流体，其包括电介质基础流体、化学分散剂和分散在电介质流体中的纳米颗粒。化学分散剂用于促进纳米颗粒的分散过程，并且还用于增加由此产生的纳米流体的稳定性。纳米流体与电子设备兼容，并具有增强的导热性，可用于冷却电子设备。描述了可以用于将不同形式的纳米颗粒有效地分散到基础流体中并产生与电子电路和组件兼容的稳定的纳米流体的技术。Malshe 和 Verma[80]制备了一种包含固体润滑剂纳米颗粒和有机介质的组合物。提供了一种通过研磨层状材料生产纳米颗粒的方法以及一种制备润滑剂的方法，该方法包括研磨层状材料以形成纳米颗粒，并将纳米颗粒掺入基料中以形成润滑剂。

Zhe 等[81]设计了一种用于检测润滑剂中的磨损颗粒的设备和方法。该设备包括微流体装置，该微流体装置包括微通道，该微通道的尺寸设计成使包含磨损颗粒的润滑剂穿过其中的润滑剂以及延伸进入该微通道的第一和第二电极。检测系统与电极耦合，用于基于电极的电容变化来检测穿过微通道的磨损颗粒。Opalka 等[82]设计了一种使用纳米流体的低温加工工艺,机加工工艺包括提供具有前刀面和后刀面的切削工具；通过使切削工具穿透到工件中，使切削工具与金属合金工件接触以形成切屑；并将纳米流体引入渗透附近以除去热量，在某些情况下还可以定制成品表面。纳米流体包括冷冻液体和纳米颗粒的混合物，所述纳米颗粒的最大尺寸为 0.1～100nm。

1.4　研究特色及难题描述

1. 研究特色

纳米粒子在润滑与摩擦学方面还具有特殊的抗磨减摩和高承载能力等摩擦学特性，有助于提高微量润滑磨削砂轮/工件界面的润滑性能，降低磨削力和磨削比能，充分体现了其在精密加工生产方式中的高效、低耗和清洁等特点。

从国内外的文献检索来看，纳米流体微量润滑的研究多局限于纳米流体润滑剂的制备，或从宏观角度研究纳米粒子改善磨削区的对流强化换热和砂轮/工件界面的抗磨减摩特性，没有纳米流体微量润滑剂的供给、注入方面进行深度系统的设计体系，纳米流体微量润滑与多种辅助磨削工艺的作用机制和集成设计方案并未得到全面的分析，目前纳米流体微量润滑在医用磨削加工中的应用和精准的表面评价方法也需要丰富的案例库进行支撑。

2. 难题的描述与说明

(1) 纳米颗粒参与磨削加工的前端案例库设计：如何保证纳米流体组成成分的充分均匀混合？如何获得一种包含固体颗粒且兼备导热性能和流动性能的切削介质？如何解决目前磨削和抛光加工不能设置在同一设备上的问题？如何冲破砂轮气障层的影响，克服砂轮气流场的能量而提高磨削液在磨削区有效注入量？如何利用砂轮气流场在线检测砂轮磨损？如何测量磨削液在磨削区的有效流量率及动压力？

(2) 纳米流体微量润滑供给系统案例库设计：如何实现在不同润滑工况下纳米流体微量润滑剂的智能供给？如何解决线接触加工形式下润滑不均匀的问题，实现润滑剂的节能供给？如何根据工件的加工尺寸，设计一种直径尺寸以及数目自适应喷嘴？如何避免润滑剂的飞溅，提高润滑气液的油气分离与收集效率？

(3) 纳米流体微量润滑工况下辅助磨削系统案例库设计：电压强度与磁场参数对雾滴荷电量作用规律？润滑油膜与磁性纳米粒子、磁力工作台之间的内在联系？如何利用静电学原理实现雾滴的可控分布以及雾化锥形态、沉积面积和形状，提高有效利用率？电卡内冷效应与热管制冷作用下静电雾化纳米流体微量润滑的集成技术方案？如何实现超声波振动辅助磨削的纳米流体微量润滑实验系统及方法？如何解决低温气体产生装置所需要巨大压缩空气消耗量的问题，减少空气压缩机运行负担？如何解决目前涡流管制冷技术效率低的问题？

（4）纳米流体微量润滑医用骨磨削工艺案例库设计：如何克服医用材料磨削中的各种瓶颈问题？如何实现医用磨削工艺中温度的在线检测？基于静电雾化成膜机理，如何实现术后创口成膜并抑制生物骨低损伤？如何解决骨磨削加工过程中的骨屑排出问题，实现对骨磨削创伤面的雾化成膜保护处理？

（5）纳米流体微量润滑在线测量系统及表面评价案例库设计：如何实现纳米流体导热系数及对流换热系数测量技术？润滑油膜的形成与工件表面形貌的内在联系，纳米粒子微量润滑磨削在具有微凸体工件表面的油膜形成机理？针对目前磨削加工表面粗糙度的预测模型精度低的弊端，如何实现磨削表面粗糙度的预测方法和装置的设计？如何精准地测量纳米粒子射流微量润滑磨削雾滴在工件表面分布的粒径大小？

参 考 文 献

[1] 李伯民, 赵波. 现代磨削技术[M]. 北京: 机械工业出版社, 2003.

[2] 任敬心, 康仁科, 王西彬. 难加工材料磨削技术[M]. 北京: 电子工业出版社, 2011.

[3] 邓朝辉, 刘战强, 张晓红. 高速高效加工领域科学技术发展研究[J]. 机械工程学报, 2010, 46(23): 106-120.

[4] 袁巨龙, 张飞虎, 戴一帆, 等. 超精密加工领域科学技术发展研究[J]. 机械工程学报, 2010(15): 161-177.

[5] 郭力, 尹韶辉, 李波, 等. 模拟磨削烧伤条件下的声发射信号特征[J]. 中国机械工程, 2009, 10(4): 413-416.

[6] DING W F, ZHU Y J, XU J H, et al. Finite element investigation on the evolution of wear and stresses in brazed CBN grits during grinding[J]. International Journal of Advanced Manufacturing Technology, 2015, 81(5-8): 985-993.

[7] ZHANG D K, LI C H, JIA D Z, et al. Investigation into engineering ceramics grinding mechanism and the influential factors of the grinding force[J]. International Journal of Control and Automation, 2014, 7(4): 19-34.

[8] ZHANG Y B, LI C H, JIA D Z, et al. Experimental evaluation of MoS_2, nanoparticles in jet MQL grinding with different types of vegetable oil as base oil[J]. Journal of Cleaner Production, 2015, 87(1): 930-940.

[9] LI C H, ALI H M. Enhanced heat transfer mechanism of nanofluid MQL cooling grinding[M]. Pennsylvania: IGI Global, 2020.

[10] 李长河, 张彦彬, 杨敏. 纳米流体微量润滑磨削热力学作用机理[M]. 北京: 科学出版社, 2019.

[11] HWANG Y, PARK H S, LEE J K, et al. Thermal conductivity and lubrication characteristics of

nanofluids[J]. Current Applied Physics, 2006, 6(11): 67-71.

[12] EBBRELL S, WOOLLEY N H, TRIDIMAS Y D, et al. The effects of cutting fluid application methods on the grinding process[J]. International Journal of Machine Tools and Manufacture, 2000, 40(2): 209-223.

[13] SANCHEZA J A, POMBOB I, ALBERDIC R, et al. Machining evaluation of a hybrid MQL-CO_2 grinding technology[J]. Journal of Cleaner Production, 2010, 18(18): 1840-1849.

[14] LUCKE W E. Health & safety of metalworking fluids. Fluid formulation: A view into the future[J]. Lubrication Engineering, 1996, 52(8): 596-604.

[15] JIA D Z, LI C H, ZHANG Y B, et al. Experimental research on the influence of the jet parameters of minimum quantity lubrication on the lubricating property of Ni-based alloy grinding[J]. International Journal of Advanced Manufacturing Technology, 2016, 82(1-4): 617-630.

[16] HAFENBRAEDL D, MALKIN S. Environmentally-conscious minimum quantity lubrication (MQL) for internal cylindrical grinding[J]. Transactions of NAMRI/SME, 2000, 28: 149-154.

[17] ANBK S S P. Dry machining: machining of the future[J]. Journal of Materials Processing Technology, 2000, 101(1): 287-291.

[18] LIU G, LI C, ZHANG Y, et al. Process parameter optimization and experimental evaluation for nanofluid MQL in grinding Ti-6Al-4V based on grey relational analysis[J]. Materials & Manufacturing Processes, 2017: 1-14.

[19] FRANK C, WOJCIECH Z, EDWIN F. Fluid performance study for groove grinding a nickel-based super alloy using electroplated cubic boron nitride (CBN) grinding wheels[J]. Journal of Manufacturing Science and Engineering, 2004, 126(3): 451-458.

[20] WANG Y, LI C, ZHANG Y, et al. Comparative evaluation of the lubricating properties of vegetable-oil-based nanofluids between frictional test and grinding experiment[J]. Journal of Manufacturing Processes, 2017, 26: 94-104.

[21] PARK K H, SUHAIMI M A, YANG G D, et al. Milling of titanium alloy with cryogenic cooling and minimum quantity lubrication(MQL)[J]. International Journal of Precision Engineering & Manufacturing, 2017, 18(1): 5-14.

[22] EVANS C, BRYAN J B. Cryogenic diamond turning of stainless steel[J]. CIRP Annals-Manufacturing Technology, 1991, 40(1): 571-575.

[23] YILDIZ Y, NALBANT M. A review of cryogenic cooling in machining processes[J]. International Journal of Machine Tools & Manufacture, 2008, 48(9): 947-964.

[24] 袁松梅, 朱光远, 刘思, 等. 低温微量润滑技术喷嘴方位正交试验研究[J]. 航空制造技术, 2016, 505(10): 64-69.

[25] LIU J, HAN R, ZHANG L, et al. Study on lubricating characteristic and tool wear with water

vapor as coolant and lubricant in green cutting[J]. Wear, 2007, 262(3): 442-452.

[26] HONG S Y, ZHAO Z. Thermal aspects, material considerations and cooling strategies in cryogenic machining[J]. Clean Products & Processes, 1999, 1(2): 107-116.

[27] WANG Z Y, RAJURKAR K P. Wear of CBN tool in turning of silicon nitride with cryogenic cooling[J]. International Journal of Machine Tools & Manufacture, 1997, 37(3): 319-326.

[28] UMBRELLO D, MICARI F, JAWAHIR I S. The effects of cryogenic cooling on surface integrity in hard machining: A comparison with dry machining[J]. CIRP Annals-Manufacturing Technology, 2012, 61(1): 103-106.

[29] PAUL S, CHATTOPADHYAY A B. Effects of cryogenic cooling by liquid nitrogen jet on forces, temperature and surface residual stresses in grinding steels[J]. Cryogenics, 1995, 35(8): 515-523.

[30] PAUL S, CHATTOPADHYAY A, B. The effect of cryogenic cooling on grinding forces[J]. International Journal of Machine Tools & Manufacture, 1996, 36(1): 63-72.

[31] KHAN M M A, MITHU M A H, DHAR N R. Effects of minimum quantity lubrication on turning AISI 9310 alloy steel using vegetable oil-based cutting fluid[J]. Journal of Materials Processing Technology, 2009, 209(15): 5573-5583.

[32] SADEGHI M H, HADDAD M J, TAWAKOLI T, et al. Minimal quantity lubrication-MQL in grinding of Ti-6Al-4V titanium alloy[J]. International Journal of Advanced Manufacturing Technology, 2009, 44(5-6): 487-500.

[33] TAWAKOLI T, HADAD M, SADEGHI M, H, et al. Minimum quantity lubrication in grinding: effects of abrasive and coolant-lubricant types[J]. Journal of Cleaner Production, 2011, 19(17): 2088-2099.

[34] TAWAKOLI T, HADAD M J, SADEGHI M H, et al. An experimental investigation of the effects of workpiece and grinding parameters on minimum quantity lubrication(MQL) grinding[J]. International Journal of Machine Tools & Manufacture, 2009, 49(12-13): 924-932.

[35] DAVIM J P, SREEJITH P S, GOMES R, et al. Experimental studies on drilling of aluminium (AA1050) under dry, minimum quantity of lubricant, and flood-lubricated conditions[J]. Proceedings of the Institution of Mechanical Engineers(Part B): Journal of Engineering Manufacture, 2006, 220(10): 1605-1611.

[36] WEINERT K, INASAKI I, SUTHERLAND J W, et al. Dry machining and minimum quantity lubrication[J]. Annals of the CIRP, 2004, 53(2): 511-537.

[37] SHAO Y, FERGANI O, LI B, et al. Residual stress modeling in minimum quantity lubrication grinding[J]. The International Journal of Advanced Manufacturing Technology, 2016, 83(5): 743-751.

[38] 舒彪, 何宁, 武凯, 氮气介质下钛合金铣削特性的分析研究[J]. 航空精密制造技术, 2002,

38(6): 12-15.

[39] LI C H, WANG S, ZHANG Q, et al. Evaluation of minimum quantity lubrication grinding with nano-particles and recent related patents[J]. Recent Patents on Nanotechnology, 2013, 7(167-181).

[40] ZHANG Y B, LI C H, ZHAO Y J. Material removal mechanism and force model of nanofluid minimum quantity lubrication grinding[J]. REN Y. Advances in microfluidic technologies for energy and environmental applications. London: IntechOpen, 2019.

[41] KOLE M, DEY T, K. Viscosity of alumina nanoparticles dispersed in car engine coolant[J]. Experimental Thermal & Fluid Science, 2010, 34(6): 677-683.

[42] YANG M, LI C H, ZHANG Y B, et al. Thermodynamic mechanism of nanofluid minimum quantity lubrication cooling grinding and temperature field model[J]. Kandelousi M S. Microfluidics and nanofluidics. London: IntechOpen, 2018.

[43] YANG M, LI C H, LUO L, et al. Biological bone micro grinding temperature field under nanoparticle jet mist cooling[J]. REN Y. Advances in microfluidic technologies for energy and environmental applications. London: IntechOpen, 2019.

[44] RUOFF R, S, TERSOFF J, LORENTS D, C, et al. Radial deformation of carbon nanotubes by van der waals forces[J]. Nature, 1993. 36(6437): 514-516.

[45] BAHETI U, GUO C, MALKIN S. Environmentally conscious cooling and lubrication for grinding[J]. Proceedings of the International Seminar on Improving Machine Tool Performance, 1998. 2: 643-654.

[46] CHOL S U S, Enhancing thermal conductivity of fluids with nanoparticles[J]. ASME-Publications-Fed, 1995, 231: 99-106.

[47] WANG X, XU X, CHOI S U S. Thermal conductivity of nanoparticle-fluid mixture[J]. Journal of Thermophysics and Heat Transfer, 1999, 13(4): 474-480.

[48] 李长河, 刘占瑞, 毛伟平. Investigation of coolant fluid through grinding zone in high-speed precision grinding[J]. 东华大学学报, 2010, 1(27): 87-91.

[49] 杨波, 王姣, 刘军. 碳纳米流体强化传热研究[J]. 强激光与粒子束, 2014, 26(5): 21-23.

[50] YU W, XIE H. A review on nanofluids: preparation, stability mechanisms, and applications[J]. Journal of Nanomaterials, 2012(1687-4110): 60-63.

[51] 谢华清, 奚同庚, 王锦昌. 纳米流体介质导热机理初探[J]. 物理学报, 2003, 52(6): 1444-1449.

[52] NAMBURU P K, KULKARNI D P, MISRA D, et al. Viscosity of copper oxide nanoparticles dispersed in ethylene glycol and water mixture[J]. Experimental Thermal & Fluid Science, 2007, 32(2): 397-402.

[53] 侯亚丽, 商珊珊, 顾礼铎, 等. 绿色切削加工技术[J]. 精密制造与自动化, 2007(4): 19-22.

[54] 万宏强. 低温切削技术及其应用研究[J]. 煤矿机械, 2007, 28(3): 90-92.

[55] 王胜, 李长河. 气罩式微量润滑供给装置: 201220222932.7[P]. 2012-12-05.

[56] 张乃庆, 吴启东. 一种可降解微量润滑油及其制备方法: 201510674332.2[P]. 2016-02-03.

[57] 张乃庆. 有机钼微量润滑油: 201310199579.4[P]. 2013-09-04.

[58] 袁松梅, 刘伟东, 张贺磊. 一种收缩式阿基米德型线涡流管喷嘴: 201010289379[P]. 2011-04-06.

[59] 姚军. 一种切削液喷嘴组件: 201720445942.X[P]. 2018-02-02.

[60] 罗志勤, 林静霞. 一种不锈钢工件切削装置: 201711064381.X[P]. 2018-01-30.

[61] 唐智, 李姝佳, 訾文良, 等. 一种机床切削液外部冷却装置: 106392762A[P]. 2017-02-15.

[62] 杨恩龙, 朱文斌, 史晶晶. 装有圆锥形辅助电极的多喷头静电纺丝装置: 201110124305.X[P]. 2011-09-14.

[63] 李舟, 石波璟. 一种具有辅助电极的静电纺丝系统和静电纺丝方法: 201310488427.6[P]. 2014-01-29.

[64] 梁志强, 王西彬, 吴勇波, 等. 一种超声振动三维螺线磨削方法: 201110366172.7[P]. 2012-06-13.

[65] 李厦, 栾武, 钞俊闯. 超声振动辅助磨削装置: 201510856943.9[P]. 2016-03-09.

[66] 马重芳, 吴玉庭, 曙何, 等. 一种涡流管喷嘴: 200510075282.2[P]. 2005-10-26.

[67] 傅玉灿, 朱延斌, 陈佳佳, 等. 成型磨削用热管砂轮及安装方法: 201410707834.6[P]. 2015-04-22.

[68] 袁松梅, 严鲁涛, 刘伟东, 等. 一种低温微量润滑系统: 201010128275.5[P]. 2010-08-25.

[69] 张宝, 夏玉冰. 一种低温准干式微量润滑冷却装置: 201620263903.3[P]. 2016-08-24.

[70] 徐晓峰, 李和新, 张春堂. 涡流管制冷器: 201210569077.1[P]. 2013-03-13.

[71] 李长河, 王胜, 张强. 纳米粒子射流微量润滑磨削表面粗糙度预测方法和装置: 201210490401.0[P]. 2013-03-06.

[72] JACKSON D P. Cryogenic fluid composition: US20070114488[P]. 2007-05-24.

[73] JACKSON D P. Method of forming cryogenic fluid composition: US8926858[P]. 2015-01-06.

[74] JACKSON D P. Nozzle device and method for forming cryogenic composite fluid spray: US7389941[P]. 2008-06-24.

[75] BRANSON B T, LUKEHART C M, DAVIDSON J L. Materials comprising deaggregated diamond nanoparticles: US8703665[P]. 2014-04-22.

[76] SHANKMAN R S. Facile synthesis of graphene, graphene derivatives and abrasive nanoparticles and their various uses, including as tribologically-beneficial lubricant additives: US9023308[P]. 2015-05-05.

[77] ZHAMU A, JANG B Z. Nano graphene-modified lubricant: US20110046027[P]. 2009-08-19.

[78] MCCANTS D A, HAYES A M. Nanofluids for thermal management systems: US9556375[P]. 2017-01-31.

[79] SEDAROUS S S, ATTLESEY C D. Nanofluids for use in cooling electronics: US9051502[P]. 2015-06-09.

[80] MALSHE A P, VERMA A. Nanoparticle compositions and methods for making and using the same: US9499766[P]. 2016-11-22.

[81] ZHE J, DU L, CARLETTA J E, et al. Metal wear detection apparatus and method employing microfluidic electronic device: US8522604B2[P]. 2013-03-09.

[82] OPALKA S M, EL-WARDANY T I, BARNAT K, et al. Cryogenic machining process using nanofluid: US10632584[P]. 2020-04-28.

第2章　纳米流体微量润滑可降解基础油案例库设计

2.1　概　　述

目前，磨削加工大量使用润滑剂，也称作浇注式磨削，对环境和工人健康伤害很大[1-3]。由于环保要求，润滑剂的废液必须经过处理、达标后才能排放，废液处理耗资巨大，高达润滑剂成本的54%，使人们不得不对润滑剂作重新评价。德国对汽车制造厂做过调查，得到的结果是：工具费用只占加工成本的2%～4%；但与润滑剂有关的费用，却占成本的7%～17%，是工具费用的3～5倍[4-6]。机械加工中的能量消耗，主轴运转需要的动力只占20%，与冷却润滑有关的能量消耗却占53%。这说明由于环保和低碳的要求，润滑剂的廉价优势已不存在，已经变成影响生产发展的障碍。

纳米流体微量润滑可降解润滑剂的制备方法是在纳米粒子和可降解的切削液的混合液内添加烷基磺酸盐表面活性剂、硫酸二甲酯分散剂混合均匀后，得到稳定的悬浮液即纳米流体[7, 8]。纳米流体与压缩气体混合雾化后以射流的形式喷入磨削区，利用固体粒子传热能力远大于流体和气体的优势[9]，不仅可以解决微量润滑冷却效果的不足，极大地改善生产环境、节省能源和降低成本实现低碳制造，而且使润滑液更有效冲破"气障"注入磨削区，提高进入砂轮/工件界面磨削介质的有效流量率。与湿法磨削相比，降低磨削介质在楔形接触区引起的流体动压力和流体引入力，减少砂轮主轴挠度变形，提高工件的加工精度[10]。更进一步地，还可利用喷射的纳米级固体粒子特殊的润滑性能与摩擦学特性，在砂轮/工件界面形成纳米粒子剪切油膜，进一步提高微量润滑磨削的润滑性能，因此更具有实际意义。

纳米粒子是粒径小于100nm的石墨成分或者氧化铝、碳纳米管、金属，润滑剂中纳米粒子的体积分数为1%～30%，磨削液为可降解的润滑油或植物油[11-13]。由于纳米流体各组成成分密度、比重不一，所以纳米流体在容器中就会出现密度大的沉积在容器的底部，密度小的漂浮在容器的表面，而有些成分就会悬浮在纳米流体容器中间，从而纳米流体会出现分层现象，这种情况会严重影响纳米流体成分的均匀性和同一性[14]。为了使纳米流体能够在容器中均匀地混合，保证喷入磨削区纳米粒子的换热和润滑性能，必须使纳米流体始终处于运动状态[15-17]。不仅要求纳米流体在水平面内做摆动，而且还要在垂直面内做上下振动，同时还要保证运动的平稳性和准确性，不能带来过大的冲击，以防将纳米流体溅出容器甚至破坏容器内纳米流体的成分含量。虽然人们研制出了多种混合装置可以用于纳米流体的混合,但每一种装置都各有利弊,不能够保证在精确平稳的运动的过程中实现纳米流体各组成成分的充分均匀混合[17]。为解决上述问题,本章对生物可降解基础油、纳米流体制备、工艺系统及其切削性能表现案例库进行分析。

2.2　纳米流体微量润滑可降解基础油案例库

2.2.1　高性能生物可降解基础油制备

植物油作为一种可生物降解的油,对环境友好且可降解[18, 19]。它们具有润滑油所需的特性,包括高黏度指数、低挥发性、良好的润滑性以及添加纳米颗粒的优异溶剂。此外,与原油基油相比,植物油可实现更低的摩擦系数[20, 21]。用植物油开发的润滑剂可以代替矿物油[22]。除植物油基础油外,还可以通过化学调配配制抗摩减摩性能优异的微量润滑剂。本节将对三种典型的环保润滑基础油的制备进行案例库分析。

1. 硼氮型润滑油组合物及其制备方法和该组合制备的微量润滑油

硼氮型润滑油组合物由二聚酸、三乙醇胺、硼酸制备而成。其中,二聚酸、三乙醇胺的摩尔比为 0.5～1.5∶1,最佳摩尔比为 1∶1;三乙醇胺和硼酸的摩尔比为 3∶1～2∶1,最佳摩尔比为 2.5∶1。在硼氮型润滑油组合物的制备中,首先称取二聚酸、三乙醇胺一起加入搅拌器中,搅拌加热至 100～120℃,充分反应 1～2 小时,即为一种二聚酸三乙醇酰胺。然后称取硼酸加入搅拌器中,保持 100～120℃反应 3～4 小时,加入羟乙基乙醇胺继续搅拌 1 小时左右过滤,即为硼氮型润滑油组合物。羟乙基乙醇胺主要起螯合作用,使用量为硼酸重量的 30%～40%。硼氮型润滑油组合物的微量润滑油的组分如表 2-1 所示。

表 2-1　硼氮型润滑油组合物的微量润滑油组成成分

组分名称	所占比重
硼氮型润滑油组合物	10%～20%
异壬酸异壬酯	70%～80%
马来酸蓖麻油酯	5%～10%
脂肪醇磷酸酯	2%～5%

马来酸蓖麻油酯由蓖麻油与马来酸发生酯化反应制备而成,其中蓖麻油与马来酸的摩尔比为 1∶1～1∶2,优选摩尔比为 1∶1.5。为加快反应过程,可以选择加入阳离子交换树脂、质子酸、相转移催化剂中的一种或几种混合物作为催化剂促进反

应。催化剂优选浓度 50%～85%的磷酸,当选用磷酸作为催化剂时,还有一个好处是参与催化反应生成的磷酸酯化合物无须进行分离处理,可减少因分离催化剂所造成的环境污染和水、电、化学试剂等消耗;同时磷酸酯化合物还能降低摩擦系数,减少微量润滑油应用时的刀具损耗。

硼氮型润滑油组合物是 B-N 型极压抗磨剂和防锈剂[23],可降解性能良好。异壬酸异壬酯可提供良好的润滑性,生物降解性好。马来酸蓖麻油酯良好的润滑性和优异的生物降解性,同时具有良好的抗摩擦性。所制备的微量润滑油能满足金属加工的润滑冷却、极压抗磨和防锈要求;配合微量润滑装置使用,可节省润滑剂的使用量 95%以上,节能减排、环境保护效果显著。在本配方中,上述各组分混合后,基于其各自的结构特点,可发生分子间弱键作用力,经相溶相促后,提高彼此的润滑性、溶解性和极压抗磨性等性质[24]。

将上述制备的一种微量润滑油应用于齿轮滚齿加工,滚齿机型号:YK3132。加工齿轮:直径 100mm,模数 2.0mm。滚刀:TiN 涂层,直径 75mm,长度 70mm。原用 46#机械油进行循环润滑冷却,现改为 KS-2107 微量润滑装置(3 喷嘴,所用喷嘴为上海金兆节能科技有限公司生产的节能喷嘴)和上述制备的一种微量润滑油,结果如表 2-2 所示。

表 2-2　滚齿加工实验结果

项目	传统润滑方式	微量润滑方式
每天润滑剂消耗(8 小时计)	8kg	0.12kg
刀具使用寿命(刃磨一次加工件数)	300 件	350 件
环境	地面到处油污	地面油污少,工件干净,环境清洁
油烟	切削油烟雾弥漫	较小

2. 一种环保微量切削液及其制备方法

将蓖麻油酸、硼酸盐(5%～10%)放入搅拌器内,在 90～110℃的温度下搅拌反应 3～4 小时,制备为一种微量切削液前体。硼酸盐优选自硼酸钠、硼酸钾、四硼酸钾、偏硼酸钾中的一种或几种混合物。进一步地,利用微量切削液前体制备微量切削液,其组分如表 2-3 所示。

表 2-3　微量切削液组分

组分名称	所占比重	组分名称	所占比重
微量切削液前体	10%～20%	脂肪醇聚氧乙烯醚	10%～20%
蓖麻油酸聚乙二醇酯	10%～20%	磷酸盐	0.5%～1%
脂肪醇	30%～40%	去离子水	余量

其中蓖麻油酸聚乙二醇酯的制备步骤是:①将蓖麻油酸、聚乙二醇和催化剂依

次投入聚合釜内；②充入惰性气体置换出聚合釜内的空气；③边搅拌边升温至180~220℃，反应4~5小时；④减压除去水分，即为蓖麻油酸聚乙二醇酯。其中蓖麻油酸与聚乙二醇的重量比为1∶1~2。聚乙二醇选自分子量为200~600的聚乙二醇中的一种或几种。催化剂可以选择自有机酸、无机酸、金属盐、阳离子交换树脂中的一种或几种混合物，其中硼酸钠或过硼酸钾效果更佳。选择过硼酸盐作为催化剂的好处为：反应完成后催化剂无须进行分离，降低生产成本，还有催化剂参与反应的产物蓖麻油酸硼酸盐有好的减摩防锈功能。该催化剂的用量一般为反应物总重量的 0.01%~15%；根据催化剂的类型和催化效果的不同，对其用量进行调整。当使用过硼酸或过硼酸盐作为催化剂时，其用量优选为反应物总重量的 0.3%~0.5%。脂肪醇选自正癸醇、月桂醇、异构十二醇、异构十三醇、十四碳醇、异构十四醇、异构十五醇、异构十六醇、油醇、异构二十醇、硬脂醇、花生醇中的一种或几种的混合物。磷酸盐选自磷酸钾、偏磷酸钾、磷酸二氢钾、磷酸氢二钾、磷酸钠、偏磷酸钠中的一种或几种。

　　环保微量切削液的制备需要称取微量润滑油前体、蓖麻油酸聚乙二醇酯、脂肪醇、脂肪醇聚氧乙烯醚、磷酸盐溶液(将磷酸盐预先溶于去离子水中使用)在40~60℃温度下混合搅拌至透明或半透明时即可。在使用时，将环保微量切削液加水1~5倍搅拌至透明或半透明后加入微量润滑装置中使用。

　　环保微量切削液中的蓖麻油酸和硼酸盐反应生成的蓖麻油硼酸盐，有较好的减摩效果，防锈效果，同时又是一种阴离子表面活性剂。蓖麻油酸聚乙二醇酯有优异的极压抗磨性、良好的润滑性，同时是一种非离子型表面活性剂，可全部或部分取代传统的含氯、硫、磷的极压抗磨剂用于微量切削液中。脂肪醇是优良的润滑剂，生物降解性好；脂肪醇聚氧乙烯醚提供良好的润滑性，是 O/W 型非离子表面活性剂，同时具有良好的生物降解性；磷酸盐具有良好的极压抗磨性和防锈缓蚀性。选用上述各组分进行复配后，能良好地解决加工过程中的工件润滑和冷却问题，而且本发明的油品无须添加含硫、含氯等对环境有较大压力的添加剂的情况下，仍旧具有极好的极压抗磨性，不但环保且可有效地延长刀具使用寿命[25]。

　　将微量切削液和水按重量比1∶1混合搅拌后应用于铝合金零部件车削加工，数控车床型号：CZ-30。先前使用乳化切削液(浓度约5%)进行循环润滑冷却，现改为KS-2106微量润滑装置(2喷嘴，所用喷嘴为上海金兆节能科技有限公司提供的节能喷嘴)和上述微量切削液，工作时间8小时/天，结果如表2-4所示。

表2-4　车削实验结果

项目	传统润滑方式	微量润滑方式
润滑剂消耗	8(L/天)	0.12(L/天)
车刀平均使用寿命	7天	8天

3. 甘露醇脂肪酸磷酸聚乙二醇酯及其制备方法和用该酯制备环保微量切削液

甘露醇脂肪酸磷酸聚乙二醇酯由以下组分的物质制备而成：甘露醇、脂肪酸、磷酸、聚乙二醇。其中甘露醇与脂肪酸的摩尔比为 1∶3～5；脂肪酸与聚乙二醇的重量比为 1∶0.5～1；磷酸有效成分占总组分的重量的 2%～3%。脂肪酸选自碳原子数为 10～20 的饱和或不饱和脂肪酸中的一种或几种，优选为正癸酸、月桂酸、棕榈酸、肉豆蔻酸、亚油酸、油酸、硬脂酸中的一种或几种。聚乙二醇选自分子量为 200～1000 的聚乙二醇中的一种或几种；优选型号为 PEG200、PEG300、PEG400、PEG500、PEG600、PEG800、PEG1000 中的一种或几种的混合物。

甘露醇脂肪酸磷酸聚乙二醇酯的制备需要先将甘露醇、脂肪酸、磷酸加入反应釜内，充入保护气(如氮气、氩气等)转换出反应釜内空气，于 180～220℃的反应温度下反应 2～3 小时；反应后减压排出水分，即为甘露醇脂肪酸磷酸酯。然后往反应釜内加入聚乙二醇搅拌，保持反应温度为 160～180℃，聚合反应 3～5 小时后，反应后减压排出水分，即为甘露醇脂肪酸磷酸聚乙二醇酯。环保微量切削液组分如表 2-5 所示。

表 2-5　环保微量切削液组分

组分名称	所占比重
甘露醇脂肪酸磷酸聚乙二醇酯	20%～30%
醇胺硼酸酯	3%～5%
酰基肌氨酸和/或酰基肌氨酸盐	1%～3%
硼酸盐	0～1%
钼酸盐	0～1%
去离子水	余量

将硼酸盐、钼酸盐加入去离子水中搅拌至完全溶解，加入甘露醇脂肪酸磷酸聚乙二醇酯、醇胺硼酸酯、酰基肌氨酸或其盐加入搅拌至溶液完全透明或半透明；即为一种环保微量切削液。醇胺硼酸酯为一乙醇胺硼酸酯、二乙醇胺硼酸酯、三乙醇胺硼酸酯中的一种或几种的混合物，有良好的极压抗磨性和防锈性。酰基肌氨酸可选自脂肪酸和肌氨酸进行缩合反应的产物中的一种或几种的混合物，酰基肌氨酸盐可选自脂肪酸与肌氨酸盐进行缩合反应的产物中的一种或几种。酰基肌氨酸和酰基肌氨酸盐均具有良好的防锈性和润滑性。上述酰基肌氨酸盐优选自钠盐，上述酰基肌氨酸和/或酰基肌氨酸盐可选自月桂酰肌氨酸、月桂酰肌氨酸钠、肉豆蔻酰肌氨酸、肉豆蔻酰肌氨酸钠、油酰肌氨酸、油酰肌氨酸钠中的一种或几种的混合物。硼酸盐为四硼酸钾、过硼酸钾、四硼酸钠、过硼酸钠中的一种或几种的混合物，极压抗磨性和防锈性能佳。钼酸盐为钼酸钠、钼酸钾或钼酸铵中的一种或几种的混合物，极压抗磨性和防锈性能佳。

所制备的甘露醇脂肪酸磷酸聚乙二醇酯，具有优异的润滑性、极压抗磨性可全部或部分取代传统的含氯、硫、磷的极压抗磨剂用于微量润滑中，少量的微量切削液就能满足金属加工的润滑冷却、极压抗磨和防锈要求，配合微量润滑装置使用，可节省润滑剂的使用量90%以上，节能减排、环境保护效果显著。醇胺硼酸酯、硼酸盐、钼酸盐均为良好的防锈剂和极压抗磨剂，同时使用具有协同增效性能；酰基肌氨酸或其盐具有良好的防锈性，同时可使废液生物降解性能增强。将上述各组分以优选的配比进行组合，实现了各组分的有机融合，通过各组分的特点形成一个稳定的、均匀分散的微量润滑剂体系[26]。

将上述制备的环保微量润滑剂应用于铝合金零件数控车床加工，数控车床型号：CJK-0620。原来用乳化液进行循环润滑冷却，现在改为 KS-2106 微量润滑装置(U形喷嘴，2 个出液/气孔)和环保微量润滑剂，结果如表 2-6 所示。

表 2-6　车削实验结果

项目	传统润滑方式	微量润滑方式
加工一组零件所需时间	10分钟	10分钟
润滑剂消耗	10kg/天	0.3kg/天
工作现场	切削液到处流，现场脏乱	十分干净

2.2.2　一种凸轮滚子式超声波振动纳米流体混合装置

图 2-1 为凸轮滚子式超声波振动纳米流体混合装置的剖视结构图，其中显示了凸轮滚子式超声波振动纳米流体混合装置的各个组成部件[27]。由图 2-1 可知，凸轮滚子式超声波振动纳米流体混合装置所采用的直流电机和箱体均用螺栓固定在机架上，直流电机额定转速为 1000r/min，机架底座对称布置减振元件。直流电机主轴上安装有同步带轮Ⅰ，主动轴一端同样安装有同步带轮Ⅱ，同步带轮Ⅱ靠平键Ⅰ实现周向定位，用轴肩和止动螺母实现轴向定位，同步带轮Ⅰ和同步带轮Ⅱ之间用同步齿形带相连，这样就将直流电机的转动动力传递到同步带轮Ⅱ上，同步带轮Ⅱ又通过平键Ⅰ带动主动轴转动，这样能保证传动的准确性。主动轴上安装有主动齿轮，主动齿轮用平键Ⅱ轴向定位，靠轴肩和轴套Ⅰ轴向定位，主动轴的转动动力通过平键Ⅱ的传递就可以带动主动齿轮旋转，主动轴两端安装有角接触球轴承Ⅰ和角接触球轴承Ⅱ，角接触球轴承Ⅰ用轴套Ⅰ和轴承端盖Ⅲ定位，角接触球轴承Ⅱ靠轴肩和轴承端盖Ⅳ定位，轴承端盖Ⅲ上安装有密封圈。从动齿轮Ⅰ和从动齿轮Ⅱ分别与主动齿轮相啮合，所以主动齿轮的动力通过齿轮的啮合作用分别带动从动齿轮Ⅰ和从动齿轮Ⅱ转动，并且二者的转动是同步转动。从动齿轮Ⅰ安装在从动轴Ⅰ上，并用平键Ⅲ进行周向定位，用轴肩和轴套Ⅱ实现轴向定位，从动齿轮Ⅰ的动力通过平键Ⅲ的传递将带动从动轴Ⅰ转动，从动轴Ⅰ两端分别安装有角接触球轴承Ⅲ和角接触

球轴承Ⅳ并进行定位，其中角接触球轴承Ⅲ依靠轴肩和轴承端盖Ⅰ定位，角接触球轴承Ⅳ用轴套Ⅱ和轴承端盖Ⅱ定位，轴承端盖Ⅱ上安装有密封圈。同样，从动齿轮Ⅱ安装在从动轴Ⅱ上，并用平键Ⅳ进行周向定位，用轴肩和轴套Ⅲ实现轴向定位，从动齿轮Ⅱ的动力通过平键Ⅳ的传递将带动从动轴Ⅱ转动，从动轴Ⅱ两端分别安装有角接触球轴承Ⅴ和角接触球轴承Ⅵ，其中角接触球轴承Ⅴ依靠轴肩和轴承端盖Ⅴ定位，角接触球轴承Ⅵ用轴套Ⅲ和轴承端盖Ⅵ定位，轴承端盖Ⅵ上安装有密封圈。

　　凸轮用螺母固定在箱体上，凸轮加工有从动轴孔Ⅰ和从动轴孔Ⅱ来保证从动轴Ⅰ和从动轴Ⅱ传递动力，凸轮上分别以两个从动轴孔的中心为椭圆中心加工有两个形状尺寸相同的椭圆形凸轮槽Ⅰ和凸轮槽Ⅱ。凸轮椭圆槽理论廓线Ⅰ和凸轮椭圆槽理论廓线Ⅱ分别为从动件Ⅰ和从动件Ⅱ轴线的运动轨迹，轨迹的长半轴的取值为50~200mm，短半轴的取值为30~150mm。从动轴Ⅰ一端通过轴肩和止动螺母固定一主动杆Ⅰ，这样从动轴Ⅰ将带动主动杆Ⅰ一起转动。滑动轴承轴套Ⅰ安装在从动件Ⅰ中，主动杆Ⅰ和滑动轴承轴套Ⅰ相互配合组成了滑动轴承结构，形成了滑动副，并且从动件Ⅰ依靠主动杆Ⅰ实现轴向定位，滑动轴承轴套Ⅰ可以沿着主动杆Ⅰ滑动，因为滑动轴承轴套Ⅰ安装在从动件Ⅰ中，所以也就实现了从动件Ⅰ沿主动杆Ⅰ滑动，另外当从动轴Ⅰ带动主动杆Ⅰ旋转时，主动杆Ⅰ同样会带动从动件Ⅰ一起围绕着从动轴Ⅰ的轴线转动。从动件Ⅰ下端安装有滚子Ⅰ，滚子Ⅰ置于凸轮槽Ⅰ中，并可以沿凸轮槽Ⅰ内壁滚动。当主动杆Ⅰ带动从动件Ⅰ一起绕着从动轴Ⅰ的轴线旋转时，滚子Ⅰ也会随着从动件Ⅰ绕着从动轴Ⅰ的轴线旋转，由于椭圆上每点到椭圆中心的距离不完全相等，滚子Ⅰ就会受到凸轮槽Ⅰ内壁的约束力，这种约束力会推动滚子Ⅰ，进而带动从动件Ⅰ沿主动杆Ⅰ相对滑动。所以最终的运动形式就是从动件Ⅰ既要随着主动杆Ⅰ一起绕着从动轴Ⅰ的轴线转动，还要受凸轮槽Ⅰ内壁的约束沿着从动杆Ⅰ滑动，最终实现一种轨迹为椭圆形的平面回旋运动。同样从动轴Ⅱ一端通过轴肩和止动螺母固定一主动杆Ⅱ，这样从动轴Ⅱ将带动主动杆Ⅱ一起转动，这里要保证主动杆Ⅰ和主动杆Ⅱ平行且同向。滑动轴承轴套Ⅱ安装在从动件Ⅱ中，主动杆Ⅱ和滑动轴承轴套Ⅱ相互配合组成了滑动轴承结构，形成了滑动副，并且从动件Ⅱ依靠主动杆Ⅱ实现了轴向定位，滑动轴承轴套Ⅱ可以沿着主动杆Ⅱ滑动，因为滑动轴承轴套Ⅱ安装在从动件Ⅱ中，所以也就实现了从动件Ⅱ沿主动杆Ⅱ滑动。另外当从动轴Ⅱ带动主动杆Ⅱ旋转时，主动杆Ⅱ同样会带动从动件Ⅱ一起围绕着从动轴Ⅱ的轴线转动。从动件Ⅱ下端安装有滚子Ⅱ，滚子Ⅱ置于凸轮槽Ⅱ中，并可以沿凸轮槽Ⅱ内壁滚动。当主动杆Ⅱ带动从动件Ⅱ一起绕着从动轴Ⅱ的轴线旋转时，滚子Ⅱ也会随着从动件Ⅱ绕着从动轴Ⅱ的轴线旋转，由于椭圆上每点到椭圆中心的距离不完全相等，此时滚子Ⅱ就会受到凸轮槽Ⅱ内壁的约束力，这种约束力会推动滚子Ⅱ，进而带动从动件Ⅱ沿主动杆Ⅱ相对滑动。所以最终的运动形式就是从动件Ⅱ既要

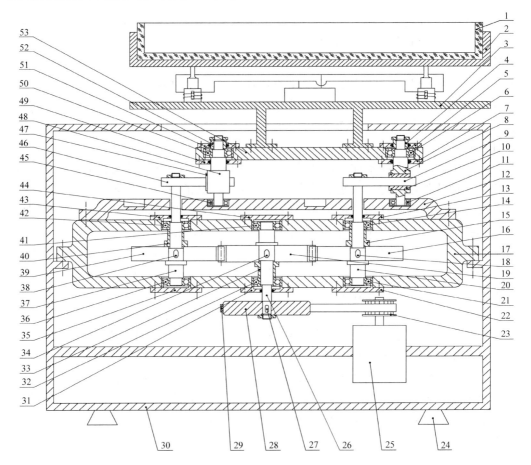

1-容器；2-托盘；3-支撑板；4-轴套Ⅴ；5-轴承端盖Ⅹ；6-角接触球轴承Ⅷ；7-轴承端盖Ⅸ；8-从动件Ⅱ；
9-主动杆Ⅱ；10-滑动轴承轴套Ⅱ；11-滚子Ⅱ；12-轴承端盖Ⅵ；13-螺钉；14-角接触球轴承Ⅵ；15-轴套Ⅲ；
16-从动齿轮Ⅱ；17-箱体；18-平键Ⅳ；19-主动齿轮；20-从动轴Ⅱ；21-角接触球轴承Ⅴ；22-轴承端盖Ⅴ；
23-同步带轮Ⅰ；24-减振元件；25-直流电机；26-主动轴；27-平键Ⅰ；28-同步带轮Ⅱ；29-同步齿形带；
30-机架；31-轴承端盖Ⅲ；32-角接触球轴承Ⅰ；33-轴套Ⅰ；34-平键Ⅱ；35-轴承端盖Ⅰ；36-角接触球轴承Ⅲ；
37-从动轴Ⅰ；38-平键Ⅲ；39-从动齿轮Ⅰ；40-轴套Ⅱ；41-角接触球轴承Ⅱ；42-角接触球轴承Ⅳ；
43-轴承端盖Ⅱ；44-轴承端盖Ⅳ；45-滚子Ⅰ；46-主动杆Ⅰ；47-滑动轴承轴套Ⅰ；48-从动件Ⅰ；
49-轴承端盖Ⅶ；50-角接触球轴承Ⅶ；51-轴承端盖Ⅷ；52-轴套Ⅳ；53-连杆

图 2-1　凸轮滚子式超声波振动纳米流体混合装置的剖视结构图

随着主动杆Ⅱ一起绕着从动轴Ⅱ的轴线转动，还要受凸轮槽Ⅱ内壁的约束沿着主动杆Ⅱ滑动，最终实现一种轨迹为椭圆形的平面回旋运动。因为主动杆Ⅰ和主动杆Ⅱ平行且同向，并且从动轴Ⅰ和从动轴Ⅱ的转动为同步转动，主动杆Ⅰ和主动杆Ⅱ的运动也为同步运动，所以从动件Ⅰ和从动件Ⅱ在随主动杆Ⅰ和主动杆Ⅱ各自转动中的角速度、所转过的角度均相等。又因为凸轮槽Ⅰ和凸轮槽Ⅱ完全一样，所以滚子Ⅰ和滚子Ⅱ所受的约束也就完全一样，由约束力引起的沿主动杆Ⅰ和主动杆Ⅱ相对滑动的速度也完全相同，因此可以得知从动件Ⅰ和从动件Ⅱ的运动完全相同，均为椭圆形的平面回旋运动。从动件Ⅰ另一端安装有角接触球轴承Ⅶ，角接触球轴承Ⅶ内圈用轴肩和轴套Ⅳ定位，轴套Ⅳ另一侧用止动螺母固定，角接触球轴承Ⅶ外圈安装在连杆中，并用轴承端盖Ⅷ保证定位，这样连杆就能够与从动件Ⅰ相对转动，轴承端盖Ⅶ和轴承端盖Ⅷ用螺栓安装在连杆上，并用密封圈密封。从动件Ⅱ另一端安装有角接触球轴承Ⅷ，角接触球轴承Ⅷ内圈用轴肩和轴套Ⅴ固定，轴套Ⅴ另一侧用止动螺母固定，角接触球轴承Ⅷ外圈安装在连杆中，并用轴承端盖Ⅹ保证定位，这样连杆就能够与从动件Ⅱ相对转动,轴承端盖Ⅸ和轴承端盖Ⅹ用螺栓安装在连杆上，并用密封圈密封。因为从动件Ⅰ和从动件Ⅱ的运动完全相同，并且连杆分别与从动件Ⅰ和从动件Ⅱ通过角接触球轴承Ⅶ和角接触球轴承Ⅷ相连，所以连杆最终会实现一种平动运动，其中连杆中的每一点均做平面椭圆回旋运动。连杆上用螺栓安装有支撑板，支撑板上安装有超声波震荡装置。

超声波振荡装置中的变幅杆Ⅰ、变幅杆Ⅱ、变幅杆Ⅲ和变幅杆Ⅳ分别加工有高强度螺栓孔Ⅰ、高强度螺栓孔Ⅱ、高强度螺栓孔Ⅲ和高强度螺栓孔Ⅳ，各变幅杆通过高强度螺栓与托盘相连，并在螺纹连接处涂以凡士林油作传递介质，托盘上安装有容器，所以最终连杆会带动支撑板、超声波震荡装置、托盘和容器一同做平面内的椭圆回旋运动，最终的转速在 20～80r/min。

2.2.3　固体颗粒磨削液复合加工工艺与装置

如图 2-2 所示为一种固体颗粒磨削液复合加工工艺与装置[28]，它主要由油箱、电磁铁、超声波振动发生器、液压管路、电磁换向阀、泥浆泵、溢流阀、压力表、流量计、金属软管以及超声波振动喷嘴构成；其中油箱固定在超声波振动发生器上，油箱底部设有电磁铁，顶部有三个供油口，三个供油口通过液压管路与电磁换向阀三个入口相接，电磁换向阀有三个入口和一个出口，其出口通过液压管路依次与泥浆泵、溢流阀、压力表、流量计以及金属软管相连，金属软管最终与超声波振动喷嘴相接。

超声波振动喷嘴的结构剖视图如图 2-3 所示。它主要由超声波发生器、换能器(包括上端块、下端块以及两者之间的压电陶瓷)和变幅杆构成。超声波发生器将工频交流电转变为有一定功率输出的超声频电振荡，其频率为 16～20kHz。换能器将高频电振荡转换成机械振动，压电陶瓷是换能器的重要组成部分，两片压电陶瓷叠在一起，正极在中间，负极在上侧，经上下端块用压紧螺栓压紧。为了导电引线方便，用镍片夹在正、负极上作为接线端片。变幅杆下侧呈锥形，其作用是将机械振动的振幅扩大。换能器与变幅杆通过螺栓连接起来。超声波振动喷嘴在变幅杆圆锥

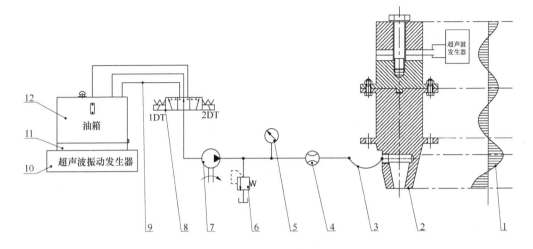

1-超声波振动喷嘴各截面振幅曲线；2-超声波振动喷嘴；3-金属软管；4-流量计；5-压力表；6-溢流阀；

7-泥浆泵；8-电磁换向阀；9-液压管路；10-超声波振动发生器；11-电磁铁；12-油箱

图 2-2　固体颗粒磨削液复合加工装置液压系统图

面及下端面上钻孔，内部呈中空结构，如图 2-3 所示，其中喷孔Ⅱ的横截面为矩形，沿高度方向，宽度为 2~5mm，而长度逐渐变大。变幅杆与喷嘴整合为一体，液压管路、金属软管与变幅杆依次采用螺纹连接，固体颗粒磨削液最终通过变幅杆内的

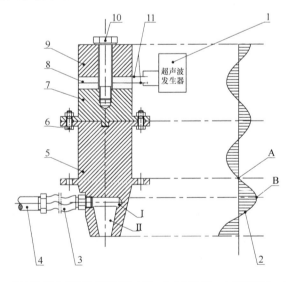

1-超声波发生器；2-超声波振动喷嘴各截面振幅曲线；3-金属软管；4-液压管路；5-变幅杆；6-螺栓；

7-下端块；8-压电陶瓷；9-上端块；10-压紧螺栓；11-镍片

图 2-3　超声波振动喷嘴结构剖视图

孔隙进入砂轮\工件之间。变幅杆采用陶瓷材料制造，使其能够承受固体颗粒磨削液中磨料带来的磨损，提高超声波振动喷嘴的使用寿命。超声波发生器只在修锐砂轮时通电，为固体颗粒磨削液修锐砂轮提供足够的能量，当进行普通磨削和对工件研抛时，超声波发生器并不工作。

2.2.4　一种纳米粒子高速铣削镍基合金工艺及纳米切削液

为了验证纳米切削液的效果，我们做了大量实验。纳米切削液和现有切削液的对比实验；纳米切削液的配方优选，包括材料、粒度、含量、配制方法等。现从中选出两个具体实验和一个实验资料统计数据进行说明[29]。

实验一：纳米粒子切削液与现有切削液切削质量差别

本实验在高速铣削加工中心完成。采用美国肯纳公司生产的 KC5010 型 PVD 涂层刀具，具体切削用量为：切削速度 3800m/min；进给量 0.5m/min；切削深度 1.5mm。实验用的镍基合金材料牌号：GH4145，其硬度为 HB330-400。采用三相压电式切削力测量仪（YDX-III99），表面形貌仪（Talysurf5），红外热像仪（ThermovisionA40M）分别测试实验结果。纳米固体粒子选用 Al_2O_3，直径大小为 60nm。

本实验共分为 4 组，第 1 组采用目前应用较多的乳化水基切削液；第 2 组所用切削液是在第 1 组实验所使用的水基切削液基础上再添加体积分数为 4%，直径大小为 60nm 的 Al_2O_3 纳米固体粒子，并在所得到的混合液内添加稳定剂，采用超声波振动的方式，得到稳定的悬浮状水基纳米切削液；第 3 组采用目前应用较多的油基切削液，由矿物油中加入乳化剂、清洗剂、稳定剂、防锈剂等表面活性剂在一定温度下配制而成；第 4 组采用的切削液是在第 3 组实验所用的切削液基础之上添加体积分数为 4%的直径大小同样为 60nm 的 Al_2O_3 纳米固体粒子，并在所得到的混合液内添加稳定剂，采用超声波振动的方式，得到稳定的悬浮油基纳米切削液。稳定剂为饱和脂肪酸，添加体积分数含量为 0.1%～1%。超声波振动为通用的超声波振动装置，依靠 1.6 万～2 万次/分钟高频振动实现纳米粒子与切削液的均匀混合。每组实验都采用相同的机床和加工参数。镍基合金高速铣削加工工艺参数：切削速度 3800m/min；进给量 0.5m/min；切削深度 1.5mm。整个实验的过程中，供液量均为 40L/min。

实验数据包括切削区温度、法向切削力、切向切削力、表面粗糙度、刀具磨损量、工件表面形貌等，具体见表 2-7。

实验结果分析如下。

（1）纳米切削液的导热性能明显提高。在镍基合金高速铣削加工工艺参数完全相同的状况下，第 2 组切削区的稳定温度比第 1 组降低了 58℃。第 4 组切削区的温度比第 3 组降低了 39℃。说明纳米切削液中的纳米粒子能够有效地吸收切削热量，使工件的温度下降。

表2-7 镍基合金高速铣削加工实验测量数据

序号	磨削液类型	切削区温度/℃	表面粗糙度/μm	F_n/(N/mm)	F_t/(N/mm)	防锈	清洗
①	水基磨削液	448	0.48	61	18	较好	优良
②	水基纳米磨削液	390	0.40	45	12	较好	优良
③	油基磨削液	465	0.42	40	14	优良	较好
④	油基纳米磨削液	426	0.36	28	10	优良	较好

注：(1)F_t：切向切削力；F_n法向切削力，单位为N/mm。

(2)G比率为单位时间内去除材料的体积V与刀具磨损体积V_w的比值，即$G=V/V_w$。

(3)工件表面形貌是通过对第1组和第2组加工的工件取样，对工件的表面组织进行电子扫描电镜观察，证明使用水基纳米切削液进行镍基合金高速铣削加工的工件表面质量明显优于传统水基切削液加工质量。

(2)纳米切削液的切削质量明显提高。第2组比第1组的表面粗糙度降低17%，第4组比第3组的表面粗糙度降低14%。

(3)纳米切削液使切削应力明显降低。第2组比第1组的法向应力和切向应力分别下降了26%和33%，第4组比第3组的法向应力和切向应力分别下降了30%和29%，说明切削热传入刀具的比率降低，刀具保持锋锐时间增加。

(4)纳米切削液的磨具磨损明显降低。第2组比第1组的G比率提高46%，第4组比第3组的G比率提高了74%，说明纳米切削液的润滑效果也有大幅度的提升。

(5)在防锈和清洗方面，纳米切削液和传统切削液性能持平。

纳米切削液的良好切削性能，首先来自自身的传热性能，由于能够携带大量热能流动，而产生的冷却、润滑等一系列优点。而纳米粒子的导热能力可能来自以下几方面。

(1)纳米切削液与传统切削液相比，由于粒子与粒子、粒子与液体间的相互作用及碰撞，流动层流边界层被破坏，传热热阻减小，流动湍流强度得到增强，使得传热增加。

(2)在相同粒子体积分数下，纳米粒子的表面积和热容量远大于毫米或微米级的粒子，因此纳米切削液的导热系数大幅度增加。

(3)由于纳米材料的小尺寸效应，其行为接近于液体分子，纳米粒子强烈的布朗运动有利于其保持稳定悬浮而不沉淀，可减小流动摩擦阻力系数，起到抗磨损的作用。

实验二：纳米粒子的尺寸以及纳米粒子添加体积分数的量对切削液导热系数的影响

本实验同样在高速铣削加工中心完成。采用美国肯纳公司生产的KC5010型PVD涂层刀具，具体切削用量为：切削速度3800m/min；进给量0.5m/min；切削深度1.5mm。实验用的镍基合金材料牌号：GH4145，其硬度为HB330-400。采用三相压电式切削力测量仪（YDX-Ⅲ99），表面形貌仪（Talysurf5），红外热像仪（Thermovision A40M）分别测试实验结果。纳米固体粒子选用 Al_2O_3，选用 Al_2O_3 纳米粒子直径大小分别为 20nm、40nm、60nm。体积分数分别为 2%、4%、8%。研究纳米切削液的传热系数的变化。镍基合金高速铣削加工工艺参数：切削速度 3800m/min；进给量 0.5m/min；切削深度 1.5mm。实验数据见表 2-8。

表 2-8　实验数据表

磨削液类型	Al_2O_3 直径/nm	Al_2O_3 体积分数/%	切削区温度/℃	切削区温度降低/℃	切削液稳定性	组号
水基纳米磨削液	60	2	438	10	好	(1)
	60	4	420	28	略微沉降	(2)
	60	8	412	36	分层沉降	(3)
油基纳米磨削液	20	4	429	36	好	(4)
	40	4	413	52	较好	(5)
	60	4	402	63	略微沉降	(6)

纳米粒子的体积份额和特性对纳米流体的传热性能有很大的影响。目前用理论的方法难以精确地描述纳米流体的传热性能，必须通过实验来确定纳米流体的传热性能。实验(1)、(2)、(3)组切削区温度依次降低为 438℃、420℃、412℃。此结果表明：在添加的纳米粒子大小相同时，随着纳米体积分数的增加，纳米切削液的导热性能相应增强，使得纳米切削液在经过切削区的时候所带走的有效热量增加，这样流入工件的热量就相应减少。可见提高纳米切削液中纳米粒子的体积分数，能够有效提高切削液的导热能力。实验(4)、(5)、(6)对比可知，纳米直径的大小影响切削液的传热性能，添加直径 60nm 的纳米粒子的油基切削液比添加直径 20nm 的纳米粒子的切削液导热能力高。说明添加纳米粒子的直径较大时纳米切削液的导热能力比较强。通过其他实验和统计分析得知，在纳米粒径超过 100nm 时导热能力增长趋缓，结合本实验(1)、(2)、(3)和(4)、(5)、(6)组切削液稳定性指标的对比可知：添加体积分数为 4%，直径大小为 60nm 的纳米粒子的综合指标为最优。

实验三：不同种类、不同尺寸、不同体积分数的纳米粒子的影响

为了证明本方法应用的广泛性及实用性，在不同基液切削液中添加不同种类、不同尺寸、不同体积分数的纳米粒子，对纳米切削的加工质量、表面完整性、切削液稳定性以及生产成本等进行了大量的实验工作，并且经过统计归纳得到了表 2-9 所示的数据。

表 2-9　不同纳米粒子强化换热对比

粒子种类		基液	粒子大小/nm	粒子体积分数/%	切削温度降低/℃	F_n/(N/mm)	F_t/(N/mm)	磨削液稳定性	成本
金属基纳米粒子	Cu	水基	10	2.5	43	65	21	好，无分层	低
	Cu	油基	80	4.5	38	56	19	不好，有分层	较高
	Fe	水基	10	3.3	33	67	24	好，无分层	较低
	Al	水基	100	2.2	39	78	34	较好，轻微分层	较低
	Zn	水基	20	6.8	41	45	17	较好，轻微分层	较高
化合物纳米粒子	Al_2O_3	水基	35	2.5	28	46	21	好，无分层	较低
	Al_2O_3	水基	70	5.5	42	35	18	一般，有分层	较低
	Al_2O_3	油基	100	1.5	21	30	16	较好，轻微分层	一般
	CuO	水基	35	3.5	33	56	23	较好，轻微分层	一般
	CuO	水基	60	2.5	37	51	20	好，无分层	一般
	CuO	油基	90	1.5	35	46	17	较好，轻微分层	较高
	SiC	水基	36	4.5	30	78	32	较好，轻微分层	较高
	TiO_2	水基	15	6.5	34	89	43	较好，轻微分层	较高
	ZrO	水基	68	7.5	45	77	31	一般，有分层	高
	CBN	油基	96	3.5	48	46	18	一般，有分层	高

综上可见：纳米切削液具有很强的导热能力，对于加工工件的表面质量有很大的提高，在镍基合金高速铣削加工领域中的应用前景十分广阔。

2.2.5　纳米磨削工艺及纳米磨削液

为了验证纳米磨削液的效果，我们做了大量实验。纳米磨削液和现有磨削液的对比实验，纳米磨削液的配方优选，包括材料、粒度、含量、配制方法等。现从中选出两个具体实验和一个实验资料统计数据来进行说明[30]。

实验一：纳米粒子磨削液和现有磨削液的磨削质量的差别

本实验在斯来福临（SCHLEIFRING）K-P36 精密数控平面磨床完成。采用 CBN 砂轮，砂轮参数：直径 300mm，宽度为 20mm。三相压电式磨削力测量仪（YDM-III99），表面形貌仪（Talysurf），红外热像仪（Thermovision A20M）。加工工件材料选用表面未经过处理的 100mm×80mm×20mm 45 号钢，硬度（HB）为 230。纳米固体粒子选用 Al_2O_3，直径大小为 60nm。

本实验共分为 4 组。第 1 组采用目前应用较多的乳化水基磨削液；第 2 组所用磨削液是在第 1 组实验所使用的水基磨削液基础上再添加体积分数为 4%，直径大小为 60nm 的 Al_2O_3 纳米固体粒子，并在所得到的混合液内添加稳定剂，采用超声波振动的方式，得到稳定的悬浮状水基纳米磨削液；第 3 组采用目前应用较多的油基磨削液，由矿物油中加入乳化剂、清洗剂、稳定剂、防锈剂等表面活性剂在一定温度下配制而成；第 4 组采用的磨削液类型是在第 3 组实验所用的磨削液基础之上添加体积分数为 4% 的直径大小为 60nm 的 Al_2O_3 纳米固体粒子，并在所得到的混合液内添加稳定剂，采用超声波振动的方式，得到稳定的悬浮油基纳米磨削液。稳定剂为饱和脂肪酸，添加体积分数为 0.1%～1%。超声波振动为通用的超声波振动装置，依靠 1.6 万～2 万次/分钟高频振动实现纳米粒子与磨削液的均匀混合。每组实验都采用相同的磨床和加工参数。磨削加工工艺参数：砂轮线速度为 45m/s，磨削方式为 W 字形磨削，工作台移动速度为 4m/min，采用手动进给加工方式，切削深度 5μm/每行程。整个实验的过程中，供液量均为 40L/min。磨削区温度、法向切削力、切向切削力、表面粗糙度、砂轮磨损量、工件表面形貌等。实验数据见表 2-10。

表 2-10　磨削加工实验测量数据

磨削液类型	磨削温度/℃	表面粗糙度/μm	F_n /(N/mm)	F_t /(N/mm)	G 比率	防锈	清洗
水基磨削液	148	0.48	61	18	24	较好	优良
水基纳米磨削液	90	0.40	45	12	35	较好	优良
油基磨削液	165	0.42	40	14	19	优良	较好
油基纳米磨削液	126	0.36	28	10	33	优良	较好

注：(1) F_t：切向磨削力；F_n 法向磨削力，单位为 N/mm。

(2) G 比率为单位时间内去除材料的体积 V 与砂轮磨损体积 V_w 的比值，即 $G=V/V_w$。

(3) 工件表面形貌是通过对第 1 组和第 2 组加工的工件取样，对工件的表面组织进行电子扫描电镜观察，证明使用水基纳米磨削液进行磨削加工的工件表面质量明显优于传统水基磨削液加工质量。

(1) 纳米磨削液的导热性能明显提高。在磨削加工工艺参数完全相同的状况下，第 2 组磨削区的稳定温度比第 1 组降低了 58℃，降幅达 39%。第 4 组的磨削区温度比第 3 组降低了 39℃，降幅达 24%。说明纳米磨削液中的纳米粒子能够有效地吸收磨削热量，使工件的温度下降。

(2) 纳米磨削液的磨削质量明显提高。第 2 组比第 1 组的表面粗糙度降低 17%，第 4 组比第 3 组的表面粗糙度降低 14%。

(3) 纳米磨削液使磨削应力明显降低。第 2 组比第 1 组的切向应力和法向应力分别下降了 26% 和 33%，第 4 组比第 3 组的切向应力和法向应力分别下降了 30% 和 29%，说明磨削热传入砂轮的比率降低，砂轮保持锋锐时间增加。

(4) 纳米磨削液的磨具磨损明显降低。第 2 组比第 1 组的 G 比率提高 46%，第 4 组比第 3 组的 G 比率提高了 74%，说明纳米磨削液的润滑效果也有大幅提升。

(5) 在防锈和清洗方面，纳米磨削液和传统磨削液性能持平。

纳米磨削液的良好磨削性能，首先来自自身的传热性能，由于能够携带大量热能流动,而产生了冷却、润滑等一系列优点。而纳米粒子的导热能力可能来自以下几方面。

(1)纳米磨削液与传统磨削液相比,由于粒子与粒子、粒子与液体间的相互作用及碰撞,流动层流边界层被破坏,传热热阻减小,流动湍流强度得到增强,使得传热增加。

(2)在相同粒子体积分数下,纳米粒子的表面积和热容量远大于毫米或微米级的粒子,因此纳米磨削液的导热系数大幅度增加。

(3)由于纳米材料的小尺寸效应,其行为接近于液体分子,纳米粒子强烈的布朗运动有利于其保持稳定悬浮而不沉淀,可减小流动摩擦阻力系数,起到抗磨损的作用。

实验二:纳米粒子的尺寸以及纳米粒子添加体积分数的量对磨削液导热系数的影响

本实验同样在斯来福临(SCHLEIFRING)K-P36精密数控平面磨床完成。本实验采用CBN砂轮,砂轮参数:直径为300mm、宽度为20mm。三向压电式磨削力测量仪(YDM-III99),表面形貌仪(Talysurf),红外热像仪(Thermovision A20M)。加工工件材料选用表面未经过处理的50mm×100mm×20mm 45号钢,硬度(HB)为230。纳米固体粒子选用Al_2O_3。在本实验中,选用Al_2O_3纳米粒子直径大小分别为20nm、40nm、60nm。体积分数分别为2%、4%、8%。研究纳米磨削液的传热系数的变化。磨削加工工艺参数:砂轮线速度为45m/s,磨削方式为W形磨削,工作台移动速度为4m/min,采用手动进给加工方式,切削深度为5μm/每行程。实验数据见表2-11。

表2-11　实验数据表

磨削液类型	Al_2O_3直径/nm	Al_2O_3体积分数/%	磨削区温度/℃	导热系数增加量/%	磨削液稳定性	组号
水基纳米磨削液	60	2	138	25	好	(1)
	60	4	120	32	略微沉降	(2)
	60	8	112	38	分层沉降	(3)
油基纳米磨削液	20	4	129	31	好	(4)
	40	4	113	36	较好	(5)
	60	4	102	42	略微沉降	(6)

纳米粒子的体积分数和特性对纳米流体的导热系数有很大的影响。目前用理论的方法难以精确地描述纳米流体的导热系数,必须通过实验来确定纳米流体的导热系数。实验(1)、(2)、(3)组磨削区温度依次降低为138℃、120℃、112℃。此结果表明:在添加的纳米粒子大小相同时,随着纳米体积分数的增加,纳米磨削液的导热性能相应增强,导热系数的提高,使得纳米磨削液在经过磨削区的时候所带走的

有效热量增加，这样流入工件的热量就相应减少。可见提高纳米磨削液中纳米粒子的体积分数，能够有效提高磨削液的导热能力。实验(4)、(5)、(6)组对比可知，纳米直径的大小影响磨削液的导热系数，添加直径 60nm 的纳米粒子的油基磨削液比添加直径 20nm 的纳米粒子的磨削液导热系数高。说明添加纳米粒子的直径较大时纳米磨削液的导热能力比较强。通过其他实验和统计分析得知，在纳米粒径超过 100nm 时导热系数增长趋缓，结合本实验(1)、(2)、(3)和(4)、(5)、(6)组磨削液稳定性指标的对比可知：添加体积分数为 4%，直径大小为 60nm 的纳米粒子的综合指标为最优。

实验三：不同种类、不同尺寸、不同体积分数的纳米粒子的影响

为了证明本方法应用的广泛性及实用性，在不同基液磨削液中添加不同种类、不同尺寸、不同体积分数的纳米粒子，对纳米磨削的加工质量、表面完整性、磨削液稳定性以及生产成本等进行了大量的实验工作，并且经过统计归纳得到了表 2-12 所示的数据。

表 2-12　不同粒子强化换热对比

粒子种类		基液	粒子大小/nm	粒子体积分数/%	导热系数增加量/%	$Ra/\mu m$	$F_n/$(N/mm)	$F_t/$(N/mm)	磨削液稳定性	成本
金属基纳米粒子	Cu	水基	10	2.5	43	1.6	65	21	好，无分层	低
	Cu	油基	80	4.5	38	2.2	56	19	不好，有分层	较高
	Fe	水基	10	3.3	33	0.8	67	24	好，无分层	较低
	Al	水基	100	2.2	39	1.6	78	34	较好，轻微分层	较低
	Zn	水基	20	6.8	41	0.6	45	17	较好，轻微分层	较高
化合物纳米粒子	Al_2O_3	水基	35	2.5	28	1.6	46	21	好，无分层	较低
	Al_2O_3	水基	70	5.5	42	0.8	35	18	一般，有分层	较低
	Al_2O_3	油基	100	1.5	21	0.6	30	16	较好，轻微分层	一般
	CuO	水基	35	3.5	33	1.8	56	23	较好，轻微分层	一般
	CuO	水基	60	2.5	37	1.6	51	17	好，无分层	一般
	CuO	油基	90	1.5	35	1.2	46	17	较好，轻微分层	较高
	SiC	水基	36	4.5	30	1.6	78	32	较好，轻微分层	较高
	TiO_2	水基	15	6.5	34	1.2	89	43	较好，轻微分层	较高
	ZrO	水基	68	7.5	45	1.1	77	31	一般，有分层	高
	CBN	油基	96	3.5	48	0.6	46	18	一般，有分层	高

综上可见：纳米磨削液具有很强的导热能力，对于加工工件的表面质量有很大的提高，在磨削加工领域的应用前景十分广阔。

参 考 文 献

[1] COSTELLO S, FRIESEN M C, CHRISTIANI D C, et al. Metalworking fluids and malignant melanoma in autoworkers[J]. Epidemiology, 2011, 22（1）: 90-97.

[2] FAYIGA A O, IPINMOROTI M O, CHIRENJE T. Environmental pollution in Africa[J]. Environment Development & Sustainability, 2018, 20（1）: 1-33.

[3] RABIEI F, RAHIMI A R, HADAD M J, et al. Performance improvement of minimum quantity lubrication（MQL）technique in surface grinding by modeling and optimization[J]. Journal of Cleaner Production, 2015, 86: 447-460.

[4] SANCHEZ J A, POMBO I, ALBERDI R, et al. Machining evaluation of a hybrid MQL-CO_2 grinding technology[J]. Journal of Cleaner Production, 2010, 18: 1840-1849.

[5] AMIRIL S A S, RAHIM E A, SYAHRULLAIL S. A review on ionic liquids as sustainable lubricants in manufacturing and engineering: Recent research, performance, and applications[J]. Journal of Cleaner Production, 2017, 168: 1571-1660.

[6] SAHA R, DONOFRIO RS. The microbiology of metalworking fluids[J]. Applied Microbiology and Biotechnology , 2012, 94（5）: 1119-1130.

[7] YANG M, LI C, ZHANG Y, et al. Microscale bone grinding temperature by dynamic heat flux in nanoparticle jet mist cooling with different particle sizes[J]. Materials and Manufacturing Processes, 2017, 6: 58-68.

[8] HWANG Y, LEE J K, LEE J K, et al. Production and dispersion stability of nanoparticles in nanofluids[J]. Powder Technology, 2008, 186（2）: 145-153.

[9] YANG M, LI C, ZHANG Y, et al. Effect of friction coefficient on chip thickness models in ductile-regime grinding of zirconia ceramics[J]. International Journal of Advanced Manufacturing Technology, 2019, 102: 2617-2632.

[10] 毛聪, 周鑫, 谭杨, 等. 基于微量润滑磨削的双喷口喷嘴雾化仿真分析[J]. 中国机械工程, 2015, 26（19）: 2640-2645.

[11] YANG M, LI C, ZHANG Y, et al. Predictive model for minimum chip thickness and size effect in single diamond grain grinding of zirconia ceramics under different lubricating conditions[J]. Ceramics International, 2019, 45（12）: 14908-14920.

[12] 张彦彬, 李长河, 贾东洲, 等. MoS_2/CNTs 混合纳米流体微量润滑磨削加工表面质量试验评价[J]. 机械工程学报, 2018, 54（1）: 161-170.

[13] ZHANG Y, LI C, YANG M, et al. Experimental evaluation of cooling performance by friction coefficient and specific friction energy in nanofluid minimum quantity lubrication grinding with different types of vegetable oil[J]. Journal of Cleaner Production, 2016, 139: 685-705.

[14] FARZANEH H, BEHZADMEHR A, YAGHOUBI M, et al. Stability of nanofluids: Molecular dynamic approach and experimental study[J]. Energy Conversion & Management, 2016, 105: 111-114.

[15] GAO T, LI C, ZHANG Y, et al. Dispersing mechanism and tribological performance of vegetable oil-based CNT nanofluids with different surfactants[J]. Tribology International, 2018, 131: 51-63.

[16] BEHERA B C, CHETAN, SETTI D, et al. Spreadability studies of metal working fluids on tool surface and its impact on minimum amount cooling and lubrication turning[J]. Journal of Materials Processing Technology, 2017, 244: 1-16.

[17] MANDZY N, GRULKE E, DRUFFEL T. Breakage of TiO_2 agglomerates in electrostatically stabilized aqueous dispersions[J]. Powder Technology, 2005, 160(2): 121-126.

[18] BABAR H, SAJID M U, ALI H M. Viscosity of hybrid nanofluids a critical review[J]. Thermal Science, 2019, 23(3): 1713-1754.

[19] LI M, YU T B, YANG L, et al. Parameter optimization during minimum quantity lubrication milling of TC4 alloy with graphene-dispersed vegetable-oil-based cutting fluid[J]. Journal of Cleaner Production, 2019, 209: 1508-1522.

[20] RUGGIERO A, DAMATO R, MEROLA M, et al. Tribological characterization of vegetal lubricants: Comparative experimental investigation on Jatropha curcas L. oil, Rapeseed Methyl Ester oil, Hydrotreated Rapeseed oil[J]. Tribology International, 2017, 109: 529-540.

[21] YILDIRIM C V, KIVAK T, SARIKAYA M, et al. Determination of MQL Parameters Contributing to Sustainable Machining in the Milling of Nickel-Base Superalloy Waspaloy[J]. Arabian Journal for Science and Engineering, 2017, 42(11): 4667-4681.

[22] CETIN M H, OZCELIK B, KURAM E, et al. Evaluation of vegetable based cutting fluids with extreme pressure and cutting parameters in turning of AISI 304L by taguchi method[J]. Journal of Cleaner Production, 2011, 19: 2049-2056.

[23] 张翔, 李建明, 王会东, 等. 新型硼氮型润滑油添加剂的合成及摩擦学性能[J]. 润滑与密封, 2009, 34(2): 65-67,70.

[24] 张乃庆, 吴悠, 吴启东, 等. 硼氮型润滑油组合物及其制备方法和该组合制备的微量润滑油: 201910490427.7[P]. 2019-06-10.

[25] 张乃庆, 吴启东, 蒋宁. 一种环保微量切削液及其制备方法: 201811461278.3[P]. 2018-12-02.

[26] 张乃庆, 吴启东, 邱秋敏. 甘露醇脂肪酸磷酸聚乙二醇酯及其制备方法和用该酯制备环保微量切削液: 201611185782.6[P]. 2016-12-20.

[27] 李长河, 马宏亮, 王胜, 等. 一种凸轮滚子式超声波振动纳米流体混合装置: 201310117588.4[P]. 2013-04-07.

[28] 李长河, 张强, 王胜. 固体颗粒磨削液复合加工工艺与装置: 201210208584.2[P]. 2012-06-22.

[29] 李长河, 侯亚丽. 一种纳米粒子高速铣削镍基合金工艺及纳米切削液: 201010162257.9[P]. 2010-04-03.

[30] 李长河, 侯亚丽, 刘占瑞, 等. 纳米磨削工艺及纳米磨削液: 201010004222.2[P], 2010-01-11.

第3章 纳米流体微量润滑砂轮/工件流场案例库设计

3.1 概　述

磨削加工，去除单位材料体积所消耗的能量远大于其他切削加工方法，在磨削区产生大量的热，这些热传散在切屑、刀具和工件上[1, 2]。磨削热效应对工件表面质量和使用性能影响极大[3]。特别是当温度在砂轮/工件界面上超过某一临界值时，就会引起表面的热损伤(表面的氧化、烧伤、残余拉应力和裂纹)，其结果将会导致零件的抗磨损性能降低，抗疲劳性能变差，从而降低了零件的使用寿命和工件可靠性[4]。此外，磨削周期中工件的累积温升，导致工件尺寸精度、形状精度误差和砂轮的使用寿命降低。因此，有效控制磨削区的温度，降低工件表面热损伤，是研究磨削机理和提高被磨零件表面完整性的重要课题[5]。

在磨削加工中，磨削液占有重要的地位，因为它具有润滑、冷却、清洗、防锈、降低磨削力和改善工件表面质量等功效，是磨削加工过程不可缺少的生产要素之一[6-8]。为了降低磨削区的温度，生产上广泛采用向磨削区切向供给大流量磨削液的浇注式供液法降低磨削区温度。但这种供液方法由于砂轮高速旋转形成的"气障"使磨削液进入磨削区十分困难，实际进入砂轮/工件之间的"有效流量率"仅为喷嘴流量的 5%～40%，大量的磨削液根本无法进入砂轮/工件界面，磨削液只是起到冷却工件基体的作用，造成磨削烧伤和工件表面完整性恶化。因此，采用恰当的注入方法，增加磨削液进入磨削区的有效部分，提高冷却和润滑效果，对于改善工件质量和减少砂轮磨损，极其重要[9]。

目前改进的磨削液注入方法有空气挡板辅助截断气流法、高压喷射法、砂轮内冷却法、径向射流冲击强化换热法等[10, 11]。空气挡板辅助截断气流法是在砂轮外周面及侧面设置可调节的空气挡板，阻碍空气向弧区快速流动。挡板与砂轮表面间隙应尽量小，随砂轮直径的减小能连续地调整。采用空气挡板，砂轮表面可以更好地被润湿，还可防止磨削液向两旁飞溅。高压喷射法是提高供给磨削液的压力，把磨削液高速喷出，使其能冲破气流屏障进入弧区，将磨削热迅速带走，一般使用压力在几兆帕。砂轮内冷却法是利用砂轮径向孔供液或利用砂轮盘的侧孔供液。利用离心力渗漏作用将磨削液通过砂轮气孔从周边甩出，进入磨削区。系统需配置高精度的过滤装置，以免砂轮堵塞。径向射流冲击强化换热法利用开槽 CBN 砂轮的径向小孔高压喷射磨削液，使磨削液以很高速度(可达 100m/s)，接近垂直地冲击弧区工件表面。由于高压射流可以轻易冲破已形成汽膜的阻挡，确保磨削液与工件表面的持续接触，因而就有条件突破成膜沸腾的障碍，使磨削弧区温度降低，这种冷却液注入方法不受砂轮气障的影响，换热效率高，缺点是工作时砂轮易产生振动，导致加工工件精度和表面质量降低，而且供液系统结构复杂，成本高[12]。

目前，铣削加工是机械制造业最常用的一种切削加工，加工生产效率高、加工范围广、加工精度高[13]。但在铣削时，刀具与工件的接触时间极短，刀具前刀面与切屑、后刀面与工件之间发生剧烈的摩擦，产生大量切削热，导致刀具急剧磨损，刀具失效过快，严重制约了加工效率的提高[14-16]，因此，冷却液在加工中至关重要，具有润滑、冷却、清洗、防锈等功能[17]。

常规的铣削加工由于大量使用切削液，对环境和工人造成巨大伤害，为了保护环境、降低成本，微量润滑和纳米流体微量润滑技术具有更大的优势[18,19]。但这种供液方法具有一定的不足，空气具有黏性，高速旋转的铣刀会对靠近铣刀的空气流场的流体动力学特性产生影响。铣刀周围的空气本来是静止的，但高速旋转的铣刀会导致其产生流动，并且越靠近切削刃部位的空气的流动速度越高，从而在铣刀周围形成了一个封闭的"环形"区域，这些对切削液的进入产生了阻碍作用，切削液无法进入铣刀/工件界面，造成加工烧伤[20,21]。因此，采用合适的切削液注入方法，增加切削液进入加工区的比例，对于提高冷却润滑效果，改善工件表面质量具有非常重要的作用[22]。但是，目前未出现铣削中切削液的注入方面的较好的研究成果。

为了提高磨削和铣削微量润滑液的有效流量率，本章对纳米流体微量润滑砂轮/工件流场案例库进行了分析。

3.2 纳米流体微量润滑砂轮/工件流场案例库

3.2.1 砂轮气流场辅助注入磨削液的方法及装置

气流场是磨削加工存在砂轮周边的必然现象，在砂轮高速旋转条件下，为了实现对磨削区的冷却，冲走切屑，磨削液的喷注必须有足够大的能量，磨削液的供液速度、压力均比浇注式成倍增加，以冲破砂轮周围的高速气流，使磨削液抵达磨削区。为解决上述问题，本节提供了一种砂轮气流场辅助注入磨削液的方法及装置，该方法是将供给磨削液喷嘴的位置设在楔形磨削区气流场返回流之上，且与砂轮圆周相切，喷嘴喷出磨削液的速度和砂轮圆周速度相等，借助砂轮速度和在楔形磨削区气流场压力与速度的迅速增高获得的能量，辅助磨削液注入切削区。

图 3-1(a) 为一种砂轮气流场辅助注入磨削液的方法，将供给磨削液的喷嘴位置设置在楔形磨削区气流场返回流之上，且该位置与砂轮圆周相切；喷嘴喷出磨削液的速度和砂轮圆周速度相等，借助砂轮速度和在楔形磨削区气流场压力和速度的迅

速增高获得的能量,将辅助磨削液注入切削区。喷嘴的出口位置距离砂轮表面 0.5～1mm;喷嘴出口与工件间距离为 60～120mm。喷嘴位于砂轮从水平线以下至垂直轴线间 90°区域圆心角内的以水平线为起始位置的圆心角为 20°～80°区域内。

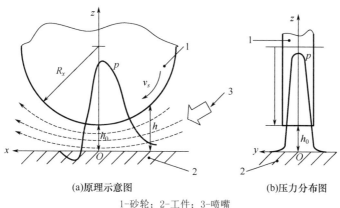

(a)原理示意图　　　　　　　　(b)压力分布图

1-砂轮; 2-工件; 3-喷嘴

图 3-1　原理示意图以及局部压力分布图

图 3-1(b)、图 3-2 中,楔形磨削区气流场压力的数学模型为

$$\frac{\partial}{\partial x}\left(\frac{h^3}{12\eta}\frac{\partial p}{\partial x}-\frac{h}{2}v_s\right)+\frac{\partial}{\partial y}\left(\frac{h^3}{12\eta}\frac{\partial p}{\partial y}\right)=0 \tag{3-1}$$

式(3-1)差分解法表达式为

$$p=\frac{3v\eta\sqrt{Dh_0}}{h_0^2}\left\{\gamma+\pi/2+\frac{\sin 2\gamma}{2}-1.226\times\left[\frac{3}{4}(\gamma+\pi/2)+\frac{\sin 2\gamma}{2}+\frac{\sin 4\gamma}{10}\right]\right\} \tag{3-2}$$

式中, p 为气流场动压力; $\gamma=\arctan(x/\sqrt{Dh_0})$; x、y 为坐标轴; D 为砂轮直径; h 为砂轮与工件表面之间的间隙, $h=h_0+\frac{x^2}{2R_x}$, h_0 为砂轮表面和工件之间的最小间隙, R_x 为砂轮半径; v_s 为砂轮线速度; η 为气流场的动力黏度。

最小间隙 h_0 表达式为

$$h_0=0.6d_g \tag{3-3}$$

由于砂轮是由磨粒、结合剂和气孔组成的,砂轮在磨削工件的过程中,砂轮和工件之间存在间隙,设组成砂轮磨粒的平均直径为 d_g 。

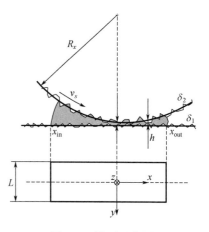

图 3-2　模型示意图

1. 砂轮速度对气流场动压力的影响规律

在 x 方向即垂直于砂轮宽度方向，气流场动压力随砂轮圆周速度的增加而增加，在砂轮与工件之间间隙最小区域，气流场动压力达到峰值，并且压力梯度变化很大，在最小间隙之后即出口区形成负压；在 y 方向即砂轮宽度方向，除了在砂轮宽度边缘处存在侧泄，气流场动压力相同，如图 3-3 所示。

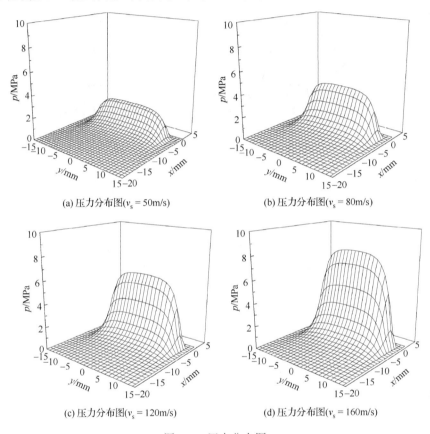

(a) 压力分布图($v_s = 50\text{m/s}$)　　　　　(b) 压力分布图($v_s = 80\text{m/s}$)

(c) 压力分布图($v_s = 120\text{m/s}$)　　　　(d) 压力分布图($v_s = 160\text{m/s}$)

图 3-3　压力分布图

2. 砂轮与工件最小间隙 h_0 对气流场动压力的影响规律

由图 3-4 可以看出，砂轮和工件间的最小间隙越小，磨削区气流场的动压力越大。气流场速度的变化在靠近砂轮与工件最小间隙处磨削液的 x 方向的速度达到最大值，在靠近磨削液出口处流体速度基本保持不变；随着砂轮圆周速度的增加，速度的最大值也在增大，而且增加速度比较快，如图图 3-4(a) 和图 3-4(d) 砂轮与工件不同最小间隙下的气流场动压力变化规律。图 3-5 为沿砂轮转速方向压力随最小间隙变化的曲线。

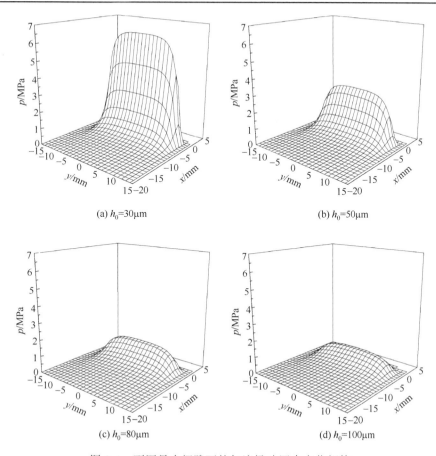

(a) $h_0=30\mu m$ 　　　　　　　　　(b) $h_0=50\mu m$

(c) $h_0=80\mu m$ 　　　　　　　　　(d) $h_0=100\mu m$

图 3-4　不同最小间隙下的气流场动压力变化规律

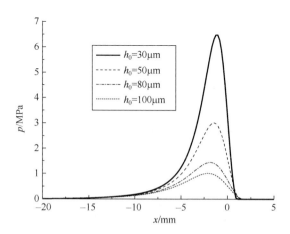

图 3-5　沿砂轮转速方向压力随最小间隙变化的曲线

图 3-6 为气流场速度随砂轮速度在 x 方向的分布图。由图 3-6 可知，在靠近砂轮与工件最小间隙处磨削液的 x 方向的速度达到最大值，在靠近磨削液出口处流体速度基本保持不变。随着砂轮圆周速度的增加，速度的最大值也在增大，而且增加速度比较快。

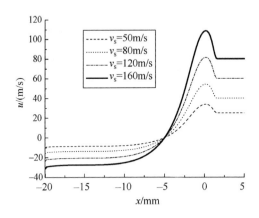

图 3-6　流体 x 方向速度随砂轮圆周速度变化的曲线

从图 3-7 可以看出，气流场在楔形区靠近工件表面存在返回流现象，有效供给磨削液的关键是供液喷嘴在返回流之上，这样可以不用消耗冲破气流场的能量。

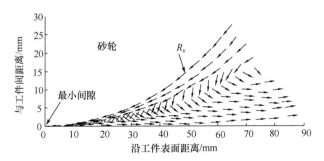

图 3-7　气流场在楔形区靠近工件表面存在返回流图

3.2.2　利用砂轮气流场在线检测砂轮磨损的方法和装置

磨削最主要的特征是砂轮在主轴的带动下高速旋转，因此在高速旋转砂轮表面形成一层空气附面层即气流场。气流场是磨削加工存在砂轮周边的必然现象，气流场的压力大小及其分布规律，与砂轮的磨损量密切相关，因此，通过检测气流场的压力变化就可以计算得到砂轮在磨削过程中的磨损量，进而进行相应的补偿。《金刚石与磨料磨具工程》中记载的《磨削区内气流场速度和压力分布规律的研究进展》一文对气流场速度和压力的分布规律进行了初步探讨，但并未给出如何通过气流场对磨损进行分析的内容。为了解决上述问题，本节提供了一种利用砂轮气流场在线检测砂轮磨损的方法和装置，它通过压力传感器在线检测气流场的压力变化，从而计算出砂轮磨削过程中的磨损量，最终实现砂轮的补偿进给。

图 3-8 所示为气流场压力检测装置的剖视图，包括摇杆、机架、主动螺母、微调螺杆以及压力传感器、压力传感器与砂轮之间的间隙为 h_0，磨削加工过程中，压力传感器检测气流场中的动压力。摇杆、机架、主动螺母、微调螺杆为差动螺旋机构，用于对传感器的位置进行微调。通过摇杆转动主动螺母，主动螺母沿轴向移动，同时微调螺杆带动压力传感器相对主动螺母沿轴向移动，其相对于机架的位移为

$$l_2 = (s_1 - s_2)\varphi / (2\pi) \tag{3-4}$$

其中，主动螺母具有旋向相同而螺距不等的内、外螺纹，内螺纹的螺距为 s_2，外螺纹的螺距为 s_1，分别与微调螺杆以及机架组成螺旋副。若 $s_1 = 1.25\text{mm}$，$s_2 = 1.00\text{mm}$，则主动螺母每转动 $10°$，微调螺杆带动压力传感器的移动量为 0.00694mm。

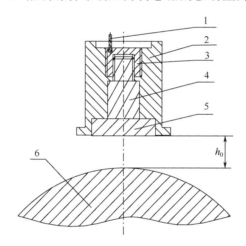

1-摇杆；2-机架；3-主动螺母；4-微调螺杆；5-压力传感器；6-砂轮

图 3-8　气流场压力检测装置的剖视图

结合图 3-9 可见，定量转动装置由指针以及刻度盘组成，其中指针随着摇杆的转动而转动，刻度盘上每个小格表示转过的角度为 $5°$，从而定量微调压力传感器的位移量。

结合图 3-10 可见，气流场压力的变化幅度，气流场动压力随着砂轮和工件间的最小间隙 h_0 的减小而逐渐增大，最大压力峰值发生在砂轮与工件最小间隙区域，因此，在能保证 h_0 足够小的前提下，压力传感器检测得到的信号强度比较高，提高了动压力检测的准确度，进而确保了砂轮磨损量以及补偿进给量的准确度。图 3-11 中，

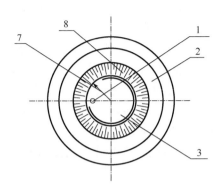

1-摇杆；2-机架；3-主动螺母；7-指针；8-刻度盘

图 3-9　实例的信号采集装置的俯视图

气流场动压力与砂轮表面与压力传感器之间的距离 h_0 成反比，砂轮磨损，砂轮直径减小，砂轮表面与压力传感器之间的距离 h_0 增大，气流场动压力减小，而且动压力变化大小与砂轮磨损量根据数学模型可以计算得到，通过调整砂轮与工件之间的径向进给量来补偿砂轮的磨损量，从而保证零件的加工精度。

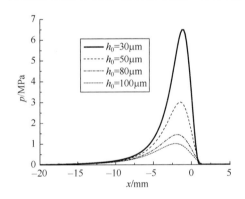 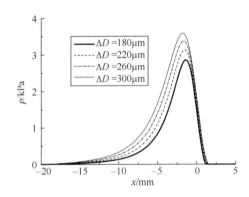

图 3-10　实例的动压力与间隙的关系曲线图　　图 3-11　气流场动压力随砂轮直径变化的曲线

3.2.3　磨削液有效流量率及动压力的测量装置及方法

　　磨削液实际通过砂轮/工件之间的流量与喷嘴流量之比称为有效流量率，目前测量磨削液通过磨削区的有效流量率的装置都是在现有磨床供液装置的基础上改进的，自动化程度和测量精度有限，更不能测量有效流量率和磨削液流体动压力。为了解决上述问题，提供一种磨削液有效流量率及动压力的测量方法及装置，它既能测量磨削液通过砂轮/工件之间的有效流量率，而且也能测量磨削区的磨削液流体动压力。

由图 3-12 可见，磨削液有效流量率及动压力的测量装置，为了测量磨削液有效流量率和磨削区的流体动压力，工件的宽度与砂轮宽度相等；有效流量分离板固定在差动螺旋机构的滑板上，由螺杆控制有效流量分离板的横向移动使其靠近或离开砂轮；为了防止通过磨削区的有效流量沿着砂轮循环回流到射流区，本装置使用了一个刮板，用螺栓固定在有效流量分离板上；收集槽用紧定螺钉连接在工件上，通过磨削区的磨削液沿着收集槽最终流入一容器中；橡胶挡板固定在差动螺旋机构的滑板上，防止从射流区溢出的磨削液混入收集槽内并能阻止其溅射到差动螺旋机构的螺杆上；压电式压力传感器固定在工件内部，砂轮工件磨削区磨削液的压力通过工件上的小孔传递到压电式压力传感器上进而测量出其动压力；另外，本装置的差动螺旋机构、工件和收集槽直接固定在磨床工作台上。

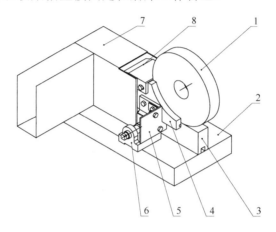

1-砂轮；2-工作台；3-工件；4-有效流量分离板；5-橡胶挡板；6-差动螺旋机构；7-收集槽；8-刮板

图 3-12　磨削液有效流量率及动压力的测量装置总装配轴测图

图 3-13 实验装置总装配俯视图，展示了有效流量分离板、工件以及收集槽之间的位置关系。两块有效流量分离板的左侧伸出工件一定的距离，通过磨削区的磨削液都流到收集槽内，实现了对有效流量的收集。另外，收集槽的入口端把有效流量分离板包在里面，但它不会妨碍有效流量分离板在行程范围内的调节(本装置设计的有效流量分离板的行程为 6mm。

此测量装置所用的工件如图 3-14 所示。图 3-14 是沿工件宽度中心线的全剖视图，工件的左端开有与紧定螺钉配合的孔并且开槽与收集槽相连；工件的右端开孔与压电式压力传感器相配合(图 3-14)，其中顶部开有 $\phi 0.5 \times 3mm$ 的小孔，磨削区中某一点的流体动压力通过这一小孔传递到压电式压力传感器上，压电式压力传感器下端的输出电线通过工件底部的槽与外界电荷放大器相连，输出信号最终输入电脑里。

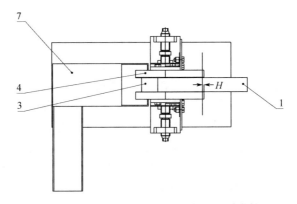

1-砂轮；3-工件；4-有效流量分离板；7-收集槽

图 3-13　实验装置总装配俯视图（去掉刮板）

橡胶挡板，其一端直接用螺栓固定在滑板上，另一端用角铁固定如图 3-14 所示，它的作用是防止从射流区溢出的磨削液混入收集槽并能阻止其溅射到差动螺旋机构的螺杆上。

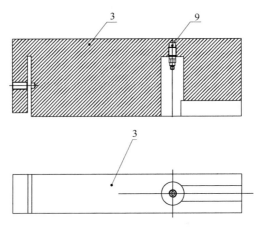

3-工件；9-压电式压力传感器

图 3-14　工件与传感器装配的剖视图

本装置可先测磨削液的有效流量率，再测磨削区流体动压力。

测量磨削液有效流量率的步骤如下。

（1）按照图 3-13 所示，安装、固定好装置各部件，调节差动螺旋机构的螺杆，使有效流量分离板远离工件。

（2）供给磨削液，启动砂轮，调整砂轮工件间的间隙为零，并使砂轮与工件两侧边缘对齐。

（3）调节两侧差动螺旋机构的螺杆，使有效流量分离板靠近接触砂轮。

(4) 调整工作台，使砂轮轴线与有效流量分离板右端面的水平距离 H 为 5～10mm，砂轮轴线在有效流量分离板右端面的左侧。

(5) 停止砂轮回转与磨削液供给，安放刮板，调节好其位置，使其靠近接触砂轮，再用螺栓固定。

(6) 供给磨削液，启动砂轮。

(7) 从收集槽出口端收集有效流量，收集时间，t 为 5～20min。

(8) 测量出收集到的磨削液的质量 M，代入公式

$$q_{有效} = \frac{M}{\rho \times t} \tag{3-5}$$

式中，ρ 为磨削液的密度。由此即可求出收集到的有效流量 $q_{有效}$。

(9) 从液压系统的流量计中直接读出喷嘴的输出流量 $q_{喷}$。

(10) 有了 $q_{有效}$ 和 $q_{喷}$，计算出磨削液的有效流量率，其值为 $q_{有效}/q_{喷}$。

(11) 重复步骤(7)～(10)，得出三组有效流量率，取其平均值。

(12) 改变影响有效流量的参数：砂轮转速、喷嘴流量、喷射速度和喷嘴的位置、角度，测出在相应参数下的有效流量率，从而研究各参数对它的影响。

有效流量率的数学模型为

$$\mu_\theta \frac{\mathrm{d}\mu_\theta}{\mathrm{d}\theta} - \frac{\mu R \phi}{k_\theta \rho}(v_s - \mu_\theta) = 0 \tag{3-6}$$

$$\frac{u_\theta^2 h}{2R} \frac{\mathrm{d}^2 h}{\mathrm{d}\theta^2} - \frac{h^2}{R}\left(\frac{\mathrm{d}u_\theta}{\mathrm{d}\theta}\right)^2 + \frac{2u_\theta h}{R}\frac{\mathrm{d}h}{\mathrm{d}\theta}\frac{\mathrm{d}u_\theta}{\mathrm{d}\theta} + \frac{1}{2}\left(\frac{1}{k_r} - \frac{1}{k_\theta}\right)\frac{\mu h^2}{\rho}\frac{\phi \mathrm{d}u_\theta}{\mathrm{d}\theta}$$
$$+ \frac{\mu \phi u_\theta}{2k_r \rho}\frac{h\mathrm{d}h}{\mathrm{d}\theta} + \frac{\mu h^2 \phi}{2\rho}(v_s - u_\theta)\frac{\mathrm{d}}{\mathrm{d}\theta}\left(\frac{1}{k_\theta}\right) + u_\theta^2 h - \frac{pR}{\rho} = 0 \tag{3-7}$$

式中，u_θ 为磨削液在砂轮圆周的切向速度；μ 为磨削液的动力黏度；R 为砂轮的半径；ϕ 为砂轮的气孔率；ρ 为磨削液的密度；v_s 为砂轮的圆周速度；h 为磨削液渗入砂轮表面气孔的深度；p 为磨削液在磨削区的流体动压力；k_θ 和 k_r 分别为磨削液在砂轮表面的切向和径向的渗透系数。

$$\frac{1}{k_\theta} = \frac{\alpha(1-\phi)^2}{d^2\phi^3} + \frac{\beta(1-\phi)}{\phi^3}\frac{\rho v}{\mu d} \tag{3-8}$$

$$\frac{1}{k_r} = \frac{\alpha(1-\phi)^2}{d^2\phi^3} + \frac{\beta(1-\phi)}{\phi^3}\frac{\rho \phi u_{r0}}{2\mu d} \tag{3-9}$$

式中，v 为磨削液在砂轮表面的速度，$v = \phi(v_s - u_\theta)$；d 为砂轮表面气孔的直径；u_{r0} 为磨削液进入砂轮气孔的径向速度；α 和 β 为特征系数，$\alpha = 150$，$\beta = 1.75$。

边界条件方程为 $\theta = \theta_0$ 时，有

$$h = 0 \tag{3-10}$$

$$dh / d\theta = (u_{r0}R) / u_{\theta 0} \tag{3-11}$$

式中，u_{r0} 和 $u_{\theta 0}$ 为在 $\theta = \theta_0$ 位置时的磨削液的径向和切向速度。

磨削液通过磨削区的有效流量为

$$q_{有效} = hb\phi u_\theta \tag{3-12}$$

磨削液的有效流量率为

$$\eta = \frac{q_{有效}}{q_{喷}} \tag{3-13}$$

在测量砂轮工件磨削区流体动压力之前，要把装置的刮板、有效流量分离板以及橡胶挡板都卸掉，以便完整地测量出磨削区动压力分布。工件顶部有一个直径为0.5mm的小孔，孔深3mm，磨削区的动压力正是通过这个小孔传递到压电式压力传感器上的，从而测量出它的大小，图 3-15 为实验装置总装配主视图，图 3-16 为测量磨削区内流体动压力示意图。

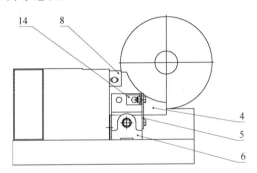

4-有效流量分离板；5-橡胶挡板；6-差动螺旋机构；8-刮板；14-角铁

图 3-15　实验装置总装配主视图

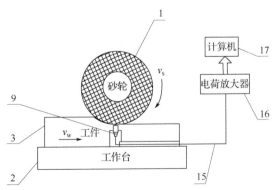

1-砂轮；2-工作台；3-工件；9-压电式压力传感器；15-输出电线；16-电荷放大器；17-计算机

图 3-16　测量磨削区流体动压力示意图

测量磨削区动压力的具体步骤如下。

(1) 卸掉装置上的刮板 8、有效流量分离板 4 和橡胶挡板 5, 调节两侧差动螺旋机构的螺杆, 使滑板远离工件; 调整砂轮, 使砂轮与工件之间的最小间隙为 0, 小孔位于砂轮与工件最小间隙处, 且工件的小孔中心与砂轮宽度中心线重合。

(2) 供给磨削液, 启动砂轮。

(3) 调节工作台向右移动 1mm, 记录此时传感器输出的压力值。

(4) 重复步骤(3), 直到工作台向右移动 20～30mm。

(5) 再调整砂轮 1, 使砂轮与工件 3 之间的最小间隙为 0, 小孔位于砂轮与工件之间最小间隙处, 且工件的小孔中心与砂轮宽度中心线重合。

(6) 调节工作台向左移动 1mm, 记录此时的压力值。

(7) 重复步骤(6), 直到工作台向左移动 5～10mm, 至此即可绘出磨削区沿 x 方向的压力分布图。

(8) 再调整砂轮 1, 使砂轮与工件 3 之间的最小间隙为 0, 小孔位于砂轮与工件最小间隙处, 调节砂轮里侧面与工件小孔中心线对齐。

(9) 调节工作台带动工件向前移动 1.5mm, 记录此时的压力值。

(10) 重复步骤(9), 直到小孔移动到砂轮外侧面的边缘, 此时即可绘出磨削区最小间隙处沿砂轮宽度方向的压力分布图。

(11) 改变影响磨削区流体动压力的参数, 如砂轮速度、砂轮与工件之间的最小间隙等, 测出在相应参数下磨削区的动压力分布, 即可研究各参数对它的影响。

磨削区流体动压力方程为

$$\frac{\partial}{\partial x}\left(\frac{H^3}{12\mu}\frac{\partial p}{\partial x} - \frac{H}{2}v_s\right) + \frac{\partial}{\partial y}\left(\frac{H^3}{12\mu}\frac{\partial p}{\partial y}\right) = 0 \tag{3-14}$$

其边界条件方程为

$$p\big|_{x=a} = 0, \qquad -\frac{b}{2} \leqslant y \leqslant \frac{b}{2} \tag{3-15}$$

$$p\big|_{y=\pm b/2} = 0, \qquad a \leqslant x \leqslant c \tag{3-16}$$

$$\frac{\partial p}{\partial x}\bigg|_{x=c} = p\big|_{x=c} = 0, \qquad -\frac{b}{2} \leqslant y \leqslant \frac{b}{2} \tag{3-17}$$

式中, H 为砂轮与工件之间磨削区磨削液的厚度; b 为砂轮宽度; a 为磨削液进入磨削区入口端的长度; c 为磨削区出口端的长度; R 为砂轮的半径。

$$H = \frac{x^2}{2R} \tag{3-18}$$

3.2.4　不同工况下铣削注入切削液的方法及系统

为了提高铣削中切削液的注入率，提出了一种不同工况下铣削注入切削液的方法及系统，使用铣刀铣削工件，测力仪测量铣削力，换刀系统实现刀具的换用，刀库系统实现刀具的存放，润滑系统向铣削界面提供润滑油，喷嘴的位置根据不同工况下的气流场进行选择，但要把喷嘴置于气障之内，并使油雾顺着进入流进入铣削区，不用冲破气障的影响，节省了供液系统的无用功，同时进入流可以辅助切削液更有效地进入切削区。

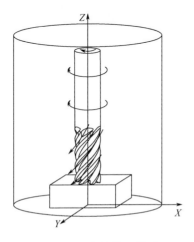

图 3-17　仿真物理模型

在高速铣削中，主轴带动铣刀高速旋转，旋转运动会对周围空气产生扰动，在铣刀周围产生一个空气附面层，阻碍切削液进入加工区。铣刀的刀柄部分为圆柱形，形成的气流为圆周环流，刀刃部分具有铣刀槽，形成顺着刀槽方向的回转气流，圆周环流与回转气流相互影响，对切削液的供给具有阻碍作用。

因此，使用 FLUENT 软件来模拟旋转铣刀周围气流场分布，模型条件如下：铣刀直径 $R=20\text{mm}$，铣刀螺旋角 $\beta=30°$，旋转速度 $n=1200\text{r/min}$，铣刀处于静止的空气流场中，图 3-17 仿真物理模型，仿真参数如表 3-1 所示。

表 3-1　旋转铣刀流场仿真参数

名称	大小	名称	大小
铣刀直径/mm	20	铣刀转速/(r/min)	1200
螺旋角/(°)	30	流场直径/mm	150

仿真采用 3D 求解器来计算，流场介质选择空气，流场出口边界设置为压力出口边界，pressure-outlet 边界，工件边界条件设置为静止的 wall，铣刀边界条件设置为旋转的 wall，初始化边界条件，设置残差监视后进行求解计算，经迭代一定次数后，收敛后得到计算结果。

图 3-18 是不同转速下 $Z=20\text{mm}$ 截面空气流场流线图，图 3-19 是不同转速下 30°截面空气流场流线图。结合图 3-18 和图 3-19 进行说明，刀具转速会对铣削区空气流场产生影响，因此在保证刀具直径、螺旋角和其他参数不变的情况下，改变刀具转速，分别为 600r/min、1200r/min、1800r/min 和 2400r/min，观察气流场的变化。可以看出转速的大小不影响空气流场在圆周方向上的形状，因此铣刀转速不影响喷嘴与铣刀进给方向的角度，都为 30°时最有利于切削液的注入。根据图 3-19 可以看

出进入流的大小随着铣刀转速的增加而变小，而气障的大小会逐渐增大，说明铣刀转速的增加会使切削液进入铣刀/工件界面的难度增加，同时，喷嘴的最佳距离应在气障内，因此，最佳靶距会随着铣刀转速的增加而减小。从图中可以看出，当铣刀转速为 600r/min 和 1200r/min 时，靶距的最大值应在 30mm 以内，当铣刀转速为 1800r/min 和 2400r/min 时，靶距的最大值应在 20mm 以内。进一步，铣刀的转速并不会影响喷嘴与工件表面的角度，即 40°～50° 时最有利于切削液输运到铣刀/工件界面。

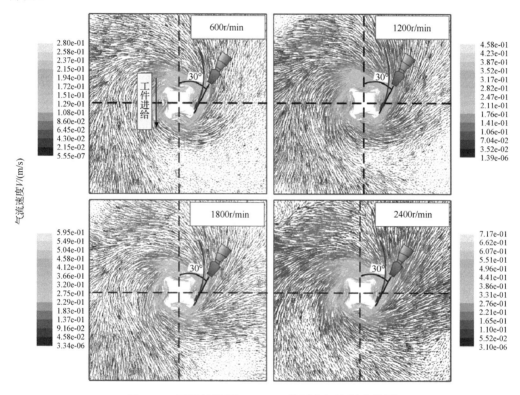

图 3-18　不同转速下 Z=20mm 截面空气流场流线图

　　图 3-20 是不同螺旋角铣刀下 Z=20mm 截面空气流场流线图，图 3-21 是不同螺旋角铣刀下最佳射流角截面空气流场流线图。结合图 3-20 和图 3-21 进行说明，铣刀螺旋角也会对铣削区空气流场产生影响，因此在保证刀具直径、旋转速度和其他参数不变的情况下，改变铣刀螺旋角，分别为 30°、35°、40° 和 45°，观察气流场的变化。可以看出圆周流的方向随着铣刀螺旋角的变化而不同，即喷嘴与铣刀进给方向的最佳角度发生变化，从图中可以看出，当喷嘴与铣刀进给方向的角度与铣刀螺旋角相同时，空气流场会辅助切削液输运，有利于切削液注入铣刀/工件界面，增加切削液的有效利用率。

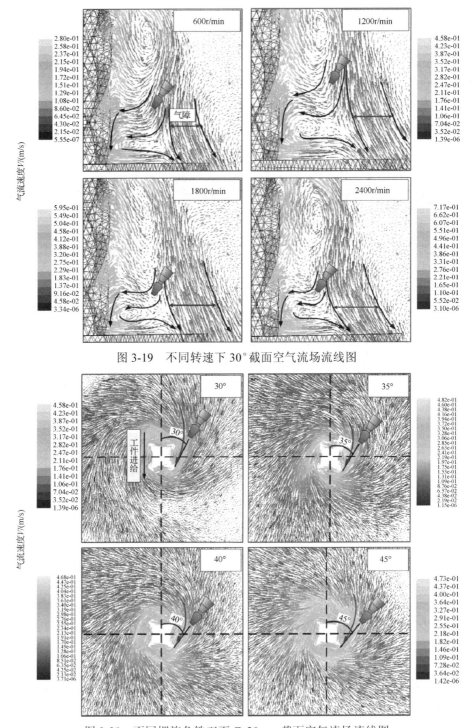

图 3-19　不同转速下 30° 截面空气流场流线图

图 3-20　不同螺旋角铣刀下 Z=20mm 截面空气流场流线图

气流速度 V/(m/s)

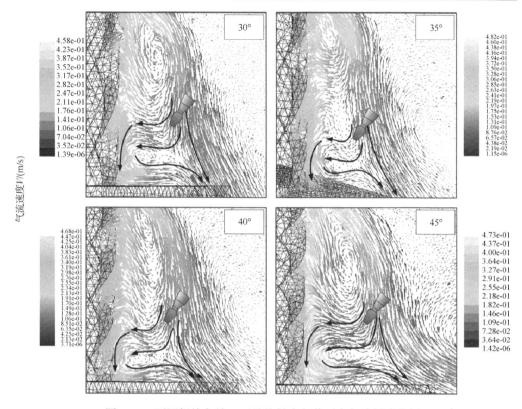

图 3-21　不同螺旋角铣刀下最佳射流角截面空气流场流线图

参 考 文 献

[1]　GUO S, LI C, ZHANG Y, et al. Analysis of volume ratio of castor/soybean oil mixture on minimum quantity lubrication grinding performance and microstructure evaluation by fractal dimension[J]. Industrial Crops and Products, 2018, 111: 494-505.

[2]　JIA D, LI C, ZHANG Y, et al. Experimental research on the influence of the jet parameters of minimum quantity lubrication on the lubricating property of Ni-based alloy grinding[J]. The International Journal of Advanced Manufacturing Technology, 2016, 82(1-4): 617-630.

[3]　LI B, LI C, ZHANG Y, et al. Heat transfer performance of MQL grinding with different nanofluids for Ni-based alloys using vegetable oil[J]. Journal of Cleaner Production, 2017, 154: 1-11.

[4]　JIA D, LI C, ZHANG D, et al. Experimental verification of nanoparticle jet minimum quantity lubrication effectiveness in grinding[J]. Journal of Nanoparticle Research, 2014, 16(12): 1-15.

[5]　侯亚丽，李长河. 砂轮气流场辅助注入磨削液的方法及装置: 201110321143.9[P]. 2012-05-02.

[6]　GUO S M, LI C H, ZHANG Y B, et al. Experimental evaluation of the lubrication performance of mixtures of castor oil with other vegetable oils in MQL grinding of nickel-based alloy[J]. Journal of Cleaner Production, 2017, 140: 1060-1076.

[7]　JIA D, LI C, ZHANG Y, et al. Specific energy and surface roughness of minimum quantity lubrication grinding Ni-based alloy with mixed vegetable oil-based nanofluids[J]. Precision Engineering, 2017: S0141635917300892.

[8]　WANG Y G, LI C H, ZHANG Y B, et al. Experimental evaluation of the lubrication properties of the wheel/workpiece interface in minimum quantity lubrication (MQL) grinding using different types of vegetable oils[J]. Journal of Cleaner Production, 2016, 127: 487-499.

[9]　LIU G T, LI C H, ZHANG Y B, et al. Process parameter optimization and experimental evaluation for nanofluid MQL in grinding Ti-6Al-4V based on grey relational analysis[J]. Materials and Manufacturing Processes, 2018, 33(9): 950-963.

[10]　WANG Y, LI C, ZHANG Y, et al. Comparative evaluation of the lubricating properties of vegetable-oil-based nanofluids between frictional test and grinding experiment[J]. Journal of Manufacturing Processes, 2017, 26: 94-104.

[11]　李长河, 张强, 王胜. 磨削液有效流量率及动压力的测量装置及方法: 201210084224.6[P]. 2012-08-01.

[12]　李长河, 韩振鲁, 李晶尧. 利用砂轮气流场在线检测砂轮磨损的方法和装置: 201110294068.1[P]. 2012-02-08.

[13]　殷庆安, 李长河, 刘永红, 等. 不同工况下铣削注入切削液的方法及系统: 201811401223.3[P]. 2018-11-22.

[14]　DONG L, LI C H, BAI X F, et al. Analysis of the cooling performance of Ti-6Al-4V in minimum quantity lubricant milling with different nanoparticles[J]. International Journal of Advanced Manufacturing Technology, 2019, 103(5-8): 2197-2206.

[15]　YIN Q A, LI C H, DONG L, et al. Effects of the physicochemical properties of different nanoparticles on lubrication performance and experimental evaluation in the NMQL milling of Ti-6Al-4V[J]. International Journal of Advanced Manufacturing Technology, 2018, 99(9-12): 3091-3109.

[16]　YIN Q A, LI C H, ZHANG Y B, et al. Spectral analysis and power spectral density evaluation in Al_2O_3 nanofluid minimum quantity lubrication milling of 45 steel[J]. International Journal of Advanced Manufacturing Technology, 2018, 97(1-4): 129-145.

[17]　DUAN Z J, YIN Q G, LI C H, et al. Milling force and surface morphology of 45 steel under different Al_2O_3 nanofluid concentrations[J]. International Journal of Advanced Manufacturing Technology, 2020, 107(3-4): 1277-1296.

[18]　JIA D Z, LI C H, ZHANG Y B, et al. Specific energy and surface roughness of minimum quantity

lubrication grinding Ni-based alloy with mixed vegetable oil-based nanofluids[J]. Precision Engineering, 2017, 50: 248-262.

[19] LI B K, LI C H, ZHANG Y B, et al. Numerical and experimental research on the grinding temperature of minimum quantity lubrication cooling of different workpiece materials using vegetable oil-based nanofluids[J]. International Journal of Advanced Manufacturing Technology, 2017, 93(5-8): 1971-1988.

[20] BAI X F, ZHOU F M, LI C H, et al. Physicochemical properties of degradable vegetable-based oils on minimum quantity lubrication milling[J]. International Journal of Advanced Manufacturing Technology, 2020, 106(9-10): 4143-4155.

[21] DUAN Z, LI C, ZHANG Y, et al. Milling surface roughness for 7050 aluminum alloy cavity influenced by nozzle position of nanofluid minimum quantity lubrication[J]. Chinese Journal of Aeronautics, 2020, 101: 232-249.

[22] ZHANG J C, LI C H, ZHANG Y B, et al. Temperature field model and experimental verification on cryogenic air nanofluid minimum quantity lubrication grinding[J]. International Journal of Advanced Manufacturing Technology, 2018, 97(1-4): 209-228.

第4章 纳米流体微量润滑精密微量润滑泵案例库设计

4.1 概　　述

传统零件成型采用矿物性切削液的大量供给方法实现切削区的冷却、润滑和排屑，然而面对严苛的环保法律和标准，传统方法面临高成本和对环境与工人健康的巨大威胁[1-4]。干式切削是一种极端的绿色制造新方法[5,6]，在车、铣、钻等加工工艺中实现了应用。但在具有高能量密度特性的加工工艺中，无法解决换热能力不足的技术瓶颈，成为钛合金等难加工材料高表面完整性绿色切削难题[7,8]。纳米流体微量润滑是一种绿色高性能的加工新方法[9-11]，采用极其微量的水、润滑剂、高压气体三相混合流作为冷却润滑剂，解决了以上难题[12,13]。微量润滑供给泵是微量润滑发生装置的核心部件，其设计研发成为纳米流体微量润滑技术工业应用的重要内容[14,15]。虽然很多设计者设计了微量润滑供给泵，然而在实际应用中依然存在诸多问题。

申请号为201810969423.2的一种方案"数字化三相微量润滑系统及微量润滑切削模型建立方法"，该系统可以准确控制油量、水量和气压，进而建立微量润滑切削模型。通过模型可以确定加工所需要的微量润滑参数(油量、水量和气压)。然而，只能手动、没有实现射流参数的自动调节。申请号为201910598216.5的"一种高性能数字化微量润滑外冷雾化系统"采用步进电机驱动蠕动泵供给润滑剂；申请号为201910809839.2的"一种具有自动调节功能的微量润滑外冷雾化系统"采用蠕动泵供给微量润滑油和水，压缩气体通过电气比例阀来定量给定，压缩气体仅用在雾化喷射单元中使微量润滑油和水雾化喷射，实现了压缩气体以及油、水的多重资源节约。然而，采用蠕动泵作为微量润滑泵不能实现微量精准供给。专利"一种微量润滑系统"[16]采用球形微泵供给润滑剂，但没有给出具体结构设计。申请号为201811615067.0的"一种微量润滑装置及其使用方法"述供油机构、供气机构和喷嘴均与二次雾化一体泵相连通，油、气在二次雾化一体泵中混合雾化后经喷嘴喷出，但是无法精准调控供液量。专利"MQL 微量润滑动态调整供应系统"[17]采用气压驱动润滑剂供给，无法实现精准供液。申请号为201810325674.7的"高压微量调节泵及微量润滑系统"采用步进电机驱动供液凸轮泵出润滑剂，油量调节机构控制每次泵油的量，步进电机与供液凸轮相连，通过控制步进电机的转速控制供液凸轮的转速，从而控制燃油泵主体单位时间内泵油的次数；专利"一种脉冲式微量润滑油雾供应系统"[18]也采用脉冲供液的方式，以一定评率间断式的供给润滑剂；但是以上两种润滑泵供给依然是断续的，没有实现连续供给。申请号为 201910658116.7 的"一种无泵式可连续调节微量润滑浓度的装置及方法"，尽管通过用压缩空气在管路中流通，产生的强气流形成强负压，从而替代泵从冷却润滑剂容器吸取冷却润滑剂，然而这种方法无法实现微量润滑剂供给量的精准控制。

专利"微量润滑系统精密润滑泵"[19]、"微量润滑系统精密气动控制装置"[20]、"内冷微钻微量润滑控制系统"[21]、"一种复合微量润滑冷却系"[22]、"一种微量润滑设备的润滑泵"[23]、"一种微量润滑柱塞泵"[24]等，其微量润滑供给泵都采用气压断续供油的形式，导致微量润滑磨削液不能持续、流量可控、有效地向切削区供给，造成局部加工区域润滑效果不明显、切削力及切削温度不稳定、加工工件表面局部质量低等的问题。而且，在实际加工过程中需要工具加工工艺参数及时调节油水气三相流的混合比例和流量，极端工况时依然需要浇注式冷却。以上设备由于气动供油、手动调节的特点，使微量润滑不能根据工况智能调节成为应用的瓶颈问题。另外，采用与机床并联的气压驱动使机床系统的运行存在了安全隐患，是不可忽视的问题。申请号为 201710971034.9 的"一种曲柄连杆驱动的连续供给精密微量润滑泵"和申请号为 201710971034.9 的"一种支持不同润滑工况的连续供给精密微量润滑泵"通过伺服电机驱动实现了微量润滑剂精密连续供给。

因此，纳米流体微量润滑精密微量润滑泵是应用的硬件支撑，以下将对典型的纳米流体微量润滑精密微量润滑泵案例进行分析。

4.2　纳米流体微量润滑精密微量润滑泵案例库

4.2.1　一种曲柄连杆驱动的连续供给精密微量润滑泵

如图 4-1 所示为一种曲柄连杆驱动的连续供给精密微量润滑泵的爆炸装配图，此方案以步进电机和曲柄连杆机构为驱动，通过改变电动机转速而改变供油流量，提高了加工区冷却润滑效果及工件加工表面质量，为自动调控和智能调控提供了设备支撑。包括泵系统、气源处理器、驱动系统、油杯和水泵，气源处理器通过双向接头与泵系统相连，油杯通过油杯接头与泵系统相连，水泵安装于驱动系统的箱体内，通过软管与泵系统相连，驱动系统采用曲柄连杆机构与泵系统相连，驱动系统和水泵分别采用步进电机进行驱动。

图 4-2 为泵系统的全剖视图，混合腔的出口端连接有系统输出液管，系统输出液管外侧与输出接头内孔相配合构成高压气体环腔，输出气源快接头的输出接头内孔与系统输出气管相连，系统输出气管与系统输出液管形成双层套管形式的输送管路，其中内层管输送油和水混合的两相流，外层管输送高压气体。在泵系统中，水

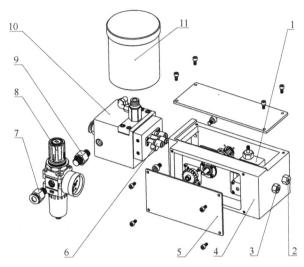

1-水泵；2-水回流接头；3-水输入接头；4-驱动系统；5-侧端盖；6-曲柄连杆机构；
7-气源接头；8-气源处理器；9-双向接头；10-泵系统；11-油杯

图 4-1　　曲柄连杆驱动的连续供给精密微量润滑泵的爆炸装配图

通过泵体水输入接头进入水孔，通过水孔进入混合腔。正常工作时，润滑油从油杯通过油杯接头进入进油腔，当活塞装置向后回程时，润滑油从进油腔穿过活塞装置的前端的缝隙进入活塞缸。当活塞装置向前供油时，活塞装置前端的浮动密封圈将活塞缸与进油腔密封，油压升高后顶开单向阀堵头进入活塞缸出口。此装置中三个活塞装置同时工作，在相位上形成交替从而实现连续供油。三个活塞系统的活塞缸出口都与油路连接横孔相贯通，而连接横孔与润滑油环腔相贯通。因此润滑油进一步通过连接横孔进入润滑油环腔，在通过切向孔后进入混合腔。水和润滑油在混合腔充分混合后，二相流进入系统输出液管输送至喷嘴。高压气体由气源处理器进入泵体气源入口，泵体气源入口与高压气体环腔相贯通，高压气体进入高压气体环腔后，由输出接头气入口进入系统输出气管与系统输出液管形成的双层管的外管，由外管输送至喷嘴。

图 4-3 是驱动系统全剖视图，驱动系统通过连接螺栓与泵体螺孔配合连接固定于泵体后侧，驱动系统包括箱体以及安装于箱体内的曲轴、驱动小齿轮、从动大齿轮、步进电动机和水泵；步进电动机通过螺栓固定于电机固定板上，电机固定板通过螺栓固定于箱体上，以实现对步进电动机的安装定位，驱动小齿轮与步进电动机轴相配合安装，并通过紧定螺钉实现定位；从动大齿轮与曲轴相配合安装，并通过紧定螺钉实现定位。驱动小齿轮和从动大齿轮相啮合，驱动小齿轮 7 的齿数是从动大齿轮齿数的 1/4～1/2。曲轴通过两个深沟球轴承和密封端盖、通轴端盖安装在箱体上，密封端盖和通轴端盖通过螺栓固定在箱体上。驱动箱体上设有箱体顶盖通过

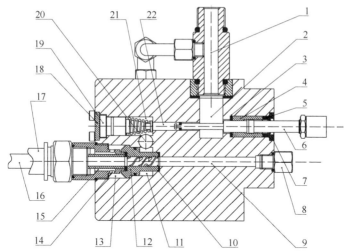

1-油杯接头；2-进油腔；3-导向环密封圈；4-导向环；5-防尘环；6-活塞装置；7-泵体端盖；8-泵体水输入接头；
9-水孔；10-泵芯密封垫；11-润滑油环腔；12-泵芯；13-高压气体环腔；14-输出接头气入口；15-输出接头内孔；
16-系统输出液管；17-系统输出气管；18-泵体端盖；19-单向阀座；20-油路连接横孔；21-活塞缸出口；22-活塞缸

图 4-2　泵系统全剖视图

螺栓进行固定；驱动箱体上设有箱体侧盖螺栓进行固定，实现系统封装。曲轴是曲柄连杆活塞装置的驱动器，曲轴包括 I 轴、II 轴、III 轴三个轴段，360° 等分布置，在相位角上连续相差 120°，三个曲柄连杆活塞装置与 I 轴、II 轴、III 轴分别配合，从而实现曲柄连杆活塞装置的交替往复运动。

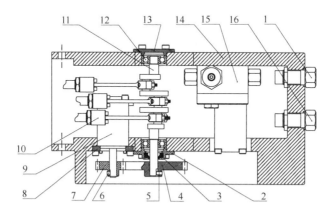

1-水输入接头；2-通轴端盖；3-密封圈；4-从动大齿轮；5、6-紧定螺钉；7-驱动小齿轮；
8-电机固定板；9-步进电动机；10-曲柄连杆活塞装置；11-曲轴；12-深沟球轴承；
13-密封端盖；14-箱体；15-水泵；16-水回流接头

图 4-3　驱动系统全剖视图

4.2.2 一种支持不同润滑工况的连续供给精密微量润滑泵

如图 4-4 所示为一种支持不同润滑工况的连续供给精密微量润滑泵爆炸图，为了实现精密连续供给，驱动系统的驱动方式改为凸轮滚子机构，由内槽凸轮和活塞装置配合执行。包括泵系统、气源处理器、驱动系统、油杯、水泵、二位三通电磁阀、水箱和乳化液储存箱。此装置的泵系统与 4.2.1 节的案例结构类似，不同的是活塞装置为两组，因此不再详细叙述。

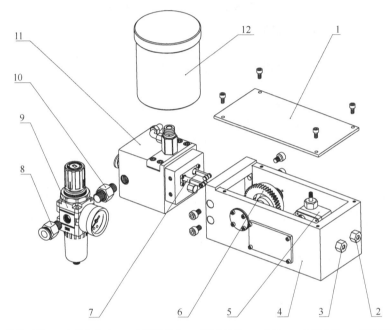

1-箱体顶盖；2-水输入接头；3-水回流接头；4-驱动系统；5-水泵；6-内槽凸轮；7-活塞装置；
8-气源接头；9-气源处理器；10-双向接头；11-泵系统；12-油杯

图 4-4 一种支持不同润滑工况的连续供给精密微量润滑泵爆炸图

如图 4-5 所示为液压、气压系统图，水箱、二位三通电磁阀以及水输入接头外侧依次通过软管连接，形成供水路，水输入接头内侧通过软管和水泵输入接头相连，水泵输出接头通过软管和泵体水输入接头与水孔相连，实现向泵系统供水，泄水口上安装有泄水接头，泄水接头通过软管和驱动箱体上安装的水回流接头内侧相连，水回流接头外侧连接废液箱。乳化液储存箱和二位三通电磁阀相连。

通过改变系统的控制信号，可以实现多种工况下的供液。控制活塞装置驱动步进电动机、水泵驱动步进电机，可实现油水不同比例不同流量供给。表 4-1 为不同工况下控制信号表和流量范围。

表 4-1　不同工况下控制信号表和流量范围

工况	二位三通电磁阀	活塞装置驱动步进电动机 (供油流量范围)	水泵驱动步进电机 (供液流量范围)
风冷(干切削)	常态位(P-A)	关(0)	关(0)
浇注式	通电(P-B)	关(0)	开(100~1500mL/h)
二相流微量润滑	常态位(P-A)	开(30~100mL/h)	关(0)
三相流微量润滑	常态位(P-A)	开(30~100mL/h)	开(100~1500mL/h)

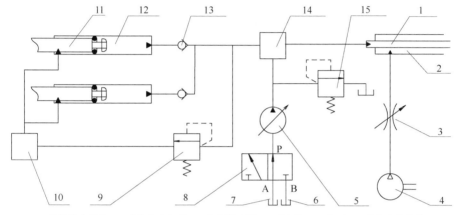

1-系统输出液管；2-系统输出气管；3-气源处理器；4-空压机；5-水泵；6-乳化液储存箱；
7-水箱；8-二位三通电磁阀；9-油路溢流阀；10-油杯；11-活塞装置；12-活塞缸；
13-单向阀；14-混合腔；15-水路溢流阀

图 4-5　液压、气压系统图

4.2.3　微量润滑系统精密润滑泵

一种微量润滑系统精密润滑泵[25]，其优点在于提供能精准供油的微型精密气动泵，设计精密、适用于多种类型金属加工、能喷射多种物理特性的微量润滑剂。精密润滑泵包括泵体单元、油量调节单元、活塞单元、单向阀单元、压缩空气流量调整单元、液气同心管单元。润滑剂从进油孔进入液体腔内；由压缩空气驱动，当压缩空气进入气体腔时，活塞杆尾部的压力增大，当压力大于活塞杆前端的活塞弹簧的弹力时，活塞杆向前移动，液体腔缩小，压力增大，当压力大于单向阀弹簧的弹力时，单向阀堵头打开，润滑剂泵出；液体腔体压力释放，当压力小于单向阀弹簧时，单向阀弹簧复位，出油口密闭；当气体腔压力释放，活塞杆尾部压力小于活塞弹簧的弹力，活塞杆复位。

如图 4-6 所示为精密润滑泵剖视图。活塞杆后端设置一道 O 形密封圈，当然也可以设置多道。活塞杆的中端和内腔设置一个固定圈。固定圈上设置一道与之适配的 O 形密封圈。活塞杆前端设置一道与泵体内腔相适配的 O 形密封圈。活塞杆的前端具有两通孔，即喷油通道。活塞杆的前端也可以设置豁口作为喷油通道。活塞杆尾部与内腔形成气体腔，活塞杆前部与内腔形成液体腔。单向阀单元，设置在泵体的另一侧。具有单向阀堵头、单向阀弹簧、单向阀固定座和单向阀弹簧座。单向阀堵头设置在活塞缸的一端。单向阀弹簧顶住单向阀堵头。单向阀固定座与泵体的另一端螺纹连接。单向阀弹簧座设置在单向阀固定座的前端，单向阀弹簧套在单向阀弹簧座的前端。单向阀弹簧为锥形弹簧。单向阀固定座与内腔的连接处设置一道 O 形密封圈。单向阀弹簧座与腔体的连接处设置一道 O 形密封圈。单向阀堵头为橡胶堵头。

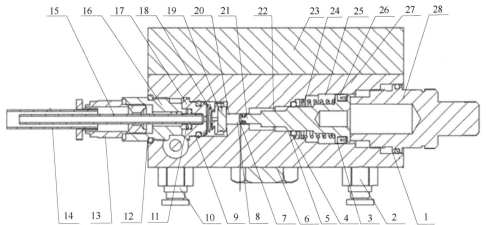

1-O 形密封圈 1；2-进气快插头；3-O 形密封圈 2；4-固定圈；5-O 形密封圈 3；6-油孔堵头；7-O 形密封圈 4；8-通孔；9-O 形密封圈 5；10-进气快插头；11-O 形密封圈 6；12-O 形密封圈 7；13-快插接头；14-输气管；15-输液管；16-单向阀固定座；17-单向阀弹簧座；18-单向阀弹簧；19-单向阀堵头；20-液体腔；21-活塞杆；22-内腔；23-固定板；24-活塞弹簧；25-活塞单元；26-气体腔；27-泵体；28-调节旋钮

图 4-6 精密润滑泵剖视图

润滑剂从进油孔进入液体腔内。由压缩空气驱动增大活塞杆尾部压力泵出润滑剂。液体腔体压力释放，当压力小于单向阀弹簧时，单向阀弹簧复位，出油口密闭。当气体腔压力释放，活塞杆尾部压力小于活塞弹簧的弹力，活塞杆复位。液体腔由于活塞杆复位，形成负压，润滑剂便从活塞杆的前端通道进处液体腔，以备下一次泵油。在连续不断的循环下，完成精准的连续供油。压缩空气流量调整单元包括固定座、气量调节螺钉。固定座与气量调节孔螺纹连接。气量调节螺钉穿过固定座，与固定座的螺纹相适配连接，气量调节螺钉的前端为锥面与泵体内设置的空气流量孔适配，当锥面与空气流量孔紧密接触时，气流量为零。松开气量调节螺钉逐渐扩大气流量。空气流量孔与进气口相连，该进气口与进气快插头相连。固定座和内腔连接处设置一道相适配的 O 形密封圈。固定座与气量调节螺钉连接处设置一道相适配的 O 形密封圈。气量调节螺钉后端有直纹或网纹。

液气同心管单元包括输出润滑剂的输液管和输出压缩空气的输气管，输液管置于输气管内。输液管前端置入单向阀弹簧座中，让润滑剂只能通过单向阀弹簧座的中心孔流入输液管内。输气管通过快插接头固定于单向阀固定座，通过压缩空气进气口进入的压缩空气只能通过气量调节螺钉前端和空气流量孔进入，并只能通过单向阀固定座的中心孔进入输气管内。输液管前端套上 O 形密封圈设置于单向阀弹簧座内。

4.2.4　微量润滑系统多联精密润滑泵

一种微量润滑系统多联精密润滑泵[25]，其优点在于增加了润滑泵的进气通道，保证了润滑泵的正常工作；可以根据具体的实际工况进行增减润滑泵喷油工作的通道个数，从而减少了能源浪费，提高了生产加工效率。包括泵体单元、若干个压缩空气流量调整单元、与压缩空气流量调整单元一一对应的油量控制单元；压缩空气带动气动活塞向油量通道移动，柱塞挤压油量通道，当压力大于单向阀的开启压力时，单向阀开启，润滑油被泵出油量通道。

图 4-7 为多联精密润滑泵剖视图。三个压缩空气流量调整单元控制三个气体通道；三个油量控制单元调节三个油量通道。每一个压缩空气流量调整单元包括弹簧、锥形弹簧、弹簧座、柱塞、棘轮、油量调整杆固定座、密封端盖、油量调整杆、塑料套、气动活塞和唇式 O 形圈。弹簧一端套在弹簧座上，另一端顶在泵体气体通道

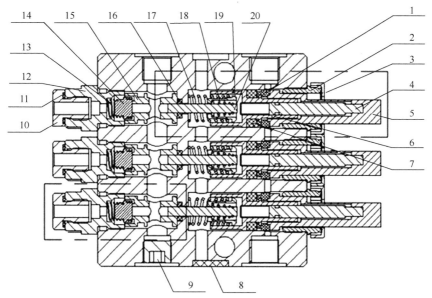

1-棘轮；2-油量调整杆固定座；3-密封端盖；4-油量调整杆；5-塑料套；6-气动活塞；7-唇式 O 形圈；
8-过滤网；9-密封螺盖；10-快插接头；11-出油口平垫圈；12-出油接头；13-单向阀弹簧；
14-单向阀堵头；15-活塞缸；16-平面 O 形圈；17-弹簧；18-锥形弹簧；19-弹簧座；20-柱塞

图 4-7　多联精密润滑泵剖视图

左侧的端面。柱塞一端装在弹簧座内，为间隙配合；另一端穿过汽油连通孔。柱塞右端有圆槽，用于安装锥形弹簧。锥形弹簧设置在柱塞和弹簧座之间；一端设置在柱塞的圆槽内，另一端顶在弹簧座的端面。锥形弹簧为柱塞复位提供动力。锥形弹簧的存在，还可以加大柱塞的位移行程。

弹簧座安装于气动活塞中，气动活塞提供气体产生的动力。气动活塞肩部设置一道唇式 O 形圈，唇形密封圈是一种具有自封作用的密封圈，它依靠唇部紧贴密封耦合件表面，阻塞泄漏通道而获得密封效果。唇形密封圈的工作压力为预压紧力与流体压力之和，当被密封介质压力增大时，唇口被撑开，更加紧密地与密封面贴合，密封性进一步增强。其目的为使泄气孔和进气孔密封隔开。在气动活塞肩部，唇式 O 形圈右侧安装为棘轮。棘轮与气动活塞为过盈配合，固定在一起；棘轮与气流通道为间隙配合。气动活塞有内螺纹，油量调整杆具有与气动活塞有内螺纹相配的外螺纹。油量调整杆穿过气动活塞的中心孔并通过螺纹配合连接。塑料套的右端与油量调整杆右端过盈连接，固定在一起；塑料套的左端与棘轮相连，起到保护和调节油量大小的作用。

4.2.5　节能微量润滑系统

一种节能微量润滑系统[26]，通过在储油桶上设置气体流量阀和流体控制阀，精确控制喷嘴系统喷出的油气比例，避免造成润滑剂雾化，影响环境，造成浪费。

如图 4-8 所示为节能微量润滑系统的立体示意图。调压过滤阀和气体流量阀分

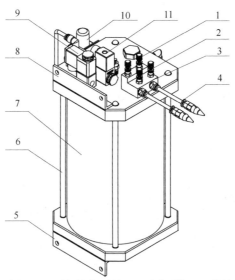

1-液体流量阀；2-气体流量阀；3-油气精准调整器；4-喷嘴系统；5-下固定板；6-油位显示管；
7-储油桶；8-上固定板；9-流体控制阀；10-调压过滤阀；11-电磁阀

图 4-8　节能微量润滑系统的立体示意图

别与喷嘴系统连通。调压过滤阀与气体流量阀之间还设置有电磁阀。气体流量阀和
液体流量阀共同组成油气精准调整器，油气精准调整器控制喷嘴系统喷出的油气比
例，避免造成润滑剂雾化，影响环境，造成浪费。储油桶上还设置有用于显示润滑
剂剩余量的油位显示管，用于添加润滑剂的入油孔和用于安全保护的安全阀，油位
显示管与储油桶中润滑剂相通。储油桶的上下两端还设置有上固定板和下固定板，
用于将储油桶 1 安装在固定位置上，进行固定喷洒润滑剂。储油桶内设置有活塞，
该活塞将储油桶分为上下两部分，上半部分设有入口端，连通压缩气体；下半部分
盛放有润滑剂，并设有出口端，压缩气体通过活塞推动润滑剂从出口端流出，并通
过流体控制阀和液体流量阀后进入喷嘴系统中。

参 考 文 献

[1]　LI C, ALI H M. Enhanced heat transfer mechanism of nanofluid MQL cooling grinding[M]. Pennsylvania: IGI Global, 2020.

[2]　YANG M, LI C H, LUO L, ET AL. Biological bone micro grinding temperature field under nanoparticle jet mist cooling[M]// REN Y. Advances in microfluidic technologies for energy and environmental applications. London: IntechOpen, 2019.

[3]　ZHANG Y B, LI C H, ZHAO Y J,et al. Material removal mechanism and force model of nanofluid minimum quantity lubrication grinding[M]// REN Y. Advances in microfluidic technologies for energy and environmental applications. London: IntechOpen, 2019.

[4]　ZHANG Y B, LI C H, YANG M, et al. Analysis of single-grain interference mechanics based on material removal and plastic stacking mechanisms in nanofluid minimum quantity lubrication grinding[J]. Procedia CIRP, 2018, 71: 116-121.

[5]　YANG M, LI C H, ZHANG Y B, et al. Maximum undeformed equivalent chip thickness for ductile-brittle transition of zirconia ceramics under different lubrication conditions[J]. International Journal of Machine Tools and Manufacture, 2017, 122: 55-65.

[6]　李长河, 张彦彬, 杨敏. 纳米流体微量润滑磨削热力学作用机理[M]. 北京: 科学出版社, 2019.

[7]　李长河. 纳米流体微量润滑磨削理论关键技术[M]. 北京: 科学出版社, 2018.

[8]　ZHANG Y B, LI C H, JIA D Z, et al. Experimental evaluation of the lubrication performance of MoS_2 /CNT nanofluid for minimal quantity lubrication in Ni-based alloy grinding[J]. International Journal of Machine Tools & Manufacture, 2015, 99:19-33.

[9]　ZHANG Y B, LI C H, JI H J, et al. Analysis of grinding mechanics and improved predictive force model based on material-removal and plastic-stacking mechanisms[J]. International Journal of Machine Tools & Manufacture, 2017, 122:81-97.

[10] SINGH R K , SHARMA A K, DIXIT A R, et al. Performance evaluation of alumina-graphene hybrid nano-cutting fluid in hard turning[J]. Journal of Cleaner Production, 2017, 162(20): 830-845.

[11] GUO S, LI C, ZHANG Y, et al. Analysis of volume ratio of castor/soybean oil mixture on minimum quantity lubrication grinding performance and microstructure evaluation by fractal dimension[J]. Industrial Crops and Products, 2018, 111: 94-505.

[12] LI M, YU T, ZHANG R, et al. Experimental evaluation of an eco-friendly grinding process combining minimum quantity lubrication and graphene-enhanced plant-oil-based cutting fluid[J]. Journal of Cleaner Production, 2020, 244:13.

[13] GUPTA M K, JAMIL M, WANG X J, et al. Performance evaluation of vegetable oil-based nano-cutting fluids in environmentally friendly machining of inconel-800 alloy[J]. Materials, 2019, 12: 20.

[14] CUI X, LI C H, ZHANG Y B, et al. Tribological properties under the grinding wheel and workpiece interface by using graphene nanofluid lubricant[J]. International Journal of Advanced Manufacturing Technology, 2019, 104(9-12): 3943-3958.

[15] RAHIM E A, DORAIRAJU H. Evaluation of mist flow characteristic and performance in minimum quantity lubrication (MQL) machining[J]. Measurement, 2018, 123:213-225.

[16] 袁松梅, 侯学博. 一种微量润滑系统: 201720525491.0[P]. 2017-12-26.

[17] 陈秀群. MQL 微量润滑动态调整供应系统: 201922278315.3[P]. 2020-08-04.

[18] 段明旭. 一种脉冲式微量润滑油雾供应系统: 201811207122.2[P]. 2020-06-19.

[19] 李刚, 吴启东, 曹华军, 等. 微量润滑系统精密润滑泵: 201410610302.0[P]. 2016-08-17.

[20] 李刚, 吴启东, 张乃庆. 微量润滑系统精密气动控制装置: 201611024141.2[P]. 2018-03-13.

[21] 张世德, 姚永权, 丘洪庆, 等. 内冷微钻微量润滑控制系统: 201920757103.0[P]. 2020-02-21.

[22] 杨双东, 宋帆. 一种复合微量润滑冷却系统: 201921069788.6[P]. 2020-03-10.

[23] 吴联, 吴任. 一种微量润滑设备的润滑泵: 201720428349.4[P]. 2017-11-17.

[24] 杨双东, 宋帆. 一种微量润滑柱塞泵: 201921070057.3[P]. 2020-03-20.

[25] 吴启东, 王要刚, 张乃庆, 等. 微量润滑系统多联精密润滑泵: 201611208859.7[P]. 2017-05-10.

[26] 李刚, 吴启东, 张乃庆. 节能微量润滑系统: 201410012590.X[P]. 2016-05-25.

第 5 章 纳米粒子射流微量润滑供给系统案例库设计

5.1 概　　述

微量润滑是一种准干式切削工艺,常采用植物性油作为微量润滑剂以喷射至切削区起到冷却润滑作用[1-3]。微量润滑已经初步应用于切削区能量密度较低的加工工况,如普通材料的铣削、车削等[4,5]。然而对于钛合金和镍基合金等难加工材料切削加工,由于工件材料导热系数低,在刀具/工件界面产生的切削热无法快速传出切削区从而在工件表面聚集,导致加工精度下降和刀具磨损加剧以及积屑瘤严重[6-8]。特别对于材料去除区域大能量密度的磨削加工,微量润滑无法满足磨削区换热需求导致工件表面烧伤[9]。这一技术瓶颈是由微量润滑剂冷却换热能力不足导致的,因此寻找一种换热能力更强的微量润滑剂迫在眉睫。

将纳米级固体粒子加入基础油形成纳米增强生物润滑剂,通过微量润滑系统供给至切削区/磨削区,是一种新的绿色制造方法,称为纳米粒子射流微量润滑(NMOL)[7,10]。借助纳米粒子优异的热传导和减磨抗磨特性,不但能大幅提升由微量润滑剂传出的热量比例,还能显著提升刀具/工件界面的摩擦学特性,大幅降低摩擦热产出,对提升工件表面质量和刀具寿命具有重要意义[11,12]。

进一步,纳米增强生物润滑剂的润滑性能不但与其本身的冷却润滑能力相关,更与其供给参数相关。纳米增强生物润滑剂和气体的混合比例(气液比)、高压气体气压、单位时间内润滑剂供给流量、射流范围等是纳米粒子射流微量润滑的关键参数[13,14]。一方面,以上射流参数的设计对加工冷却润滑性能的影响显著,对于不同的加工形式和工件材料,需要设置适当的射流参数保证加工性能,同时避免由过量供给带来的加工成本提高和微液滴飞逸飘散污染环境;这依赖于纳米粒子射流微量润滑供给系统及装置的功能设计,以及喷嘴的结构优化设计。另一方面,由于刀具高速旋转在切削区周围形成了气流场,部分微量润滑剂与气流场碰撞后会飞逸飘散至加工区域,不可避免地导致环境污染和操作工人健康威胁,因此有必要在加工环境设置微液滴回收分离装置。

专利"油水气三相微量润滑冷却系统"[15]、"油水气三相混合喷嘴及包含该喷嘴的喷嘴系统"[16]、"电解水油气三相节能微量润滑冷却系统"[17]、"一种冷气微量润滑系统"[18]、申请号为201611208857.8的"智能油水气三相微量润滑系统",以上专利方案实现了微量润滑的定量供给,但是不能完全适用于纳米粒子射流微量润滑工艺。申请号为 201911240023.9 的 "基于低温微量润滑切削加工气-油-液三相雾化喷头装置" 解决切削中切削液与切削油滞留浪费以及切削液与切削油在通道不融合及喷射不均分的问题。专利 "微量润滑油雾供应系统"[19]能够根据不同规格内冷刀具规格，自动切换到这把刀所需要的压力差等级和雾化器开启的数量，实现根据不同大小的内冷孔而调节微量润滑油雾量大小；申请号为 201910601013.7 的 "复合喷雾微量润滑冷却系统" 采用同心喷嘴结构形式使得水、油雾根据预定比例混合，然而没有涉及具体的润滑剂供给装置结构设计。专利 "环保型微量润滑装置"[20]通过手动润滑盘的转动使厚吸油纤维板吸收到润滑油，再由润滑盘的转动进行五金工具的外表面的润滑。申请号为 201911422378.X 的 "一种基于自动控制的微量润滑装置"，控制算法能通过运行和计算后，最终输出切削液流量、空气压力冷却参数作为实现加工质量目标的最优冷却方案，但是没有给出算法模型的具体建立方法。

申请号为 20201014838l.3 的 "一种纳米流体磁性磨削液及磁场辅助微量润滑系统"，方案并没有给出微量润滑装置具体的结构设计。因此，有必要建立纳米粒子射流微量润滑供给系统的案例库并进行分析。

5.2 纳米粒子射流微量润滑供给系统案例库

5.2.1 纳米粒子射流微量润滑磨削润滑剂供给系统

一种纳米粒子射流微量润滑磨削润滑剂供给系统[21]，将润滑剂变为具有固定压力、脉冲频率可变、液滴直径不变的脉冲液滴，在高压气体产生的空气隔离层作用下以射流形式喷入磨削区。如图 5-1 所示，本方案的纳米粒子射流微量润滑磨削润滑剂供给系统主要由四部分组成，即设备本体、压缩空气供给系统、润滑剂供给系统以及伺服驱动系统、在设备本体的床身上装有空压机和油箱，床身的工作台上装有插阀板、工控机、伺服驱动器、伺服电机、排油单元、齿轮泵以及过滤器，其中在插阀板上装有压力表，安全阀、溢流阀，从插阀板上引出的压缩空气管路的末端装有喷嘴。吸油管下端插入油箱中，上端采用管接头与齿轮泵的吸油口相连，与齿轮泵排油口相连的管路分成两路，一路与插阀板上的管路相连，另一路与过滤器一端相连，其中与插阀板相连的管路，再与压力表和溢流阀进油孔相连，溢流阀的排油口与回油管上端相连，回油管的下端插入油箱中；过滤器的另一端经管路与排油单元的固定盘上吸油孔通过卡套式管接头相连，排油单元的固定盘上排油孔通过卡套式管接头与不锈钢管一端相连，不锈钢管的另一端通过卡套式管接头与喷嘴尾部的进油孔相连。油箱设有油标，底部设有放油孔。

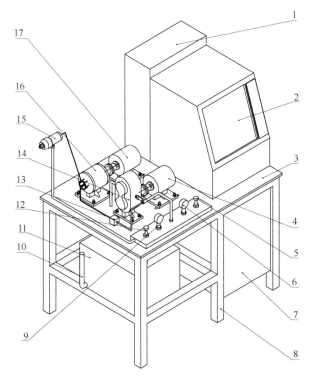

1-伺服驱动器；2-工控机；3-工作台；4、17-伺服电机；5-安全阀；6、9-压力表；7-空压机；8-床身；
10-油标；11-油箱；12-溢流阀；13-过滤器；14-齿轮泵；15-喷嘴；16-排油单元

图 5-1　纳米粒子射流微量润滑磨削润滑剂供给系统轴侧视图

如图 5-2 所示，排油单元由七部分组成，即排油单元壳体、力球轴承、端盖、旋转盘、弹簧体、固定盘以及深沟球轴承。排油单元壳体左侧装有固定盘，右侧装有端盖，其中固定盘与排油单元壳体采用管螺纹连接，端盖与排油单元壳体采用螺栓连接，旋转盘装在排油单元壳体内部，通过推力球轴承和深沟球轴承对其径向定位，从左到右依次通过固定盘、深沟球轴承、弹簧体、推力球轴承、端盖对其轴向定位。固定盘中心轴线处钻有直径为 1mm 的吸油孔，与由过滤器引出的管路通过卡套式管接头连接，以轴线为中心的以 20mm 为半径的圆上钻有直径为 1mm 的排油孔，与输出油液管路通过卡套式管接头连接。旋转盘左端面沿半径方向加工有宽度和深度均为 1mm 且长度为 21mm 的油槽，右侧加工有键槽，装有键，与联轴器相连。弹簧体用于保持旋转盘与固定盘具有良好的接触效果，并具有缓冲吸震的作用。端盖上装有毡封油圈，防止内部润滑油脂进入壳体外部，也防止外部灰尘进入壳体内部。

如图 5-3 所示，喷嘴由五部分组成，即喷管、喷嘴头、喷嘴体、喷嘴内芯以及内芯喷头。四根内径为 2mm 的喷管与喷嘴头上的导气孔之间采用管螺纹连接，喷

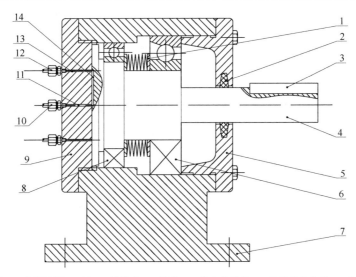

1-弹簧体；2-毡封油圈；3-键；4-旋转盘；5-端盖；6-推力球轴承；7-排油单元壳体；8-深沟球轴承；
9-固定盘；10、12-卡套式管接头；11-吸油孔；13-排油孔；14-油槽

图 5-2　排油单元全剖视图

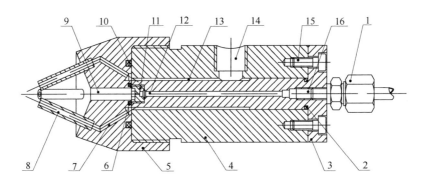

1-卡套式管接头；2-O 形密封圈 1；3-喷嘴内芯；4-喷嘴体；5-喷嘴头；6-O 形密封圈；7-导气孔；8-喷管；
9-液滴通道；10-O 形密封圈 2；11-内芯喷头；12-导气孔；13-空腔；14-进气孔；15-内六角螺钉；16-进油孔

图 5-3　喷嘴全剖视图

嘴头与喷嘴体之间采用管螺纹连接，喷嘴体与喷嘴内芯之间采用内六角螺钉连接，喷嘴内芯设有进气孔，通过卡套式管接头与排油单元的排油孔引出的管路相连，其中喷嘴体侧面钻有直径为 12mm 的进气孔，通过卡套式管接头与空压机的输出管路相连。喷嘴头中心轴线处有直径为 5mm 的液滴通道，左端圆锥面在固定直径的圆截面上钻有四个在圆周等距分布的导气孔，导气孔通过管螺纹与喷管相连，两相对喷管之间的夹角为 22°～23°，为了防止压缩空气和润滑剂在喷嘴中泄漏，喷嘴头内侧装有 O 形密封圈 1，喷嘴内芯根部装有 O 形密封圈 2。喷嘴内芯内部设有直径为

1mm 的导油孔，左端与内芯喷头之间通过管螺纹连接，其中内芯喷头中间轴线处钻有直径为 100μm 的孔，喷嘴内芯的左端的外圆柱面与喷嘴体内圆柱面之间形成空腔，空腔左端与四个导气孔相连，右端与进气孔相连，空腔断面的环形面积小于进气孔的截面积，从而对进入的压缩空气起到增压的效果。

纳米粒子射流微量润滑磨削润滑剂供给系统具体的工作过程如下：工控机将运动参数输入伺服驱动器，进而控制伺服电机和伺服电机运动，伺服电动通过联轴器带动齿轮泵转动，使得齿轮泵通过吸油管从油箱中抽取润滑剂，润滑剂一部分通过回油管溢流到油箱中，另一部分送入排油单元中，伺服电机通过联轴器带动排油单元的旋转盘转动，当旋转盘上的油槽与固定盘上的排油孔对齐时，供液回路导通，具有一定压力的微量润滑剂进入喷嘴内芯的导油孔中，微小液滴从内芯喷头的中心孔喷出，当旋转盘上的油槽与固定盘上的排油孔错开时，供液回路断开，进而在旋转盘转动过程中，能够实现间歇性的排出润滑剂，从空压机输出的压缩空气经过喷嘴体上的进气孔进入空腔中，经过四个导气孔从喷管中喷出，在喷管的汇聚作用下，使得压缩空气将经过液滴通道的液滴包裹，液滴借助自身动能和压缩空气的运送作用到达加工区域，进而起到冷却润滑的作用。

5.2.2　纳米粒子射流微量润滑磨削三相流供给系统

一种纳米粒子射流微量润滑磨削三相流供给系统[22]，既有固体材料参与润滑剂的强化换热，又使润滑剂中的固体材料有良好的流动性能和稳定性能。在相同体积分数下，纳米粒子的表面积和热容量远大于毫米或微米级的固体粒子，因此将纳米粒子和润滑剂充分混合后制成纳米流体，纳米流体的导热能力将大幅度增加。此外，纳米粒子优良的润滑特性又有助于提高磨削砂轮/工件界面的摩擦学特性，降低磨削力和磨削比能，使磨削区温度进一步降低。本方案将纳米粒子加入润滑剂中制成纳米流体，然后纳米流体在高压气体携带作用下，以射流的形式喷入磨削区的一种纳米粒子射流微量润滑磨削三相流供给系统。

图 5-4 所示为一种纳米粒子射流微量润滑磨削三相流供给系统的原理图，由液路、气路和喷嘴构成，工作时，启动液压泵，储存在纳米流体储液箱中的纳米流体经流体调压阀、流体节流阀和流体流量计进入喷嘴中的纳米流体通道，溢流阀起到安全阀的作用，当液路中的压力超过调定压力时，溢流阀打开，使纳米流体经溢流阀流回到流体回收箱中；启动液压泵的同时，启动空气压缩机，高压气体经过滤器、储气罐、气体调压阀、气体节流阀和气体流量计进入喷嘴中的通气孔，压力表监测气路中的压力值；高压气体通道中的高压气体经旋向通气孔进入混合室，与来自纳米流体通道中的纳米流体在喷嘴混合室中充分混合雾化，经加速室加速后进入涡流室，同时高压气体经涡流室通气孔进入，使三相流进一步旋转混合并加速，然后三相流以雾化液滴的形式经喷嘴出口喷射至磨削区。通过调节气路和液路中的调压阀、

节流阀和流量计，纳米流体和高压气体的压力、流量可根据需要达到最优的微量润滑效果。

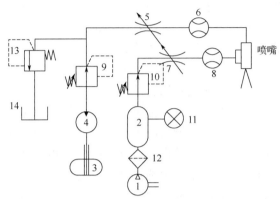

1-空气压缩机；2-储气罐；3-纳米流体储液箱；4-液压泵；5-流体节流阀；6-流体流量计；7-气体节流阀；
8-气体流量计；9-流体调压阀；10-气体调压阀；11-压力表；12-过滤器；13-溢流阀；14-流体回收箱

图 5-4　纳米粒子射流微量润滑磨削三相流供给系统的原理图

如图 5-5 所示，喷嘴由纳米流体通道、通气孔、高压气体通道、旋向通气孔、密封垫圈、涡流室通气孔、涡流室、喷嘴出口、内锥体、加速室、阀芯、混合室、喷嘴体、端盖构成；阀芯为圆柱体中空结构，其圆柱形内腔为混合室，阀芯的上端和端盖相连接，下端和内锥体相连接，在阀芯的轴向长度上布有 3 排旋向通气孔，每一排旋向通气孔沿阀芯管壁均匀排布 6 个，入口轴线与混合室壁面相切；内锥体为锥状中空结构，其圆锥形内腔为加速室，外锥面与喷嘴体配合连接，内锥体的材

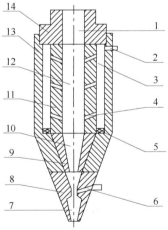

1-纳米流体通道；2-通气孔；3-高压气体通道；4-旋向通气孔；5-密封垫圈；6-涡流室通气孔；7-涡流室；
8-喷嘴出口；9-内锥体；10-加速室；11-阀芯；12-混合室；13-喷嘴体；14-端盖

图 5-5　喷嘴结构图

料为青铜或者陶瓷。喷嘴体上端与端盖相连接，内腔中部安装有阀芯和密封垫圈，内腔下部安装有内锥体，在右侧上端壁面上设有通气孔。高压气体通道是由喷嘴体内表面、阀芯外表面、密封垫圈上表面和端盖下表面构成的。

5.2.3　微量润滑系统精密气动控制装置

一种微量润滑系统精密气动控制装置[23]，气体从进气口进入，当压力超过活塞单元的预紧力，活塞单元被气体顶开，活塞单元另一端压在反馈单元上，同时，进气口和出气口导通，进气口和气体通道导通；进入气体通道的气体进入频率调整单元，再进入反馈单元，向活塞单元的另一端施压；当反馈单元向活塞单元施加的压力超过进气口的气压时，活塞单元向进气口方向移动。其优点在于结构合理，运行可靠，能精准控制微量润滑系统的定量供油供液功能的精密气动控制装置，适用于多种气动控制装置，用于微量润滑系统中，既环保又安全。

图 5-6 是微量润滑系统精密气动控制装置的原理图。微量润滑系统精密气动控制装置包括安装固定单元、活塞单元、反馈单元、频率调整单元和气体定位管。压缩气体从进气快插头进入进气口内。当气压超过复位弹簧的预紧力时，活塞和堵头被气体顶开。活塞压在隔膜片上；堵头从气体通道孔的位置移开，进气口与出气口和气体定位管导通。一路压缩气体进过出气口，从出气快插头进入工作单元。堵头与活塞缸座腔体内的台阶孔端面密封，此时气体无法从泄气口排除。

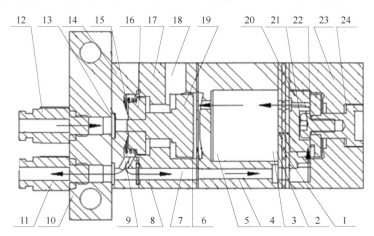

1、3-密封垫片；2-加强板；4-气体通道孔；5-储气室；6-隔膜片；7-气体定位管；8-气体通道；9-气体分流孔；10-固定板；11-出气快插头；12-进气快插头；13-过滤网片；14-活塞缸盖；15-复位弹簧；16-堵头；17-活塞缸座；18-泄气口；19-活塞；20-固定调整片；21-固定螺钉；22-流量调整片；23-调整座；24-旋转调整螺钉

图 5-6　微量润滑系统精密气动控制装置原理图

另一路压缩气体从气体定位管中穿过活塞缸座、反馈单元后，进入频率调整单

元的调整座内。由于气体定位管的出口与流量调整片的螺旋槽相通，压缩气体从流量调整片与固定调整片之间的气体调整通道进入储气室。气体流过储气室的气体出口，压力作用于隔膜片上。当储气室的气压和复位弹簧的预紧拉力之和大于进气口的气压时，隔膜片推动活塞运动，带动堵头移动，封闭气体通道孔。此时，堵头向下移动，离开密封端面，泄气口与大气导通。瞬间气体通道的压缩气体从气体分流孔，经过堵头与活塞缸座腔体之间的缝隙，最后由泄气口流出，压力大大减小，同时储气室的气体压力也跟着减小，压缩空气克服复位弹簧和隔膜片的压力，顶开堵头，压缩空气流入气体通道，开始下一个工作循环。

图 5-7 是活塞单元的结构图。活塞缸座和活塞缸盖构成活塞缸整体。活塞缸盖一侧与固定单元安装固定单元的固定板密封连接；活塞缸座的一侧与反馈单元的隔膜片密封连接。活塞缸座上设置泄气口。过滤网片设置在活塞缸盖前端，正对进气口，也就是活塞单元的气体入口处。活塞可移动地设置在活塞缸座内。堵头固定在活塞上。复位弹簧套在堵头上，复位弹簧一端固定在活塞缸盖上，另一端固定在堵头上。活塞缸座和活塞缸盖都具有气体通道孔，气体定位管穿过气体通道孔。

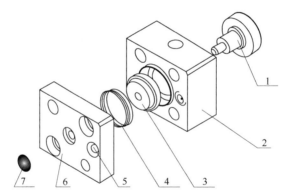

1-活塞；2-活塞缸座；3-堵头；4-复位弹簧；5-气体通道孔；6-活塞缸盖；7-过滤网片

图 5-7 活塞单元的结构图

图 5-8 是反馈单元的结构图。反馈单元包括隔膜片、储气室、密封垫片、加强板和密封垫片。隔膜片采用弹性橡胶片，设置在储气室和活塞单元的活塞缸座之间，一侧受活塞的压力，另一侧受储气室的气压。储气室储存频率调整单元流入的气体。储气室的一侧具有气体通道孔，气体定位管穿过气体通道孔。密封垫片、加强板和密封垫片依次层叠，设置在储气室和频率调整单元之间，保证两个部件之间的气密封。

图 5-9 是频率调整单元的结构图。频率调整单元包括固定塞、固定调整片、流量调整组件和调整座。固定调整片通过固定塞固定在调整座上。固定调整片上具有通气孔与储气室相通。流量调整组件包括固定螺钉、流量调整片和调整螺钉。固定

螺钉将流量调整片与调整螺钉可旋转连接或固定连接。调整螺钉与调整座螺纹连接。流量调整片与固定调整片相对的一面具有螺旋沟槽。旋转调整螺钉，带动流量调整片在调整座内移动，改变流量调整片与固定调整片之间的间隙形成气体调整通道，从而限制气体通过的速度。调整座具有气体通道孔，气体定位管通入气体通道孔内，直至流量调整片圆周侧。

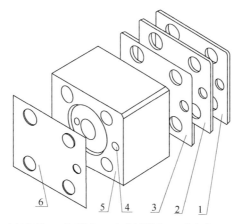

1、3-密封垫片；2-加强板；4-气体通道孔；5-储气室；6-隔膜片

图 5-8 反馈单元的结构图

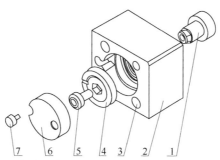

1-调整螺钉；2-调整座；3-气体通道孔；4-流量调整片；5-固定螺钉；6-固定调整片；7-固定塞

图 5-9 频率调整单元的结构图

5.2.4 智能油水气三相微量润滑系统

一种智能油水气三相微量润滑系统，气源与通气电磁阀相连后，一路通入精密气动泵相连，另一路与频率发生器相连；频率发生器和精密气动泵相连；精密气动泵与水油气喷射装置相连；水源与通水电磁阀的入口端相连；通水电磁阀与储水罐相连；储水罐与油水气三通模块的相连，储油罐与精密气动泵相连；精密气动泵与

油水气三通模块相连。其优点在于加大了储水量，大幅增加了单次加水后的工作时间；每次加水无须停止工作，减轻操作人员负担、提高了生产效率在系统出现故障时，自动检测智能判断故障类型，通知操作人员及时排除故障，避免因冷却润滑效果降低造成加工质量下降，避免过度依赖操作人员，为企业智能管理奠定基础。

图 5-10 是智能油水气三相微量润滑系统的结构示意图。以一个智能微量润滑装置与四个水油气喷射装置的结构为例进行说明。智能油水气三相微量润滑系统包括四个水油气喷射装置和一个稳定供水智能微量润滑装置。水油气喷射装置与稳定供水智能微量润滑装置通过软管相连。

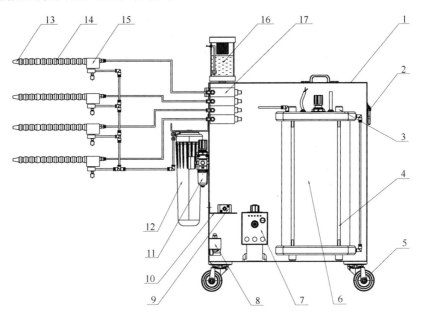

1-箱体；2-提环；3-内六角螺母；4-双螺纹杆；5-滚轮；6-储水罐；7-隔膜泵；8-通气电磁阀；
9-频率发生器；10-内固定板；11-空气过滤器；12-自吸净水器；13-微量润滑喷嘴；
14-气体输出管；15-油水气三通模块；16-储油罐；17-精密气动泵

图 5-10　智能油水气三相微量润滑系统的结构示意图

图 5-11 是储水罐的剖视图。罐体两端分别安装在储水罐底板、储水罐盖体的圆形凹槽内。在储水罐底板、储水罐盖体上，凹槽外侧分别开有四个台阶孔。四根双螺纹杆两端分别插入台阶孔，并通过两端的内六角螺母旋紧固定。在储水罐盖体的凹槽内侧分别开有三个通孔、一个螺纹孔、一个 L 形孔。在储水罐底板的凹槽内侧开有 L 形槽。入水管通过过盈配合方式插入台阶孔螺栓内台阶孔的大直径端。螺母盖旋在通孔螺栓的出口螺纹端，旋下螺母盖可实现人工注水。低液位报警器通过过盈配合固定于通孔螺栓 I 内孔上。抽水管通过螺纹孔固定在储水罐盖体上，同时在储水罐外侧加装密封圈。直角接头具有螺纹端旋入储水罐盖体的 L 形孔的外端，同

时加装密封圈。直角接头具有螺纹端旋入储水罐底板的 L 形槽的外端，同时加装密封圈。在储水罐底板的 L 形孔的内端通过螺纹安装过滤网，防止杂物堵塞 L 形孔。水位观察管两端分别插入直角接头、直角接头的快速接头端，实现水位观察。

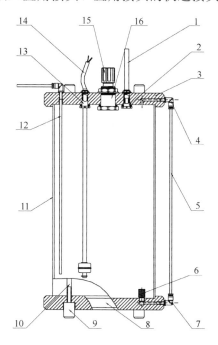

1-入水管；2-台阶孔螺栓；3-储水罐盖体；4-直角接头Ⅱ；5-水位观察管；6-过滤网；
7-直角接头Ⅰ；8-储水罐底板；9-内六角螺母；10-双螺纹杆；11-罐体；12-抽水管；
13-通孔螺栓Ⅱ；14-低液位报警器；15-螺母盖；16-通孔螺栓Ⅰ

图 5-11　储水罐的剖视图

图 5-12 是该系统的部件连接图。气源通过软管与通气电磁阀入口端联通。通气电磁阀入口端，经过空气过滤器后，通过软管和三通接头将压缩气体分为两个支路，一个支路通过软管与精密气动泵的雾化气体接头相连，另一支路通过软管与频率发生器的入口端相连，频率发生器的出口端通过软管和精密气动泵的动力气体接头相连。水源通过软管和通水电磁阀的入口端相连，通水电磁阀的入口端通过入水管与储水罐相连。储水罐的抽水管通过软管和隔膜泵入口端相连，隔膜泵的出口端与自吸净水器的入口端相连。自吸净水器出口端通过软管、三通接头、直角接头和油水气三通模块的流量调节阀相连，将水输送至微量润滑喷嘴。储油罐的出油口与精密气动泵的入油接头相连。精密气动泵通过第二液体输入管和气体输入管和油水气三通模块相连，将压缩气体和润滑油输送至微量润滑喷嘴。实际应用中，水油气喷射装置的数量和精密气动泵的单元数量相同，可以根据需要设置。

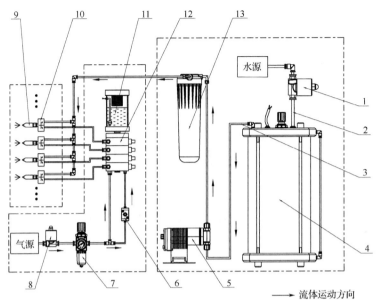

1-通水电磁阀；2-入水管；3-抽水管；4-储水罐；5-隔膜泵；6-频率发生器；7-空气过滤器；8-通气电磁阀；
9-微量润滑喷嘴；10-油水气三通模块；11-储油罐；12-精密气动泵；13-自吸净水器

图 5-12　智能油水气三相微量润滑系统的部件连接图

图 5-13 是该系统的电路系统连接图。智能水油气三相节能微量润滑冷却系统采用 220V 交流电供电，电路设置机器开关继电器，实现系统电路的开关。供气继

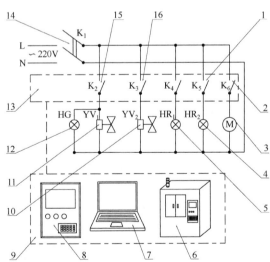

1-低液位报警器；2-供水继电器；3-隔膜泵；4-缺油报警灯；5-缺水报警灯；6-数控机床；7-计算机；
8-控制面板；9-控制系统；10-通水电磁阀；11-通气电磁阀；12-工作运行指示灯；
13-电磁继电器控制装置；14-机器开关继电器；15-供气继电器；16-自动注水继电器

图 5-13　智能油水气三相微量润滑系统的电路系统连接图

电器与通气电磁阀串联连接，同时工作运行指示灯与通气电磁阀并联，通气电磁阀通电工作后工作运行指示灯亮。自动注水继电器与通水电磁阀串联连接，低液位报警器缺水报警灯串联连接，低液位报警器与缺油报警灯串联连接，供水继电器与隔膜泵串联连接。电磁继电器控制装置包括机器开关继电器、供水继电器、自动注水继电器、供水继电器。控制系统可根据具体应用工况和经济条件选择自动控制器。可以选择控制面板，并安装至功能拓展面板位置；可以选择计算机进行控制；更可以将自动控制功能编程至数控机床的控制面板；当然也可以将数据上传互联网进行远程控制的控制系统或通过物联网将数据上传智能手机进行控制的 APP 控制系统。电磁继电器控制系统通过控制系统给出的信号实现工作状态的改变，同时电磁继电器控制系统将检测到的信号传输至控制系统。

5.2.5 电解水油气三相节能微量润滑冷却系统

一种电解水油气三相节能微量润滑冷却系统[17]，其优点在于解决传统技术中润滑剂用量大，环境污染严重，现有技术中水油混合不均匀，出液效果不佳以及加水频繁增加劳动强度的问题。系统包括电解水发生器、至少一个微量喷油装置、至少一个油水气喷射装置；电解水发生装置的进水端外接水源，碱性水出水端通过软管与油水气喷射装置连接；压缩空气分成两路，一路直接与油水气喷射装置连接；另一路作为动力与微量喷油装置连接，微量润滑装置的出油口与油水气喷射装置相连接。

图 5-14 是该系统内部连接图。电解碱水/净水供水装置出水口与油水气喷射装置相连。微量喷油气装置与油水气喷射装置相连。微量喷油气装置包括油杯、精密气动泵、频率控制器和气源。精密气动泵可以根据需要设置多个。精密气动泵上设置油杯，频率控制器控制精密气动泵的出油频率。压缩空气通过气源，经过频率控制器，通入精密气动泵。每个精密气动泵配置一个油水气喷射装置。

图 5-15 是电解碱水/净水供水装置的剖面结构示意图。电解碱水/净水供水装置包括控制面板、进水口、颗粒活性炭过滤器、纳滤/微量滤膜过滤器、电解水发生器、隔膜泵、排水口、回收箱、组合水箱、滚轮、提手、散热孔、电源线孔、排气扇。组合水箱具有净水蓄水槽和电解水蓄水槽；净水从进水口进入后，经过颗粒活性炭过滤器和纳滤/微量滤膜过滤器过滤后，分别进入阳极室入水口、阴极室入水口和组合水箱的净水蓄水槽。电解水出水口流出的电解水进入电解水蓄水槽。净水蓄水槽和电解水蓄水槽内的水经过隔膜泵，从出水口流出。废水出水口流出的水流入回收箱；经过纳滤/微量滤膜过滤器过滤后多余的净水也进入回收箱。阴极室进水阀设置在过滤组件进入阴极室入水口的管道上。阳极室进水阀设置在过滤组件至阳极室入水口的管道上。净水槽进水阀过滤组件至净水蓄水槽的管道上。回收阀设置在过滤组件至回收箱的管道上。净水出水阀净水蓄水槽至隔膜泵的管道上。电解水出水阀电解水蓄水槽至隔膜泵的管道上。

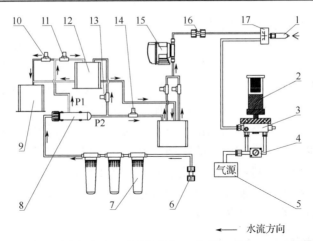

1-节能喷嘴；2-油杯；3-精密气动泵；4-频率调节器；5-气源；6-进水口；7-颗粒活性炭过滤器；
8-纳滤/微滤膜过滤器；9-回收箱；10-回收阀；11-阳极室进水阀；12-电解水发生器；
13-阴极室进水阀；14-净水槽进水阀；15-隔膜泵；16-出水口；17-油水气混合控制装置

图 5-14　电解水油气三相节能微量润滑冷却系统内部装置的连接图

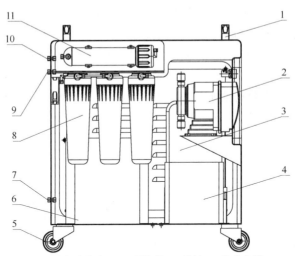

1-提手；2-隔膜泵；3-电解水发生器；4-回收箱；5-滚轮；6-组合水箱；7、9-排水口；
8-颗粒活性炭过滤器；10-进水口；11-纳滤/微滤膜过滤器

图 5-15　电解碱水/净水供水装置剖面结构示意图

图 5-16 是电解水发生器剖面结构示意图。隔膜将电解槽分割成两个腔体；两个腔体分别放置阳极电极和阴极电极，形成阳极室和阴极室；净水分别进入阳极电解槽和阴极电解槽；阴极电解槽内的水经过电解后，供水油气三相节能微量润滑冷却系统使用。净水从阴极室入水口进入阴极室，从阴极室出水口流至电解水出水口。

净水从阳极室入水口进入阳极室，从阳极室出水口流至废水出水口；分流接头和入水口固定在外壳盖上，外壳盖与外壳体通过连接板螺栓连接，筋板通过螺栓与外壳盖连接，电解槽通过螺栓固定筋板上。阴极电极和阳极电极分别通过螺栓固定在电解槽盖上。利用水出口与阳极室入水口直通；回收水出口一侧具有流量调节栓；回收水出口与废水出水口相连。水流 P1 通过分流接头分为两部分，且通过流量调节栓可以调节这两部分水流的流量。其中一部分通过利用水出口进入电解槽体左侧的阳极室，另一部分则经由回收水出口流向废水出水口进行回收。流向右侧阴极室中的水流 P2 通过进水口引入。阳极室与阴极室由离子透过性隔膜隔开，且阳极室与阴极室中水量之比为 3：1，有效地提高了电解效率。得到的电解碱水通过阴极室出水口经由电解碱水出水口排出，而电解后的废水通过阳极室出水口经由废水出水口进行回收。

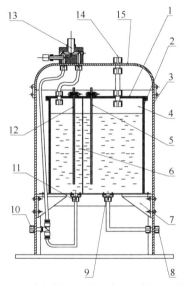

1-电解槽盖；2-电解槽体；3-外壳体；4-电解槽；5-阴极电极；6-离子透过性隔膜；7-筋板；8-电解碱水出水口；
9-阴极室出水口；10-废水出水口；11-阳极室出水口；12-阳极电极；13-分流接头；14-进水口；15-外壳盖

图 5-16　电解水发生器剖面结构示意图

5.2.6　一种微量润滑系统节能喷嘴

一种微量润滑系统节能喷嘴[24]解决了现有三相流微量润滑喷嘴在应用方面的不足。喷嘴结构产生扇形喷雾喷向切削区，很好地解决了加工形式为线接触的(如平面/外圆/内圆磨削、铣齿、锯切等)微量润滑切削液供给问题，对切削区供液均匀、提高了微量润滑的冷却润滑性能。

　　微量润滑喷嘴采用的结构使混合后的三相流以扇形喷雾的形式喷射至切削区；喷嘴体前端具有导流槽，而且导流槽根据与气流主运动的方向夹角不同，深度也不同，使扇形喷雾在角度方向上的三相流浓度相同，有利于均匀的喷雾形成；导流槽可设置为等距槽和收缩槽两种形式，收缩槽利用流体的小孔节流原理，使三相流喷雾以更快的流速喷射至切削区。微量润滑喷嘴利用了流体康达效应，有利于三相流的充分混合，并通过喷嘴结构约束了三相流的喷射方向。内混式喷嘴体使油、水外混合方式改变为油、水内混合方式，充分混合了油水两相流，保证了三相流的均匀性。如图 5-17 所示是一种微量润滑系统节能喷嘴，包括嵌套环、喷嘴体、润滑油输入导管和水输入导管。

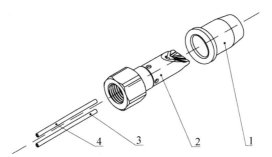

1-嵌套环；2-喷嘴体；3-润滑油输入导管；4-水输入导管

图 5-17　一种微量润滑系统节能喷嘴的三维装配示意图

　　图 5-18 是一种微量润滑系统节能喷嘴的剖视图。喷嘴体包括水输出孔、润滑油输出孔、水输入孔、润滑油输入孔、导流槽单元、气体输出孔、连接固定单元、前端圆柱面、中部圆柱面、定位平面。两个导流槽单元以喷嘴体轴线成轴对称分布，分别布置在喷嘴体的端部、前端圆柱面上。导流槽单元以工艺平面为基准进行制造，工艺平面与喷嘴体的轴线夹角为 α。根据流体康达效应进行实验，结果表明当 α 角为 $15°\sim30°$ 时，康达效应明显。在此方案中 α 角设置为 $15°\sim30°$，优选的可设计为 $15°$。

　　在喷嘴体轴线两侧的工艺平面上分别设置水输出孔和润滑油输出孔，且轴心线和工艺平面相互垂直。水输出孔和润滑油输出孔为盲孔，一端贯通至工艺平面。在喷嘴体内部设置有与轴线平行的水输入孔和润滑油输入孔。水输入孔一端贯通至喷嘴体内腔，另一端与水输出孔相通；润滑油输入孔一端贯通至喷嘴体内腔，另一端与润滑油输出孔相通。装配时，润滑油输入导管插入润滑油输入孔，配合尺寸设置为过盈配合；水输入导管插入水输入孔，配合尺寸设置为过盈配合。在喷嘴体的前端圆柱面上，沿周向等分设置四个气体输出孔。气体输出孔为通孔，一端贯通至喷嘴体内腔，另一端贯通至喷嘴体外侧。在喷嘴体的后端设置有连接固定单元，其外形为六角棱柱体且外径大于喷嘴体中部圆柱面的外径。连接固定单元与中部圆柱面交界处形成了定位平面，定位平面垂直于喷嘴体轴线，在装配过程中对嵌套环起到定位作用。连接固定单元的内部为螺纹结构，起到固定连接作用。

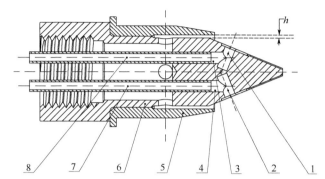

1-水输出孔；2-润滑油输出孔；3-水输入孔；4-润滑油输入孔；5-嵌套环；6-喷嘴体；

7-润滑油输入导管；8-水输入导管

图 5-18　一种微量润滑系统节能喷嘴的剖视图

图 5-19 是一种微量润滑系统节能喷嘴的工作原理图。高压气体从微量润滑装置通过胶管输送至喷嘴体的内腔，通过气体输出孔流入喷嘴体与嵌套环形成的开口状间隙环。由于开口状间隙环左端密封，且其通流截面积小于喷嘴体的内腔，高压气体将以更高的压力和速度向喷嘴体右端输送。前端圆柱面和工艺平面存在一定的夹角 α，夹角 α 已经通过实验设置为适合康达效应发生的范围。本实例的喷嘴体的工艺平面和前端圆柱面间具有一定夹角 α，由于高压气体与它流过的喷嘴体表面之间存在一定的表面摩擦，会导致气流的流速减慢。依据流体力学伯努利原理，气流流速的减缓会导致该气流被吸附在物体表面上流动。因此，该急速气体在流出开口状间隙环的瞬间，会因为康达效应而调整初始的直线前进，改为沿工艺平面的切面方向前进，流入导流槽单元。

高压气体在开口状间隙环内加速，以达到接近声速的速度从环形喷嘴处喷出，束状的高压气流会在喷嘴侧面形成强真空区，从而拉动周围空气。将嵌套环的锥面结构倾斜角度设置为 $\beta=\alpha$，即与气流运动方向相同，避免了周围空气进入高压气流时由于喷嘴结构带来的损耗，最大限度地提高了效率。水从微量润滑装置通过胶管输送至水输入导管，通过水输入导管进入喷嘴体；通过水输入孔、水输出孔，水被输送至导流槽单元前端。润滑油从微量润滑装置通过胶管输送至润滑油输入导管，通过润滑油输入导管进入喷嘴体；通过润滑油输入孔、润滑油输出孔，润滑油被输送至喷嘴体另一侧的导流槽单元前端。在喷嘴体的水输出孔一侧，高压气体通过康达效应流至水输出孔上方，携带水进入导流槽。进入导流槽之前，由于高压气体的流速远大于水的流速，且高压气体与水的流动方向不同，水会在高压气体的作用下雾化，变为粒径细小的雾滴。同时，形成了水气两相流的状态（即水处于一种被气体

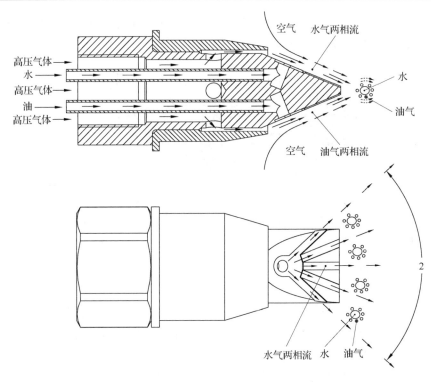

图 5-19　一种微量润滑系统节能喷嘴的工作原理图

封锁的大颗粒团聚状态)。高压气体携带水雾滴进入 5 条导流槽，水气两相流具有进入与运动方向相同导流槽的趋势。因此，将和两相流运用方向具有一定夹角的导流槽设置更大的深度，均衡了导流槽之间的两相流流量。

在喷嘴体的润滑油输出孔一侧，高压气体通过康达效应流至润滑油输出孔上方，携带润滑油进入导流槽。进入导流槽之前，由于高压气体的流速远大于润滑油的流速，且高压气体与润滑油的流动方向不同，润滑油会在高压气体的作用下雾化，变为粒径细小的雾滴。同时，形成了油气两相流的状态(即润滑油处于一种被气体封锁的大颗粒团聚状态)。油气两相流进入导流槽后，沿导流槽的方向运输，脱离喷嘴体后，形成了扇形喷雾区。水气两相流和油气两相流在脱离喷嘴体的瞬间相撞，形成油包水并由高压气体携带的三相流，喷入切削区。

5.2.7　高速铣削微量润滑供液喷嘴结构、分离与回收机构及系统

一种高速铣削微量润滑供液喷嘴结构、分离与回收机构及系统[25]，此方案的第一目的是提供一种适用于高速铣削盘类零件微量润滑的喷嘴结构，根据工件的尺寸大小，调整喷嘴的直径尺寸；喷嘴结构上分布多个喷头，根据加工工件的尺寸，控制参与润滑、冷却的喷头数目。本方案的第二目的是提供一种高速铣削微量润滑气

液切屑回收与分离装置，该装置可实现油气屑分离与收集，避免润滑剂飞扬到空气中，减少了对空气的污染，保证工人生命安全。

如图 5-20 所示，一种高速铣削微量润滑供液系统由高速铣削加工部分、油水气切屑收集部分、油水气切屑分离支撑部分组成。结构包括至少两个喷嘴本体，喷嘴本体一端与管路壳体连接，喷嘴本体的另一端为喷头，喷嘴本体内设有由空心管内部形成的混合通道，混合通道一端与至少两个管路连通，第一管路中通入气体，第二管路中通入润滑油，在管路壳体内部设有与第一管路连通的气体管路和与第二管路连通的润滑油管路，气体管路与润滑油管路均围绕管路壳体的中心点设置，通过管路壳体的设置，实现对铣削加工部分的润滑、冷却，润滑效果好本方案通过箱体的设置可有效避免切屑和雾滴的飞溅，减少加工过程对环境及操作人员造成的危害，同时，可有效实现对润滑剂、切屑和气体的分离，降低对环境的污染。

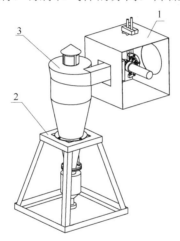

1-高速铣削加工部分；2-油水气切屑分离支撑部分；3-油水气切屑收集部分

图 5-20　高速铣削加工及油水气切屑收集装置轴测图

图 5-21 所示为微量润滑喷嘴装置轴测图。半圆形微量润滑喷嘴，油气分别由连接喷嘴上下结构的油气输送管提供。该结构设有六个喷头分布在两段连接的管路壳体上，喷嘴本体外部通过螺纹与管路壳体连接，其中考虑到喷头喷射角度避免交叉浪费喷射，一段管路壳体上相邻喷嘴本体的夹角 γ、两段管路壳体之间夹角 β 以及喷嘴本体与喷嘴本体所在管路壳体边缘夹角 δ 参数分别为 $2° \leqslant \beta \leqslant 5°$，$35° \leqslant \gamma \leqslant 40°$，$10° \leqslant \delta \leqslant 15°$，管路壳体通过合页连接，一侧通过固定调节杆螺钉连接固定调节杆，两个固定调节杆通过固定调节管螺纹连接，其中两固定调节杆螺纹旋向相反，固定调节管两端螺纹旋向分别与对应的固定调节杆相同；另一侧设有软管夹。六个喷头可以对工件-刀具进行有效的润滑及冷却，输送管输送的气、油、水通过六个喷头分别通过混合件进行混合喷出，根据工件的尺寸，喷嘴结构的管路壳体可以通过

合页调整，通过固定调节杆螺钉、固定调节杆、固定调节管固定。由于喷嘴内部的水、气、润滑油管均是软管，当工件尺寸较小时，喷嘴内部的水、气、油管通过旋转软管夹旋转调整，使得喷嘴内部的软管受到挤压，达到使流经管路壳体两侧喷头的气、油减少至零。

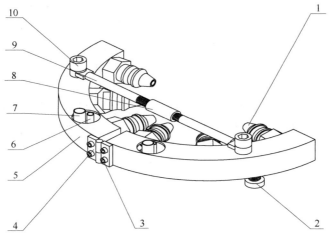

1-喷头；2-软管夹；3-合页螺钉；4-合页；5-管路壳体；6-油管；7-气管；
8-固定调节管；9-固定调节杆；10-固定调节杆螺钉

图 5-21　微量润滑喷嘴装置轴测图

5.3　纳米粒子射流微量润滑磨削验证性实验研究

　　平面磨削加工是磨削工艺中一种非常重要的加工形式，对工件表面加工精度和表面完整性要求较高，属于精密加工工艺。影响磨削过程中工件表面质量的两大重要参数为磨削力和磨削温度。磨削界面的冷却润滑状态影响磨削力和磨削温度，润滑充分时摩擦系数减小，最终形成较好的表面质量，良好的冷却效果，可降低工件表面最大温升，避免磨削烧伤，保证了工件表面的完整性。因此，研究磨削过程中的冷却润滑效果对工件表面质量的影响具有重要的意义。本章主要对不同冷却润滑方式展开磨削实验研究[26]。

　　根据目前现有的冷却润滑方式种类，对干式、湿式(浇注式)、半干式(微量润滑和纳米粒子射流微量润滑)探究磨削过程中的冷却润滑效果，以此验证浇注式的冷却润滑效果，并通过实验结果对比得出冷却润滑效果较好的冷却润滑方式。在该组的四个实验中使用不同的冷却润滑方式，对磨削界面的冷却润滑效果进行对比，各个冷却润滑方式参数如表 5-1 所示。

表 5-1　冷却润滑方式

冷却润滑方式	性能参数
干磨削	无
浇注式	水基磨削液 CCF-04T，供液量 100L/min
微量润滑	纯油基（Accu-lube/lb. 2000 植物油），供液量 30mL/h，气压 0.5MPa
纳米粒子射流微量润滑	MoS_2 粒子，粒径 50nm，基油（Accu-lube/lb. 2000 植物油），体积浓度 1%，供液量 30mL/h，气压 0.5MPa

　　该组实验采用四种冷却润滑方式，其中干磨削不使用磨削液，浇注式使用质量分数为 4%的 CCF-04T 水基磨削液，微量润滑和纳米粒子射流微量润滑都使用 Accu-lube/lb. 2000 植物油作为基油，但两种磨削液的差异是微量润滑使用纯油，纳米粒子射流微量润滑是在基油中添加纳米粒子配置成体积浓度为 1%的 MoS_2 纳米粒子流体，借助高压气体(0.5MPa)将纳米流体由喷嘴喷出形成纳米粒子射流喷到工件表面进行冷却润滑。

　　图 5-22 所示为不同冷却润滑方式下磨削得到稳态区的平均磨削温升，通过对不同冷却润滑方式下稳态区的平均磨削温升的对比可以看出，浇注式得到的温升为 198℃，在四种冷却润滑方式中温升最低，与干磨削相比降低了约 280℃，说明冷却效果最佳；微量润滑得到的温升为 302℃，与干磨削相比降低了约 180℃，对磨削界面起到了一定的冷却效果，但冷却效果远不及浇注式；纳米粒子射流微量润滑得到的温升为 258℃，在微量润滑的基础上添加纳米粒子后冷却效果得到提高，与浇注式条件下温差仅为 60℃，说明在四种冷却润滑方式下纳米粒子射流微量润滑冷却效果比较接近浇注式。

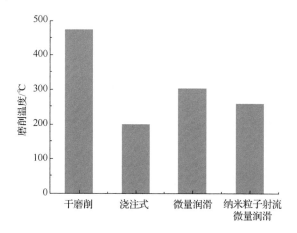

图 5-22　四种冷却润滑方式下的磨削温升

　　如图 5-23 所示，通过对不同冷却润滑方式下磨削过程中得到的磨削力 F_t 的对比可以看出，采用 NMQL 冷却润滑方式同样得到的 F_t 为 27N，相对于干磨削冷却润滑方式 60N 和微量润滑冷却润滑方式 40N 得到了显著的改善。

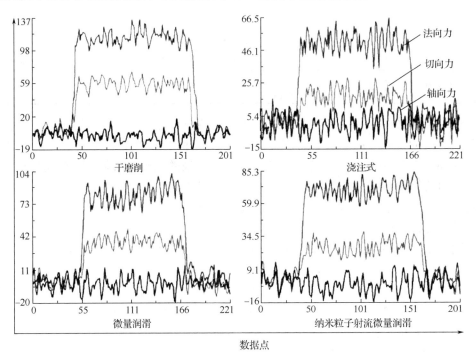

图 5-23　四种冷却润滑方式下的磨削力

结合四种冷却润滑方式的冷却效果和润滑效果，工件表面质量是鉴定冷却润滑效果的有力证据，四块工件磨削完成后在扫描电子显微镜得到的工件表面相貌如图 5-24 所示。由图 5-24 可知，工件在四种冷却润滑方式下受不同冷却润滑效果的影响得到的表面质量反映在表面形貌上。干磨削后的工件表面纹理不规整，并且存在材料黏附和堆积现象；微量润滑磨削后的工件表面纹理变得规律，材料黏附和堆积现象减轻，与浇注式磨削的工件表面形貌相比仍有差距，而采用纳米粒子射流微量润滑磨削的工件表面纹理较清晰，表面质量得到改善，与浇注式的工件表面质量异曲同工。

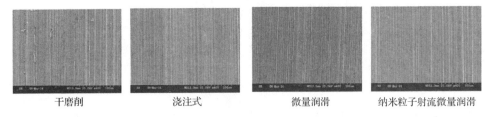

图 5-24　四种冷却润滑方式下的表面形貌

参 考 文 献

[1]　LI C, ALI H M. Enhanced heat transfer mechanism of nanofluid MQL cooling grinding[M]. Pennsylvania: IGI Global，2020.

[2]　YANG M, LI C H, ZHANG Y B, et al. Research on microscale skull grinding temperature field under different cooling conditions[J]. Applied Thermal Engineering, 2017, 126: 525-537.

[3]　YANG M, LI C H, ZHANG Y B, et al . Thermodynamic mechanism of nanofluid minimum quantity lubrication cooling grinding and temperature field models[M]// Kandelousi M S. Microfluidics and nanofluidics. London: IntechOpen, 2018.

[4]　YANG M LI C H, LUO L, et al. Biological bone micro grinding temperature field under nanoparticle jet mist cooling[M]// REN Y. Advances in microfluidic technologies for energy and environmental applications. London: IntechOpen, 2019.

[5]　ZHANG Y B, LI C H, ZHAO Y J, et al. Material removal mechanism and force model of nanofluid minimum quantity lubrication grinding advances[M]// REN Y. Advances in microfluidic technologies for energy and environmental applications. London: IntechOpen, 2019.

[6]　ZHANG Y B, LI C H, YANG M, et al. Analysis of single-grain interference mechanics based on material removal and plastic stacking mechanisms in nanofluid minimum quantity lubrication grinding[J]. Procedia CIRP, 2018, 71: 116-121.

[7]　ZHANG Y, LI C, YANG M, et al. Experimental evaluation of cooling performance by friction coefficient and specific friction energy in nanofluid minimum quantity lubrication grinding with different types of vegetable oil[J]. Journal of Cleaner Production, 2016, 139（DEC.15）:685-705.

[8]　MAO C, ZOU H, HUANG X, et al. The influence of spraying parameters on grinding performance for nanofluid minimum quantity lubrication[J]. International Journal of Advanced Manufacturing Technology, 2013, 64（9-12）:1791-1799.

[9]　MAO C, TANG X, ZOU H, et al. Investigation of grinding characteristic using nanofluid minimum quantity lubrication[J]. International Journal of Precision Engineering & Manufacturing, 2012, 13（10）:1745-1752.

[10]　YANG M, LI C H, ZHANG Y B, et al. Maximum undeformed equivalent chip thickness for ductile-brittle transition of zirconia ceramics under different lubrication conditions[J]. International Journal of Machine Tools and Manufacture, 2017, 122: 55-65.

[11]　李长河, 张彦彬, 杨敏. 纳米流体微量润滑磨削热力学作用机理[M]. 北京: 科学出版社, 2019.

[12]　李长河. 纳米流体微量润滑磨削理论关键技术[M]. 北京: 科学出版社, 2018.

[13]　ZHANG Y B, LI C H, JIA D Z, et al. Experimental evaluation of the lubrication performance of

MoS$_2$/CNT nanofluid for minimal quantity lubrication in Ni-based alloy grinding[J]. International Journal of Machine Tools & Manufacture, 2015, 99:19-33.

[14] ZHANG Y B, LI C H, JI H J, et al. Analysis of grinding mechanics and improved predictive force model based on material-removal and plastic-stacking mechanisms[J]. International Journal of Machine Tools & Manufacture, 2017, 122: 81-97.

[15] 吴启东, 曹华军, 肖栋, 等. 油水气三相微量润滑冷却系统: 201510242123.0[P]. 2019-07-30.

[16] 李刚, 吴启东, 张乃庆. 油水气三相混合喷嘴及包含该喷嘴的喷嘴系统: 201510443624.5[P]. 2017-06-23.

[17] 吴启东, 李长河, 张乃庆, 等. 电解水油气三相节能微量润滑冷却系统: 201610405074.2[P]. 2019-12-17.

[18] 吴启东, 张乃庆. 一种冷气微量润滑系统: 201710652473.3[P]. 2017-08-02.

[19] 颜炳姜, 李伟秋. 微量润滑油雾供应系统: 201911106221.6[P]. 2019-11-13.

[20] 孙建峰. 环保型微量润滑装置: 201921047037.4[P]. 2020-05-19.

[21] 李长河, 王胜, 张强. 纳米粒子射流微量润滑磨削润滑剂供给系统: 201210153801.2[P]. 2014-03-12.

[22] 李长河, 韩振鲁, 李晶尧. 纳米粒子射流微量润滑磨削三相流供给系统: 201110221543.2[P]. 2014-03-12.

[23] 李刚, 吴启东, 张乃庆. 微量润滑系统精密气动控制装置: 201611024141.2[P]. 2018-03-13.

[24] 张彦彬, 吴启东, 张乃庆, 等. 一种微量润滑系统节能喷嘴: 201710302029.9[P]. 2018-11-23.

[25] 郭树明, 李长河, 卢秉恒, 等. 高速铣削微量润滑供液喷嘴结构、分离与回收机构及系统: 201611109567.8[P]. 2019-04-12.

[26] 张东坤. 纳米粒子射流微量润滑磨削高温镍基合金对流热传递机理与实验研究[D]. 青岛: 青岛理工大学, 2014.

第6章 静电雾化微量润滑供给系统案例库设计

6.1 概 述

微量润滑技术又称 MQL(Minimal Quantity Lubrication)技术，是将极微量的润滑液与具有一定压力的压缩空气混合并雾化，喷射至磨削区，对砂轮与磨屑、砂轮与工件的接触面进行有效润滑。这一技术在保证有效润滑和冷却效果的前提下，使用最小限度的磨削液(约为传统浇注式润滑方式用量的千分之几)，以降低成本和对环境的污染以及对人体的伤害[1-5]。

纳米射流微量润滑是基于强化换热理论建立的，由强化换热理论可知，固体的传热能力远大于液体和气体。常温下固体材料的导热系数要比流体材料大几个数量级。在微量润滑油中添加固体粒子，可显著增加冷却润滑介质的换热能力[6-8]。此外，纳米粒子(指尺寸为 1~100nm 的超细微小固体颗粒)在润滑与摩擦学方面还具有特殊的抗磨减摩和高承载能力等摩擦学特性[9-10]。纳米射流微量润滑就是将纳米级固体粒子加入微量润滑流体介质中制成纳米流体，即纳米粒子、润滑剂(油或油水混合物)与高压气体混合雾化后以射流形式喷入磨削区。

目前，微量润滑磨削中微量润滑剂在高压气体的携带作用下还不能实现有效可控的注入磨削区，即砂轮/工件界面的楔形区域，因此，纳米射流会散发到周围环境中。使用微量润滑加工时润滑液与冷却液会对操作人员健康产生影响，如操作人员会得各种各样的呼吸系统疾病，包括职业性气喘、过敏性肺炎、肺功能丧失和皮肤病(如过敏、油痤疮和皮肤癌等)。微量润滑的工业关注点是以空气为动力的雾滴给操作人员带来的潜在健康危害。在微量润滑以压缩空气为动力的喷射中雾滴喷射出以后不再受到约束，其运动不再可控，会发生扩散、漂移等一系列问题[11-20]。然而这些问题的出现会使颗粒微小的雾滴扩散到工作环境中，不仅对环境造成了极大的污染，还对工作人员造成了极大的健康危害。雾滴小于 4μm 甚至能引起各种各样的职业病。根据实际报道即使短时间暴露在这种环境下也可能损坏肺功能。为此美国职业安全健康研究所建议矿物油雾滴的暴露极限浓度为 $0.5mg/m^3$。为了确保工作人员的健康，必须对微量润滑过程中微小液滴加以控制，减少扩散量[21-29]。然而从目前检索的文献来看，对于此方面的研究还未见报道，因此对于上述问题的研究迫在眉睫。基于这样的现状我们对微量润滑过程中微小雾滴的可控分布进行了探索。

6.2　静电雾化微量润滑供给系统案例库

6.2.1　纳米流体静电雾化可控射流微量润滑磨削系统

如图 6-1 所示,在磨床部分工作台上覆上绝缘板材(这种新型材料可以导磁,但不导电,从而既可以保证工件的安装又可以保证喷嘴与工件间形成稳定电场)。将磁力吸盘吸附在砂轮罩侧面,用来固定纳米流体输送蛇形管、压缩气体输送蛇形管和高压电线中与喷嘴相连接的那条。纳米流体输送蛇形管一端与纳米流体入口相连,一端与涡轮流量计相连。压缩气体输送蛇形管一端与压缩气体入口相连,一端与涡轮流量计相连。高压电线其中一条的一端穿过高压电线通道和高压电线托盘接出通孔与电极托盘内各针状电极尾部相连,另一端与可调高压直流电源的负极输出端相连。高压电线的另一条的一端与压铁相连另一端与可调高压直流电源的正极输出端相连接,并进行接地处理。将工件加电装置吸附于工件不加工表面,从而使工件与可调高压直流电源正极接通。

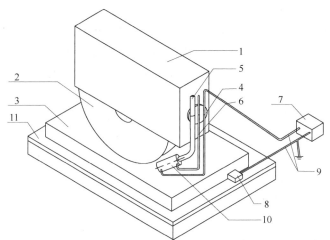

1-砂轮罩;2-砂轮;3-工件;4-磁力吸盘;5-纳米流体输送蛇形管;6-压缩气体输送蛇形管;
7-可调高压直流电源;8-工件加电装置;9-高压电线;10-喷嘴;11-绝缘板材

图 6-1　纳米流体静电雾化可控射流微量润滑磨削系统轴测图

本案例将纳米流体磨削液与压缩空气分别经液体通道和气体通道引入喷嘴,并在喷嘴中混合,然后用电晕荷电的方法使喷嘴喷出的雾滴带电。由空气压缩机、过滤器、储气罐、调压阀、节流阀、涡轮流量计组成气路。储液罐、液压泵、调压阀、节流阀、涡轮流量计组成液路。由可调高压直流电源,给针状电极提供高压负电。由空气压缩机产生的压缩空气经过滤器进入储气罐,再经调压阀和节流阀,流经涡轮流量计进入压缩气体入口；液压泵将储液罐中的纳米流体抽出，再经调压阀和节流阀，流经涡轮流量计进入纳米流体入口。其中溢流阀和流体回收箱形成保护回路，压力表用来监测储气罐的气压。

如图 6-2 所示，喷嘴体结构复杂不易加工制造，且要求具有一定的绝缘性能，故使用陶瓷材料通过快速成型工艺加工制造。由压缩气体入口进入的压缩气体经由内置环状压缩气体通道，通过旋向压缩气体通道以一定切向速度 v 进入混合室与由纳米流体入口进入的纳米流体混合形成三相流，通过三相流加速室加速，加速后进入涡流室与通过涡流室压缩气体通道进入的压缩空气形成涡流，使三相流进一步混合，然后经喷嘴体出口喷出形成雾滴。雾滴喷出后经过针状电极电晕放电的漂移区与漂移的电子碰撞从而荷电，液滴荷电后在电场力、气动力和重力作用下可控地喷向工件表面。旋向压缩气体通道是沿混合式外壁阵列排布，入口轴线与混合室内腔壁面相切，压缩气体经旋向通气孔以切向速度 v 进入纳米流体与压缩气体混合室内。电极托盘由绝缘材料制成，沿圆周阵列 8 个电极插槽，在电极托盘中径处开有电线槽，且在电极托盘上开有一个高压电线托盘接出通孔。将针状电极(它与电极插槽是过盈配合，通过绝缘材料的弹性变形力夹紧)安装在电极插槽内，用电极托盘内的高压电线将各针状电极串联起来，并从高压电线托盘接出通孔接出。定位螺纹环也由陶瓷材料制成，带有与喷嘴体配合的外螺纹，并在下端开有两个旋紧槽便于安装。定位螺纹环主要起到定位电极托盘的作用。

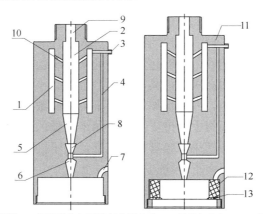

1-内置环状压缩气体通道；2-纳米流体与压缩气体混合室；3-压缩气体入口；4-涡流室压缩气体通道；
5-三相流加速室；6-涡流室；7-高压电线通道；8-定位螺纹环；9-纳米流体入口；
10-旋向压缩气体通道；11-喷嘴体；12-电极托盘；13-针状电极

图 6-2　喷嘴总装配剖视图

如图 6-3 所示，工件加电装置由工件加电装置绝缘壳体、压铁、永磁铁、压紧弹簧组成。将其靠近工件不加工表面时，永磁铁会与工件产生吸引力压缩压紧弹簧，同时压紧弹簧提供反作用力，保证压铁与工件紧密相连。在压铁上开有开口销插槽，其作用是插入开口销,以保证工件加电装置未与工件吸附时,压铁和压紧弹簧不会从工件加电装置绝缘壳体中脱落。

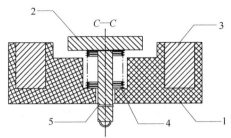

1-工件加电装置绝缘壳体；2-压铁；3-永磁铁；4-压紧弹簧；5-开口销插槽

图 6-3　工件加电装置剖视图和俯视图

将纳米级固体粒子与润滑液混合制成纳米流体,纳米流体静电雾化后以射流的形式喷入磨削区,实现带电纳米流体雾滴可控有序流动进入砂轮/工件界面,从而可更大限度地发挥纳米粒子参与强化换热和在砂轮/工件界面形成润滑减摩油膜,且有效减少小直径雾滴的飘移散失,实现低碳洁净高效微量润滑磨削。

当喷嘴喷出的雾滴被荷电以后,在电场力的作用下定向移动,使其最大量地覆盖于工件表面。在荷电过程中,由于纳米粒子表面比较大,表面极性较强,被荷电后,其荷质比比雾滴的荷质比大,所以纳米粒子趋于更早到达工件表面,覆盖在油膜下层,这样能够更好地利用其理想的换热能力。在静电场中存在"静电环抱"效应,因此当雾滴和纳米粒子向工件运动时更易进入工件具有一定粗糙度表面的凹陷处,从而扩大了相对覆盖面积,能够起到更好的润滑和换热作用。

纳米流体由压缩气体和高压静电共同雾化,可以减小其雾滴粒径。纳米流体喷雾在高压静电作用下被荷电,并在电场力作用下可以有效定向分布于磨削区,大大降低了喷雾的漂移量,从而很大程度上提高了纳米流体的利用率,进而提高了润滑冷却效果,降低了微粒扩散污染。喷雾被荷电后,由于同种电荷的相互排斥作用和静电环抱效应可以使喷雾分布更加均匀。

如图 6-4 所示,前三种润滑方式中浇注式 Ra 值最低为 0.379μm,其次是 MQL 磨削为 0.476μm,干磨削 Ra 值最高为 0.529μm。EMQL 磨削 Ra 值整体低于 MQL,随着电压的升高呈现先降低再升高的趋势,在−35kV 时达到最低 0.248μm,相较于浇注式与 MQL,EMQL 电压为−35kV 时的 Ra 值分别下降了 34.56%、47.9%。干磨削加工过程中由于没有润滑介质,易产生局部高温散热能力差,影响工件加工表面质量,所以 Ra 值偏高。浇注式磨削使用大量磨削液,润滑介质充足,得到了较好的表面质量。MQL 磨削加工可改善干式磨削中热量堆积的问题,相当于静电雾化微量润滑工况电压为 0kV 时的情况,比较 EMQL 不同电压下 Ra 值的变化趋势可以看出，施加电压后的 Ra 值比微量润滑整体偏低，说明 EMQL 磨削降低了工件表面粗糙度，随着电压的升高，在-35～-20kV 时，Ra 值随着电压的升高而不同幅度减小，在-35kV 时达到最低 0.248μm，在-40～-35kV 时 Ra 值升高至 0.403μm，由上述静电雾化微量润滑雾化特性分析可知，当电压为-35kV 时雾化锥角在 40° 左右，雾滴粒径有效细化了雾滴粒径，扩大了润滑液在工件上的沉积面积，因此随着在-35～-20kV 阶段 Ra 值呈下降趋势，在电压为-40kV 时，雾化锥角持续增大至 41°，且雾滴的荷电量也达到最大值，此时电场强度也持续增强，增加了雾滴的速度，由液滴在壁面的状态规律可知，液滴能量过大会导致飞溅现象，不易在工件表面铺展成均匀油膜，因此在电压为-40kV 时，润滑性能变差。

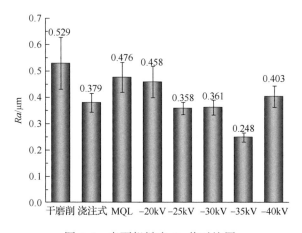

图 6-4　表面粗糙度 Ra 值对比图

由图 6-5 表面粗糙度 RSm 值对比图可知，浇注式表面粗糙度 RSm 值最低为 0.067mm，其次为静电雾化微量润滑电压为-35kV 时 RSm 值为 0.068mm，最高为静电雾化微量润滑电压为-40kV 时 RSm 值为 0.152mm，其中干磨削 RSm 值为 0.074mm，相比较 Ra 值对比最高，干磨削的 RSm 值并不是最高的，原因是在干磨削过程中，工件出现轻微烧伤横向裂纹，从表面形貌分析可观察得到，测量表面粗糙度是垂直于磨削方向测量，即顺着裂纹方向，因此轮廓单元平均宽度较小，但 RSm 值表面粗糙度权重较小，因此干磨削工件的表面质量仍然最差。除此之外 RSm 值与 Ra 值对比趋势相同，EMQL 电压为-40kV 时 RSm 值最高，Ra 值也相对偏高。

由以上分析可知，EMQL 磨削加工表面质量优于 MQL，随着电压的升高工件表面粗糙度下降，在电压为-35kV 时表面粗糙度最小，较好地发挥了细化雾滴增加油膜浸润面积的优势。但到达一定值时表面粗糙度反而升高，工件表面质量变差，雾滴有效利用率降低失去原本优势，因此 EMQL 磨削加工电压不宜太高。

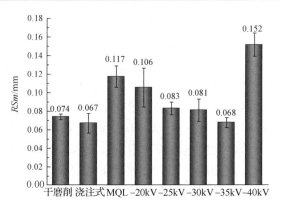

图 6-5　表面粗糙度 *RSm* 值对比图

6.2.2　纳米流体静电雾化与电卡热管集成的微量润滑磨削装置

如图 6-6 所示，静电雾化与电卡制冷磨削装置包括在两侧表面覆盖有电卡薄膜材料的热管砂轮，添加电卡纳米粉体材料的纳米流体以及设有高压直流静电发生器和磁场形成装置的电卡制冷与磁增强电场下的静电雾化组合喷嘴；覆盖在热管砂轮两侧表面的铁电薄膜利用电卡效应在磨削区吸收热量，离开磨削区后通过热管砂轮将吸收的热量散去，维持一个卡诺循环，不断地吸收磨削区的热量，达到降低磨削区温度的效果；同时电卡薄膜材料还可将传入热管砂轮的一部分热量吸收，起到降低砂轮基体温度的效果；另外，热管砂轮本身也可以从磨削区吸收热量，降低磨削区温度；电卡制冷与磁增强电场下的静电雾化组合喷嘴与添加电卡纳米粉体材料的纳米流体配合，一方面，纳米流体通过静电雾化喷射到磨削区，利用固体纳米粒子较高的热传递性能增强磨削区的换热能力，降低磨削区的温度；另一方面，铁电纳米粉体利用电卡效应以较低的温度状态通过静电雾化到达磨削区，由于其在电场作用下材料本身产生电热温变，使其本身温度降低，同时对纳米流体进行制冷，使纳米流体的温度降低，因此到达磨削区后可以吸收更多的磨削热量，降低磨削温度；该装置集多个冷却方式于一体，可以显著地降低磨削区的温度，大大提高工件的加工质量，有效地避免了工件的热损伤。电卡薄膜材料粘贴在热管砂轮的两侧表面，通过与电刷底座连接的带有 Sn/Ag 电极的电刷施加外加电场；电刷通过电刷导线与电源信号转换装置和电源发生装置连接，提供电能；电源信号转换装置将直流高压电源信号转换成脉冲电源信号，为第一种实例的电卡薄膜材料施加外加电场；电刷底座通过电刷固定螺栓固定在砂轮罩上，其中电刷的正极和负极分别与热管砂轮两侧表面和电卡薄膜材料接触；电刷的正极和负极之间形成高压电场，是为致冷热端，通过热管释放热量；磨削区是为致冷冷端，电卡薄膜材料吸收热量。组合喷嘴与压缩空气输送蛇形管以及纳米流体输送蛇形管连接，压缩空气输送蛇形管和纳米流体输送蛇形管通过输送蛇形管固定装置进行固定；组合喷嘴中的组合喷嘴电极板和 L 形针状电极分别与组合喷嘴电极板高压导线和 L 形针状电极高压导线连接，再与电源发生装置连接。将电刷电源与组合喷嘴上喷嘴体的电场电极板电源以及高压直流静电发生器的电源进行集成，都使用可调高压直流电源。

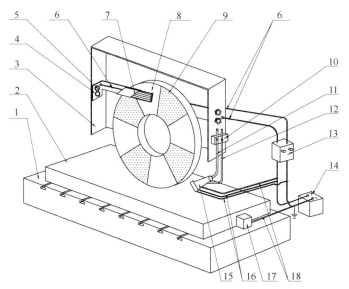

1-磁性工作台；2-工件；3-砂轮罩；4-电刷底座；5-电刷固定螺栓；6-电刷导线；7-电刷；8-热管砂轮；
9-电卡薄膜材料；10-输送蛇形管固定装置；11-压缩空气输送蛇形管；12-纳米流体输送蛇形管；
13-电源信号转换装置；14-电源发生装置；15-组合喷嘴；16-组合喷嘴电极板高压导线；
17-工件加电装置；18-L 形针状电极高压导线

图 6-6　纳米粒子射流微量润滑静电雾化与电卡制冷磨削装置轴测图

图 6-7 是热管砂轮结构旋转剖视图与主视图，热管砂轮主要由密封盖板、抽气孔、真空封口、弧形热管外圈、弧形热管内圈和弧形热管内外圈连通管组成。热管砂轮真空封口由封口接头、堵头和密封圈组成。弧形热管外圈位于热管砂轮的边缘，弧形热管内圈远离砂轮边缘；外圈为吸热端，可以通过流体的相变制冷作用吸收磨削区和电卡薄膜材料从磨削区吸收的温度，起到冷却作用；弧形内圈为放热端，将所吸收的热量释放。

图 6-8 为组合喷嘴结构剖视图，组合喷嘴包括上喷嘴体和下喷嘴体，两者通过螺纹连接，上喷嘴体内部安装有电场电极板，为电卡纳米粉体材料提供制冷热端，通过纳米流体本身降低温度；下喷嘴体设置有电晕荷电装置以及磁铁，用于提高纳米流体液滴的荷电量；其中上喷嘴体包括注液腔、节流孔、注气管壁、电极板高压导线通道、注液通道接头、注液通道、注气通道接头和注气通道；组合喷嘴电极

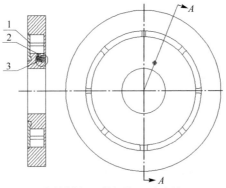

1-密封盖板；2-抽气孔；3-真空封口

图 6-7　热管砂轮结构旋转剖视图与主视图

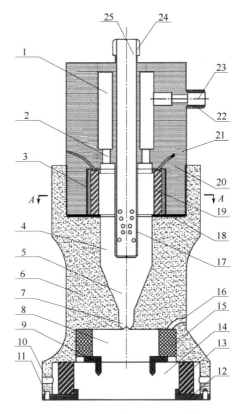

1-注液腔；2-节流孔；3-电极板绝缘套筒；4-混合腔；5-加速度段；6-下喷嘴体；7-扇形喷嘴出口；8-电极槽；
9-L 形针状电极；10-电磁铁导线通道；11-固定螺纹孔；12-定位卡盘；13-磁铁；14-磁盒；15-圆形电极盘；
16-高压电极导线通道；17-注气管壁；18-密封垫圈；19-电极板；20-上喷嘴体；21-电极板高压导线通道；
22-注液通道接头；23-注液通道；24-注气通道接头；25-注气通道

图 6-8　组合喷嘴结构剖视图

板和电极板绝缘块一起内嵌在电极板绝缘套筒中，电极板绝缘套筒与上喷嘴体通过螺纹连接；下喷嘴体包括混合腔、加速度段、扇形喷嘴出口、电极槽、L 形针状电极、电磁铁导线通道、固定螺纹孔、定位卡盘、磁铁、磁盒、圆形电极盘、电极高压导线通道；上喷嘴体与下喷嘴体通过螺纹连接在一起，中间由密封垫圈密封构成组合喷嘴的整体结构。压缩空气通过注气通道进入混合腔，同时纳米流体经过注液通道进入注液腔中，在通过节流孔后进入混合腔中与压缩空气混合。节流孔的作用是限制纳米流体进入混合腔内的量，从而可以使压缩空气和纳米流体在混合腔内有足够的混合空间。压缩空气与纳米流体在混合腔内充分混合形成亚声速三相（压缩空气、液态润滑基油和固态纳米粒子）泡状流。泡状流进入组合喷嘴加速段后，由于组合喷嘴加速段为锥形结构缩小了三相泡状流的流动空间，从而增大了三相泡状流的压力和流速，并减小了气泡直径。同时三相泡状流经过加速段时受挤压而失稳，破裂成更小的气泡和液滴，增加了雾滴的数量提高了雾化效果。同时三相泡状流经过加速后在扇形喷嘴出口以近声速喷出，加大了射流速度，由于压力突然降到大气压，气泡会急剧膨胀而爆破形成了液体雾化的动力，同时周围气泡会受到冲击而爆炸并相互冲撞使雾化颗粒变得极其微小。注气管壁上开有注气孔，注气孔布置更有利于三相泡状流在混合腔内充分混合及碰撞，同时注气孔的中心轴线和喷嘴注气管的中心轴线成 15°～35°倾斜角,这样有利于混合腔内的三相泡状流向加速段推进，在注气管壁顶端设有轴向注气孔，其作用是进一步使三相泡状流在加速段内加速。

如图 6-9 所示，组合喷嘴圆形电极盘为橡胶材质具有一定的弹性，在其圆周上阵列有 4～8 个针状电极卡槽，在组合喷嘴圆形电极盘上设有高压电极导线放置槽，在电极导线放置槽内设置有高压电极导线通孔方便高压电极导线接出，高压电极导

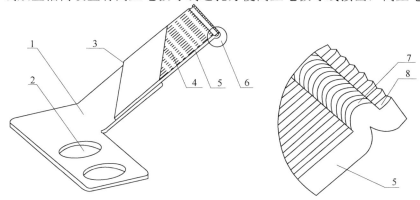

1-电刷底座；2-电刷固定用通孔；3-支撑体；4-导电部；5-Sn/Ag 弹性接触片；6-滑动部；7-隆起部；8-突出部

图 6-9　电刷底座与集体整体结构轴测图

线接出后经组合喷嘴高压电极导线通道接出到组合喷嘴外部。L 形针状电极插放在针状电极卡槽内(过盈配合)。将连接好电极的组合喷嘴圆形电极盘放入组合喷嘴电极槽内，将磁铁放置在组合喷嘴磁盒内，由定位卡盘进行定位，在定位卡盘上设置有磁体挡板用来限制磁铁。磁铁可以为永磁铁也可以为电磁铁，若为电磁铁则点此导线经由组合喷嘴电磁铁导线通道接出。电刷包括电刷底座、电刷固定用通孔、支撑体、导电部、Sn/Ag 弹性接触片、滑动部、隆起部、突出部；其中隆起部和突出部组成了滑动部。

6.2.3 纳米流体微量润滑静电雾化可控射流车削系统

如图 6-10 所示，纳米流体微量润滑静电雾化可控射流车削系统包括可调节多负极电源、内冷车刀、内置集成喷嘴、外置集成喷嘴。可调节多负极电源具有两个不同电压的负极接口和一个正极接口，两个负极接口电压可调互相不影响。可调节多负极电源通过负极导线向内置集成喷嘴传输负极电，可调节多负极电源接口为负极接口；可调节多负极电源通过负极导线向外置集成喷嘴传输负极电，可调节多负极电源接口为负极接口 ；可调节多负极电源通过正极导线和电磁接头向内冷车刀传输正极电，可调节多负极电源接口为正极接口，同时正极导线接地。电磁接头通过自身磁力吸附于内冷车刀，用于正极电的传输，车刀插入车刀固定立柱中，通过车刀压片固定。内冷孔的入口端加工为内螺孔，切削液接头分别通过螺纹连接安装于内

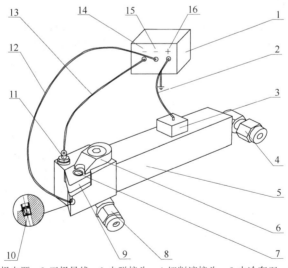

1-可调节多负极电源；2-正极导线；3-电磁接头；4-切削液接头；5-内冷车刀；6-车刀压片；
7-车刀固定立柱；8-切削液接头；9-车刀；10-内置集成喷嘴；11-外置集成喷嘴；
12、13-负极导线；14、15-负极接口；16-正极接口

图 6-10　纳米流体微量润滑静电雾化可控射流车削系统轴测图

冷孔和内冷孔的出口端。内置集成喷嘴安装于内冷孔出口端(内冷孔出口端加工为沉头孔),微量润滑系统连接于切削液接头,通过内冷孔向内置集成喷嘴运输微量润滑切削液;外置集成喷嘴安装于内冷孔出口端(内冷孔出口端加工为内螺孔),微量润滑系统连接于切削液接头,通过内冷孔向外置集成喷嘴运输微量润滑切削液。

　　如图 6-11 所示,内置集成喷嘴由绝缘塞、内置集成喷嘴导线、内置集成喷嘴支架、内六角螺钉、电极针固定片、内置集成喷嘴电极针、内置集成喷嘴体构成。装配过程中,首先将内置集成喷嘴电极针焊接于电极针固定片中心位置;然后将内置集成喷嘴电极针和电极针固定片焊接体插入内置集成喷嘴支架,通过内六角螺钉固定;将带有绝缘皮的内置集成喷嘴导线一端焊接在内置集成喷嘴电极针的电极针导线接孔,另一端穿过绝缘塞,通过绝缘塞固定于内置集成喷嘴支架,从而将内置集成喷嘴导线引出内置集成喷嘴;最后将内置集成喷嘴体装入内置集成喷嘴支架上端,内置集成喷嘴体具有内置集成喷嘴体卡槽,其直径与内置集成喷嘴支架内径相同,连接关系为过盈配合,再通过 AB 胶类胶水固定。内置集成喷嘴电极针材料采用耐高温金属材料(钨等),内置集成喷嘴电极针具有电极针导线接孔,内置集成喷嘴导线一端焊接在内置集成喷嘴电极针的电极针导线接孔用于传输高压电。内置集成喷嘴电极针放电尖端半径 r 约为 0.2mm,长度为 L_1,底端焊接于电极针固定片中心位置。电极针固定片材料采用导电性能高的金属材料,电极针固定片具有电极针固定片螺孔,内六角螺钉通过电极针固定片螺孔将内置集成喷嘴电极针和电极针固定片焊接固定于内置集成喷嘴支架,电极针固定片上端面距离内置集成喷嘴出口端面距离为 L_2。内置集成喷嘴体和内置集成喷嘴支架材料采用高胶 ABS 增韧 PVC 系列,

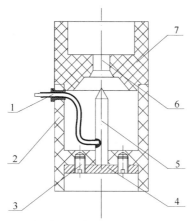

1-内置集成喷嘴导线;2-内置集成喷嘴支架;3-内六角螺钉;4-电极针固定片;
5-内置集成喷嘴电极针;6-内置集成喷嘴体喉孔;7-内置集成喷嘴体

图 6-11　内置集成喷嘴剖视图

材料具有高强度、高韧度和绝缘性。内置集成喷嘴体具有内置集成喷嘴体喉孔，切削液流出过程中起到气泡雾化作用，从而对微量润滑切削液进行二次雾化。内置集成喷嘴体具有内置集成喷嘴体卡槽，其直径与内置集成喷嘴支架内径相同，连接关系为过盈配合，再通过 AB 胶类胶水固定。内置集成喷嘴支架具有内置集成喷嘴体支架螺孔，内置集成喷嘴电极针和电极针固定片焊接体插入内置集成喷嘴支架后，内六角螺钉旋入内置集成喷嘴体支架螺孔进行固定。内置集成喷嘴支架具有绝缘塞插孔，绝缘塞插孔和绝缘塞为过盈配合，绝缘塞安装于绝缘塞插孔中，通过张紧力固定，用于引出内置集成喷嘴导线。

　　如图 6-12 所示，外置集成喷嘴由喷嘴电极机构和喷嘴管构成。喷嘴电极机构通过螺纹固定在喷嘴管上，喷嘴管下端具有外螺纹，外置集成喷嘴通过螺纹安装于内冷孔出口端内螺孔。喷嘴电极机构出口端面距离喷嘴管竖直段轴心的距离为 d。喷嘴电极机构由内六角螺钉、导线固定塞、外置集成喷嘴导线、导线封盖、孔用弹性挡圈、外置集成喷嘴电极针、电极圆环、垫圈、外置集成喷嘴体、喷嘴盖构成。外置集成喷嘴电极针焊接在电极圆环上，而后将外置集成喷嘴电极针和电极圆环焊接体推入外置集成喷嘴体，通过孔用弹性挡圈固定在外置集成喷嘴体内部。在喷嘴盖内部放入垫圈，将喷嘴盖旋入喷嘴管对外置集成喷嘴体进行固定。装配完成后，将外置集成喷嘴导线放入喷嘴盖的导线槽中，外置集成喷嘴导线一端穿过固定在导线封盖上的导线固定塞，引到喷嘴外，另一端焊接在电极圆环的电极圆环导线接孔内。再将导线封盖通过内六角螺钉固定在喷嘴盖上。电机圆环后表面距离外置集成喷嘴出口端面为 c。

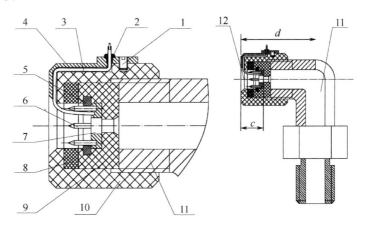

1-内六角螺钉；2-导线固定塞；3-外置集成喷嘴导线；4-导线封盖；5-孔用弹性挡圈；6-外置集成喷嘴电极针；7-电极圆环；8-垫圈；9-外置集成喷嘴体；10-喷嘴盖；11-喷嘴管；12-喷嘴电极机构

图 6-12　外置集成喷嘴

6.2.4 纳米流体微量润滑静电雾化可控射流内冷工艺系统

如图 6-13 所示，内冷钻头由内冷刀具转换器夹持，由两颗内六角螺钉对内冷钻头定位夹紧在内冷刀具转换器的旋转部分；内冷刀具转换器的固定部分由内冷刀具转换器定位轴连接于机床定位孔，实现内冷刀具转换器固定部分定位；微量润滑系统通过切削液接头连接至内冷刀具转换器的固定部分，通过内冷刀具转换器向内冷钻头的内冷孔供给微量润滑切削液；内冷刀具转换器固定部分具有切削液通道，内冷刀具转换器旋转部分具有连接内冷钻头内冷孔的圆柱形液腔，内冷刀具转换器旋转部分在旋转过程中,内冷通道出口与圆柱形液腔圆柱面相通并始终绕圆柱面旋转，实现切削液方向转换。内冷刀具转换器采用现有技术，如通用内冷刀具转换器、莫氏转换器等。高压电转换装置的旋转部分通过两颗轴对称内六角螺钉固定在内冷刀具转换器的旋转部分上，固定部分由高压电转换装置定位轴插入内冷刀具转换器定位轴的内冷刀具转换器定位轴孔中，通过内六角螺钉实现定位夹紧，由此实现高压电转换装置固定部分即高压电转换装置外圈体的周向定位；集成喷嘴固定于内冷钻

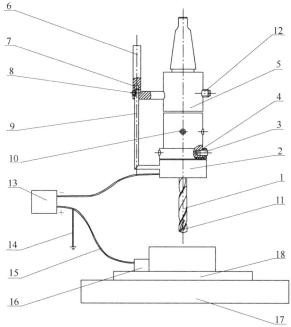

1-内冷钻头；2-高压电转换装置；3-内六角螺钉；4-内冷刀具转换器螺孔；5-内冷刀具转换器；
6-内冷刀具转换器定位轴；7-内冷刀具转换器定位轴孔；8-内六角螺钉；9-高压电转换装置定位轴；
10-内六角螺钉；11-集成喷嘴；12-切削液接头；13-可调高压直流电源；14-接地线；
15-连接导线；16-电磁接头；17-工作台；18-绝缘板

图 6-13 纳米流体微量润滑静电雾化可控射流内冷工艺系统装配主视图

头的内冷孔端部。工作过程中，内冷刀具转换器旋转部分带动高压电转换装置内圈体和内冷钻头旋转对工件加工，内冷刀具转换器固定部分和高压电转换装置外圈体由于周向定位而保持不动，分别对内冷钻头供给微量润滑切削液和高压电。可调高压直流电源为系统提供高压直流电源，可调高压直流电源通过连接导线输送电流，正极电流输送至高压电转换装置的高压电外导线，再通过高压电内导线输送给电极针；负极电流通过连接导线和电磁接头输送至工件，并通过接地线接地。电磁接头通过自身的磁力吸附在工件上实现电流传输，在工作台上附一层绝缘板，保证电极针和工件之间形成稳定电场。

如图 6-14 所示，内冷刀具转换器由内冷刀具转换器固定部分和内冷刀具转换器旋转部分构成。内冷刀具转换器旋转部分具有内冷刀具转换器螺孔，通过内冷刀具转换器螺孔连接高压电转换装置，通过两颗内六角螺钉对内冷钻头定位夹紧；内冷刀具转换器旋转部分通过轴承与内冷刀具转换器固定部分配合，工作过程中，内冷刀具转换器旋转部分带动高压电转换装置内圈体和内冷钻头旋转对工件加工，内冷刀具转换器固定部分保持不动；内冷刀具转换器旋转部分具有内冷刀具转换器定位轴，内冷刀具转换器定位轴与机床定位孔连接实现内冷刀具转换器固定部分的周向定位，微量润滑系统通过切削液接头连接至内冷刀具转换器，通过内冷刀具转换器向内冷钻头供给微量润滑切削液。

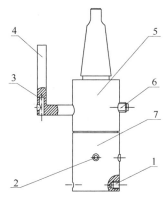

1-内冷刀具转换器螺孔；2-内六角螺钉；3-内冷刀具转换器定位轴孔；4-内冷刀具转换器定位轴；
5-内冷刀具转换器固定部分；6-切削液接头；7-内冷刀具转换器旋转部分

图 6-14　内冷刀具转换器示意图

如图 6-15 所示，高压电转换装置由高压电转换装置内圈体、滚动轴承、高压电转换装置外圈体、紧定垫圈、固定圆环、紧定螺钉、高压电转换装置滚轮、高压电转换装置支架、支撑弹簧、高压电外导线构成。在高压电转换装置的装配过程中，先将滚动轴承装入高压电转换装置外圈体，再将滚动轴承和高压电转换装置外圈体套入高压电转换装置内圈体小径部分；随后将装配好的高压电转换装置滚轮支架和支撑弹簧按图示装入支架滚轮滑动孔，并将高压电外导线接孔通过高压电外导线接孔焊接于金属材料的高压电转换装置支架后端；最后套入紧定垫圈顶紧滚动轴承，通过紧定螺钉连接固定圆环于高压电转换装置内圈体上，固定圆环一方面通过紧定垫圈对滚动轴承实现定位，另一方面高压电转换装置滚轮在固定圆环外圈滚动实现高压电传送。高压电内导线一端焊接于固定圆环导线接孔中，通过钻头横孔和内冷孔，另一端焊接于电极圆环上。工作过程中，高压电转换装置内圈体和钻头共同旋转，固定圆环和高压电内导线也处于旋转状态；而高压电转换装置外圈体、高压电转换装置滚轮、高压电转换装置支架、支撑弹簧、高压电外导线保持不动，通过高压电转换装置滚轮在固定圆环外圈上的滚动传递高压电，以此实现高压电由固定的高压电外导线向旋转的高压电内导线的传送。高压电内导线外层包有绝缘皮，布置在刀具内冷孔时防止漏电与刀具短路。

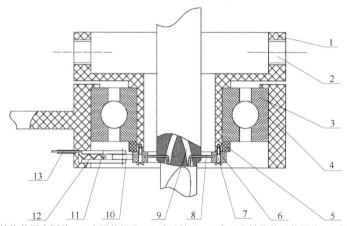

1-高压电转换装置内圈体；2-内圈体螺孔；3-滚动轴承；4-高压电转换装置外圈体；5-紧定垫圈；
6-固定圆环；7-紧定螺钉；8-高压电内导线；9-内冷孔；10-高压电转换装置滚轮；
11-高压电转换装置支架；12-支撑弹簧；13-高压电外导线

图 6-15　高压电转换装置

高压电转换装置内圈体材料采用高胶 ABS 增韧 PVC 系列，材料具有高强度、高韧度和绝缘性。高压电转换装置内圈体具有轴对称 2 个内圈体螺孔，内六角螺钉通过内圈体螺孔旋入内冷刀具转换器螺孔，实现高压电转换装置与内冷刀具转换器螺孔的连接；高压电转换装置内圈体具有 4 个内圈体螺孔，紧定螺钉通过固定圆环通孔旋入内圈体螺孔，将固定圆环固定于高压电转换装置内圈体。高压电转换装置外圈体材料采用高胶 ABS 增韧 PVC 系列，材料具有高强度、高韧度和绝缘性。高压电转换装置外圈体具有高压电转换装置定位轴，高压电转换装置定位轴插入内冷刀具转换器定位轴孔中，内六角螺钉通过螺孔旋紧顶在高压电转换装置定位轴平肩上，实现高压电转换装置外圈体的周向定位，使高压电转换装置外圈体在工作过程中保持不动。高压电转换装置外圈体具有支架滚轮滑动孔和高压电外导线接孔，高压电转换装置支架和高压电转换装置滚轮插入支架滚轮滑动孔并可以在支架滚轮滑动孔中滑动；高压电外导线接孔通过高压电外导线接孔焊接于金属材料的高压电转换装置支架后端，实现高压电传输。

固定圆环材料采用导电性能高的金属材料，固定圆环具有四个固定圆环通孔，紧定螺钉通过固定圆环通孔旋入内圈体螺孔，将固定圆环固定于高压电转换装置内圈体；固定圆环具有两个轴对称的固定圆环导线接孔，装配过程中，固定圆环导线接孔对准高压电内导线，由内冷钻头的内冷孔导出的高压电内导线焊接于固定圆环导线接孔中，实现高压电传输。固定圆环一方面通过紧定垫圈对滚动轴承实现定位，另一方面高压电转换装置滚轮在固定圆环外圈滚动实现高压电传送。高压电转换装置滚轮、高压电转换装置支架和支架滚轮销轴材料采用导电性能高的金属材料。支架滚轮销轴与高压电转换装置支架销轴孔是过盈配合关系，支架滚轮销轴直径小于高压电转换装置滚轮孔径；装配过程中，销轴通过高压电转换装置支架销轴孔将高压电转换装置滚轮固定于高压电转换装置支架中，高压电转换装置滚轮可以自由转动。高压电转换装置支架插入支架滚轮滑动孔并可以在支架滚轮滑动孔中滑动，支撑弹簧一端顶在支架滚轮滑动孔内壁，另一端顶在高压电转换装置支架竖梁上，使高压电转换装置滚轮保持与固定圆环外圈接触；高压电外导线接孔焊接于金属材料的高压电转换装置支架后端，实现高压电传输。

内冷钻头的内冷孔在切削刃一端加工为沉头孔，集成喷嘴插入沉头孔中使用。集成喷嘴由喷嘴体、电极圆环、孔用弹性挡圈、电极针、集成喷嘴固定环构成；装配过程如下：将高压电内导线由喷嘴体导线孔穿过并焊接于电极圆环上，四根电极针焊接于电极圆环另一侧；将电极圆环推入喷嘴体下孔，并将孔用弹性挡圈推入孔用弹性挡圈孔，对电极圆环进行固定。装配完成后将喷嘴体装入沉头孔至沉头孔底，将集成喷嘴固定环外侧涂匀 AB 胶类胶水，而后将喷嘴固定环推入内冷孔沉头孔；一方面喷嘴固定环对喷嘴体起到定位作用，另一方面喷嘴固定环起到绝缘内冷钻头和电极针的作用，防止电极针与内冷孔内壁放电导致短路。电极针长度为 L（0.2～0.5cm），电极圆环下表面与内冷孔端面距离为 S（1.5～2cm），由此电极针尖端与内冷孔端面距离为 $d=S-L$（1～1.8cm）。喷嘴体材料采用橡胶，具有一定韧性从而实现喷嘴体在螺旋状的内冷孔内安装装配，具有良好的绝缘性防止金属器件与内冷孔内壁放电短路。喷嘴体具有喷嘴体导线孔，高压电内导线由喷嘴体导线孔穿过并焊接于电极圆环上；喷嘴体具有喷嘴喉孔，微量润滑切削液通过喷嘴喉孔实现二次雾化并产生锥状喷雾，进一步细化雾滴粒径；喷嘴体具有孔用弹性挡圈孔，将孔用弹性挡圈推入孔用弹性挡圈孔，对电极圆环进行固定。

6.2.5　辅助电极聚焦的纳米流体静电雾化可控输运微量润滑系统

图 6-16 所示为一种锥形电极环聚焦的纳米流体静电雾化可控输运微量润滑系统，在磨床工作台上覆上绝缘板，将液气蛇形管固定装置吸附在砂轮罩侧面，用来固定纳米流体输送蛇形管、压缩气体输送蛇形管。纳米流体输送蛇形管与进液口相连，压缩气体输送蛇形管与气体入口相连；电晕放电装置中的 L 形针状电极通过高压导线与可调高压直流电源的负极相连。可调高压直流电源的正极通过高压电线与工件加电部件相连，并进行接地处理；工件加电部件吸附于工件不加工表面，从而使工件与可调高压直流电源正极接通；功率转换器连接可调高压直流电源，调节输出电压后负极与锥形电极环相连，正极接地处理。纳米流体微量润滑液在喷嘴中与压缩气体混合雾化，在 L 形针状电极电晕放电作用下荷电二次雾化，在锥形电极环作用下聚焦可控运输至工件与砂轮之间的摩擦界面。

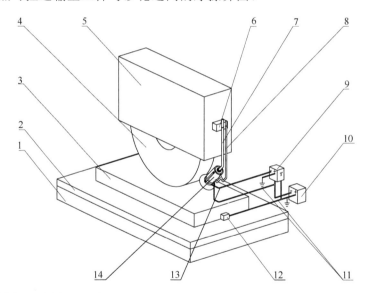

1-磨床工作台；2-绝缘板；3-工件；4-砂轮；5-砂轮罩；6-液气蛇形管固定装置；7-纳米流体输送蛇形管；
8-压缩气体输送蛇形管；9-功率转换器；10-可调高压直流电源；11-高压导线；12-工件加电部件；
13-辅助电极高压导线；14-喷嘴

图 6-16　微量润滑磨削系统装配轴测图

如图 6-17 所示，气液混合腔环壁上部轴肩与喷嘴外壁配合，与下部轴肩形成两处气腔；上部轴肩处均匀开有四个通孔，喷嘴外壁环壁开有四个螺纹孔，通过定位螺钉连接，上部轴肩处装有密封圈，下部轴肩处装有密封圈，以保证气腔和气腔之间的密封性。气腔为倒锥环缝型，对应气液混合腔的出口；气液混合腔腔体分为上直流段、加速段、喉管段、渐扩段、下直流段，上直流段侧壁对应气腔开有 2 排 4

列顺时针旋向气孔，喉管段侧壁开有 2 排 4 列逆时针旋向气孔；气液混合腔出口下部装有电极托盘，沿其圆周阵列 8 个径向电极针插槽，L 形针状电极安装在径向电极针插槽内，通过喷嘴外壁上的高压电线通道连接高压导线；电极托盘下部为定位环，定位环圆周开有四个通孔通过定位环螺钉与喷嘴外壁连接对电极托盘进行定位；喷嘴外壁两侧开有滑槽，两侧连接滑杆下部通过 4 个螺栓和螺母固定连接锥形电极环，上部通过定位螺栓和螺母组成的定位机构在滑槽里上下移动，对锥形电极环进行高度调整和固定；锥形电极环侧面设有高压导线连接孔用于连接辅助电极高压导线。喷嘴外壁正面分别有气体入口和高压电线通道，两侧开有滑槽，与连接滑杆的滑块配合。L 形针状电极包括绝缘电极针套、放电电极和 L 形针状电极接线孔，绝缘电极针套与径向电极针插槽过盈配合，并设有轴肩使电极针与电极托盘实现径向定位，电极针尾部设有 L 形针状电极接线孔，在高压电线轴向通槽内实现多个电极针串联。连接滑杆，包括滑块和连杆，连杆上部开有定位螺栓连接孔，连接滑杆通过定位螺栓和螺母与喷嘴外壁定位夹紧；连杆下部开有锥形电极连接孔，通过螺栓固定连接锥形电极环；连接滑杆连杆带动锥形电极环上下移动，实现对锥形电极环的高度调整和固定。

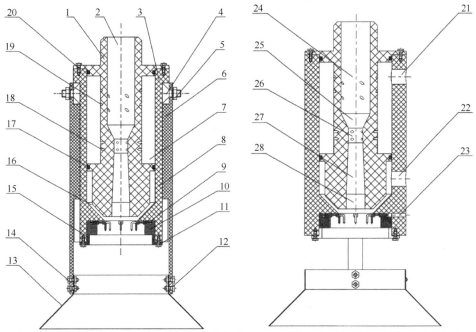

1-气液混合腔；2-进液口；3、17-密封圈；4-定位螺栓；5、14-螺母；6-连接滑杆；7-气腔；8-喷嘴外壁；
9-L 形针状电极；10-电极托盘；11-定位环螺钉；12-螺栓；13-锥形电极环；15-定位环；
16-气腔；18、19-气孔；20-定位螺钉；21、22-气体入口；23-高压电线通道；
24-上直流段；25-加速段；26-喉管段；27-渐扩段；28-下直流段

图 6-17　喷嘴装配剖视图

如图 6-18 所示，气液混合腔上的气孔采用斜向下旋向顺时针分布，与中心轴线的角度为 α，在横截面的旋向角度为 β，且方向不与中心轴线相交。气孔旋向逆时针分布，为避免气液交界面的速度滑移，气孔与中心轴线的角度为 90°，横截面的旋向角度为 γ，方向不与中心轴线相交。两气孔旋向相反，增加气体与纳米流体微量润滑液的冲击与剪切作用，可有效解决加入纳米粒子后液滴黏度过大难以雾化的问题。

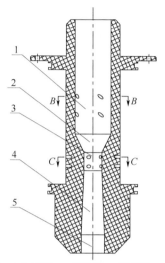

1-上直流段；2-加速段；3-喉管段；4-渐扩段；5-下直流段

图 6-18　喷嘴气液混合腔剖视图

电极托盘由绝缘材料制成沿其圆周阵列八个径向电极针插槽，L 形针状电极安装在径向电极槽内；电极托盘截面中部沿圆周开有高压电线轴向通槽，使各个 L 形针状电极串联；沿径向开有高压电线径向通槽与喷嘴外壁上的高压电线通道对应相通，使各串联电极与高压电线连接，高压电线与可调高压直流电源负极连接。锥形电极环采用铜电极薄片，与喷嘴同轴，上侧圆环形、下侧锥环形、圆环形电极片对称两侧各开有两个通孔通过螺栓与连接滑杆固定连接；圆环形电极片通过高压导线连接孔与功率转换器负极相连，功率转换器正极接地，锥形电极环位于 L 形针状电极与工件之间，与放电电场形成耦合电场。由于荷电液滴与辅助电极极性相同，荷电液滴受到指向中心轴线的附加电场力,雾化液滴群向轴线中心收拢运输至磨削区。如图 6-19 所示，工件加电部件由压铁、压紧永磁铁、绝缘壳体、压紧弹簧、开口插销槽、导线连接环组成。将其靠近工件不加工表面时，压紧永磁铁会与工件产生吸引力压缩压紧弹簧，同时压紧弹簧提供反作用力，保证压铁与工件紧密相连。在压铁上开有开口销插槽，其作用是插入开口销，以保证工件加电部件未与工件吸附时，压铁和压紧弹簧不会从绝缘壳体中脱落。

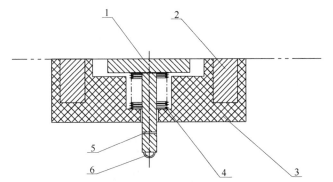

1-压铁；2-压紧永磁铁；3-绝缘壳体；4-压紧弹簧；5-开口插销槽；6-导线连接环

图 6-19　工件加电部件剖视图

6.2.6　磁增强电场下纳米粒子射流可控输运微量润滑磨削装备

如图 6-20 所示，在磨床部分工作台上覆上绝缘板材(这种新型材料可以导磁但不导电，从而既可以保证工件的安装又可以保证喷嘴与工件间形成稳定电场)。将工件放置在绝缘板材上，磨床加磁时夹紧定位工件，将磁力吸盘吸附在砂轮罩的侧面，用来固定纳米流体输送蛇形管、压缩空气输送蛇形管和电极高压导线中的负极导线。纳米流体输送蛇形管一端与进液螺纹管相连，另一端与涡轮流量计相连。压缩空气输送蛇形管一端与注气管相连，另一端与涡轮流量计相连。电极高压导线中的负极导线一端穿过导线通槽，依次与各针状电极尾端相连，另一端与可调高压直流电源的负极输出端相连。电极高压导线中的正极导线一端与导线连接环相连另一端与可调高压直流电源的正极输出端相连接，并进行接地处理。将工件加电装置吸附于工件不加工表面，从而使工件与可调高压直流电源正极接通，电磁铁线圈通过电磁铁导线与电磁铁可调供电电源相连，电磁装置通过固定板固定在喷嘴上。压缩空气和纳米流体在喷嘴内部混合，喷嘴的气路由空气压缩机、过滤器、储气罐、调压阀、节流阀、涡轮流量计依次连接组成。所述喷嘴的液路由纳米流体储液罐、液压泵、调压阀、节流阀、涡轮流量计依次连接组成。由空气压缩机产生的压缩空气经过滤器进入储气罐，再经调压阀和节流阀，流经涡轮流量计进入注气管；液压泵将纳米流体储液罐中的纳米流体抽出，再经调压阀和节流阀，流经涡轮流量计进入进液螺纹管。其中溢流阀和纳米流体回收箱形成保护回路，压力表用来监测储气罐的气压。如图 6-20 所示，工件加电装置由工件加电装置绝缘壳体、压铁、压紧永磁铁、压紧弹簧组成。将其靠近工件不加工表面时，压紧永磁铁会与工件产生吸引力压缩压紧弹簧，同时压紧弹簧提供反作用力，保证压铁与工件紧密相连。压铁尾端设置有导线连接环方便导线连接。

如图 6-21 所示为喷嘴体剖视图，所设计使用的喷嘴为微量润滑雾化喷嘴，由喷

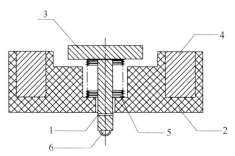

1-开口销插槽；2-工件加电装置绝缘壳体；3-压铁；4-压紧永磁铁；5-压紧弹簧；6-导线连接环

图 6-20　工件加电装置剖视图

嘴左螺母、注气管、密封垫圈、进液螺纹管、进液塞、喷嘴右螺母、喷头和混合腔
体构成。从图中可以看出，喷嘴还包括进液腔、混合腔、加速段和扇形喷嘴出口。
压缩空气和纳米流体分别通过注气管和进液腔进入混合腔进行混合，进液塞为圆盘
形，可根据需要在周围对称分布 4~8 个进液孔，其作用是限制纳米流体进入混合腔
内的量，从而可以使压缩空气和纳米流体在混合腔内有足够的混合空间。压缩空气
与纳米流体在混合腔内充分混合形成亚声速三相(压缩空气、液态润滑基油和固态纳
米粒子)泡状流。泡状流进入加速段后，由于加速段为锥形结构缩小了三相泡状流的
流动空间，从而增大了三相泡状流的压力和流速，并减小了气泡直径。同时三相泡
状流经过加速段时受挤压而失稳，破裂成更小的气泡和液滴，增加了雾滴的数量，
提高了雾化效果。同时三相泡状流经过加速后在扇形喷嘴口以近声速喷出，加大了
射流速度，由于压力突然降到大气压力，气泡会急剧膨胀而爆破形成液体雾化的动
力，同时周围气泡会受到冲击而爆炸并相互冲撞使雾化颗粒变得极其微小。注气管
上开有注气孔，注气孔以相对的两组螺旋线形式分布排列，这更有利于三相泡状流在

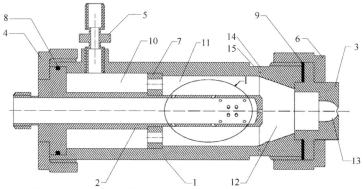

1-混合腔体；2-注气管；3-喷头；4-喷嘴左螺母；5-进液螺纹管；6-喷嘴右螺母；7-进液塞；8、9-密封垫圈；
10-进液腔；11-混合腔；12-加速段；13-扇形喷嘴出口；14-卡槽；15-定位螺纹孔

图 6-21　喷嘴体剖视图

混合腔内充分混合及碰撞，同时注气管轴向沿螺旋线分布的注气孔的中心轴线和喷嘴注气管的中心轴线成 15°～35°倾斜角，这样有利于混合腔内的三相泡状流向加速段推进，在注气管顶端设有轴向注气孔，其作用是进一步使三相泡状流在加速段内加速。卡槽和定位螺纹孔用来连接固定板，定位螺纹孔在卡槽内沿圆周方向阵列多组。扁平扇形喷头内表面通常为半椭球或半球面。在半椭球的顶端开一个 V 形槽，V 形槽两斜面关于喷嘴轴线对称且和半椭圆球相贯形成狭长喷口。这种喷头能产生扇形的均匀扁平射流，这种射流冲击力均匀，冲击范围大，扩散角也可以在较大范围内调整，其清洗能力尤为突出。

如图 6-22 所示，螺杆穿过设置在定板上的通孔和设置在动板上的两个通孔，且螺杆的一端沉入六角沉孔中，螺杆另一端旋有螺母，从而使动板和定板相互连接，且可以相对转动。将滑块螺杆滑入 T 形滑槽内，使滑块螺杆上方的螺杆穿过角度定位环上的弧形滑槽，滑块螺杆上方用螺母旋合。螺杆穿过角度定位环上的通孔旋合在螺纹孔上，调节螺杆使角度定位环可绕其旋转，旋松螺母可使滑块螺杆在 T 形滑槽内滑动，从而调节定板和动板的相对角度，然后旋紧螺杆和螺母紧角度定位环，使动板和定板的角度固定，角度定位环上有刻度，可方便地实现定量角度调整。将永磁铁或电磁铁放入磁盒中，将电极卡盘置于磁盒上方，使螺纹孔和通孔对齐，再用螺杆将磁盒和电极卡盘连接起来，若磁盒内装有电磁铁可将其线圈导线通过电磁铁导线槽引入导线通槽中，电极插槽内塞有橡胶塞(过盈配合)，L 形针状电极插入橡胶塞中(过盈配合)，L 形针状电极尾端延伸至导线通槽，L 形针状电极尾端设置有导线接口。电磁铁线圈导线和电极导线可经导线通槽引入装置外与电源连接。将固定板放置在卡槽中，使通孔与定位螺纹孔对齐并用螺钉连接。以上电磁装置为相对两组设置，将固定板插入定位块上的固定板插口中，利用螺杆插入两组固定板上

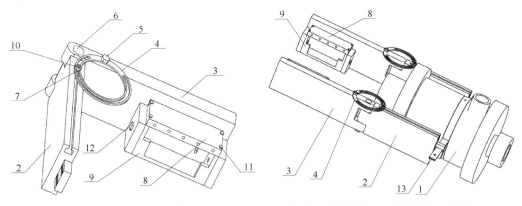

1-喷嘴；2-定板；3-动板；4-角度定位环；5、6、11、12-螺杆；7-滑块螺杆；8-电极卡盘；9-磁盒；
10-螺母；13-固定板

图 6-22　喷嘴和电磁装置装配示意图

的通孔中并用螺母锁紧，实现整体电磁装置的固定。由于定位螺纹孔在卡槽内沿圆周方向阵列多组，并且定板和动板的相对角度可调节，从而实现了喷嘴前方多角度磁场的形成。

6.2.7　磁性纳米粒子射流与磁力工作台耦合油膜形成工艺与装置

磨床磁力工作台上没有安装夹具，工件是通过电磁吸力固定在磨床磁力工作台上的。润滑系统采用的是纳米流体微量润滑系统，纳米流体和压缩空气分别通过纳米流体输送管和压缩空气输送管进入喷嘴中，并在喷嘴中经混合加速后形成三相流喷雾(压缩空气、固体纳米粒子和磨削液基油粒子的混合喷雾)。喷嘴中喷射出的三相流喷雾，会进入工件和砂轮之间的磨削区。其中纳米流体输送管和压缩空气输送管是用磁力固定吸盘，固定在砂轮罩上的。磨床磁力工作台是根据电磁效应原理制成的。在由硅钢片叠成的心体上缠绕线圈，当线圈通电后，由于电磁感应原理，将会形成带有磁性的电磁铁。磁力线经过心体、盖板、工件，再经由盖板、吸盘体、心体而闭合，工件被吸住。绝磁层由铝、铜或巴氏合金等非磁性材料制成，绝磁层将盖板隔成一些小块。绝磁层使绝大部分磁力线都能通过工件回到吸盘体，而不致通过盖板回去，以构成完整的磁路。当增大线圈的电流时磁场强度就会增大，而且可以看出磁力线是通过工件闭合的，所以工件是带有磁性的。

微量润滑是近些年形成的，并逐渐被人们认知并使用的润滑技术。微量润滑磨削加工就是利用压缩空气与微量的磨削液混合，通过雾化喷嘴雾化后喷射到磨削区的冷却润滑方式。微量润滑加工模式能够最大限度地降低磨削液的使用，从而有效减小磨削液对环境和人体健康的影响，是一种无污染、环境友好型的绿色制造技术。但微量润滑常常伴有加工表面质量不理想，甚至烧伤的情况。为此一些学者根据强化换热理论，在磨削液中加入了纳米粒子，这就出现了纳米微量润滑，这种润滑方式虽然很大程度上解决了上述问题。但在磨削加工中，去除单位材料体积所消耗的能量远大于其他切削加工方法，在磨削区产生大量的热。过高的磨削区温度，不但会影响加工表面的质量和砂轮的使用寿命，而且会对润滑液的性能产生影响。

当温度升高时，磨削液的黏度会降低，从而影响了磨削液在加工表面的成形能力，降低了润滑油膜的厚度和承载能力。由于磨削液的黏度降低流动性增强，当砂轮与工件表面接触，就极易造成油膜的破损。油膜破损后，砂轮会与工件表面形成直接接触摩擦，从而使磨削区的温度急剧升高，这对磨削加工是非常不利的，并且会形成高温—磨削液黏度降低—进一步升温—黏度进一步降低的恶性循环。

为了解决纳米微量润滑的上述问题，本案例提出在磨削液中添加磁性纳米粒子(可以导磁，在外加磁场作用下表现出磁性的纳米粒子)，形成微观磁流体，并与磨床的磁力工作台进行耦合，在加工表面形成具有良好润滑散热性能的油膜的技术方法。

随着纳米材料的发展，现在用于科研的磁性纳米粒子种类很多，有 γ-Fe_2O_3 纳米粒子、Fe_3O_4 纳米粒子、Fe_3N_4 纳米粒子、Fe-Co 纳米粒子、Ni-Fe 纳米粒子和 $MnZnFe_2O_4$ 纳米粒子等。

磁性纳米流体(磁性纳米粒子按一定配比与磨削基液的混合溶液)流经液路进入喷嘴，同时压缩气体流经气路进入喷嘴。磁性纳米流体与压缩空气在喷嘴内经混合加速后喷出。根据经验喷嘴与工件距离 d 为 $10\sim25$cm，喷嘴角度 α 为 $15°\sim45°$。喷嘴的喷射流量为 $2.5\sim3.2$mL/min，压缩空气的压力为 $4.0\sim6.5$bar。纳米粒子粒径 $\leqslant100$nm，其体积分数 $1\%\sim30\%$。

已知磨床磁力工作台的平均吸力 F 为 10kg/cm²，最小吸力为 7kg/cm²且最大吸力为 13kg/cm²。盖板和吸盘体的材料为 10 号钢，线圈材料为铜丝直径 1.56mm，线圈外绝缘材料约为 1mm，线圈在槽内与周围的距离为 $2\sim4$mm。

根据磁路欧姆定律可知

$$I_\omega = Hl \tag{6-1}$$

式中，I_ω 为磁势(安匝)是电流 I 与匝数 ω 的乘积；H 为磁场度(A/cm²)；l 为磁路长度。又有公式 $B = \mu H \times 10^8$，其中 B 为磁感应强度(Gs)；μ 为导磁系数(H/cm)。再根据麦克斯韦定律知

$$F = \frac{B^2 S}{2\mu_0} \tag{6-2}$$

式中，F 为电磁吸力(J/cm)；B 为磁感应强度(W/cm²)；S 为磁极表面总面积(cm²)；μ_0 空气磁导系数(1.25×10^{-8}H/cm)，当 F 为千克重力时 B 的单位为 Gs，$S=1$ 代入则导出 $F = \left(\dfrac{B}{5000}\right)^2$。

综上可以导出 $F = \left(\dfrac{\mu \dfrac{I_\omega}{l} \times 10^8}{5000}\right)^2$，从该式中可以看出电流与工作台吸力的关系，随着电流的增大工作台吸力增大。

当考虑磁路气隙时，使用修改公式计算

$$B = \sqrt{(1+a\delta)F} \times 5000 \tag{6-3}$$

式中，δ 为气隙长度(cm)；a 为修整系数($3\sim5$)。假设工件与工作台气隙为 $\delta_\perp=0.015$cm，$\delta_下=0.015$cm，则总气隙长度为 $\delta=2\delta_\perp+2\delta_下=0.06$cm。$B$ 为工作台表面的平均磁感应强度。在工作台表面加装工件后，工件表面的磁感应强度急剧下降，因为工件材料和尺寸的多样化，工件表面磁感应强度不易计算，可以用高斯表在表面测量，其范围在 $0.15\sim140$mT。

　　综上所述可以发现，通过调节电流的大小来控制工件表面磁感应强度的大小，这对于在外加磁场作用下的磁性纳米粒子射流是必不可少的。

　　当喷嘴将三相流喷雾喷在磨削区工件表面上时，由于工件表面上存在磁场，在磁场作用下磁性纳米粒子将沿磁力线运动，这种运动会使悬浮粒子流动阻力加大，从而表现为黏度的增加，呈现了非牛顿特性。造成这种黏度增大现象的原因是，固相粒子和基液的摩擦。在外加磁场中磁性粒子受到磁力矩和黏度力矩的作用。研究发现外加磁场强度的增大会使磁性润滑膜的黏度增大，当增大磁性纳米粒子的质量分数时磁性润滑膜的黏度也会增大。

　　磨削液黏度的增加，会在很大程度上影响磨削液的成膜能力、成膜形态、油膜厚度和油膜的承载能力。

　　使用一般的纳米微量润滑和在外加磁场作用下的磁性纳米粒子润滑所形成的油膜如图 6-23 所示。在外加磁场作用下的磁性纳米粒子润滑形成的油膜，较一般的纳米微量润滑油膜厚，而且磁性纳米粒子更加容易在加工表面富集(当磁性纳米粒子含量高时可以在工件表面形成磁链)，故而吸附在加工表面的纳米粒子数量明显较一般纳米微量润滑中的纳米粒子多。并且这些磁性纳米粒子直接吸附于工件表面，在外加磁场的作用下使得其吸附十分牢固。从而当砂轮和加工表面进行摩擦时，在外加磁场作用下的磁性纳米粒子润滑更易产生坚韧的物理吸附膜，而且由于在这层吸附膜中纳米粒子含量相对较高，所以具有更高的强度和散热能力。

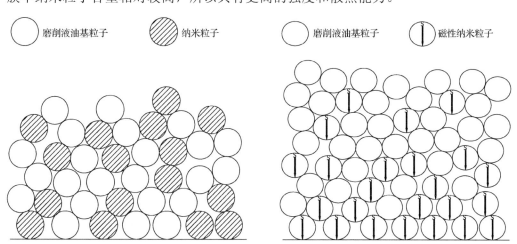

图 6-23　一般纳米粒子润滑所形成油膜示意图和外加磁场下磁性纳米粒子润滑所形成油膜示意图

　　经上述分析可以发现，在外加磁场作用下的磁性纳米粒子微量润滑不但具备一般纳米粒子微量润滑的所有优点，而且进一步增加了油膜的厚度、硬度和散热能力。除此之外，这种润滑方式可以很好地捕捉到纳米粒子，在外加磁场的作用下磁性磨削液固定到砂轮和加工表面之间，不会在切向力的作用下发生严重的流失，这样就可以避免润滑油在摩擦系统中的流失。同时有效控制了磁性喷雾的飘散,大大降低了工作环境中悬浮微粒的含量,这对于操作人员的健康和环境的保护都是非常有利的。

由于磁性纳米粒子粒径非常小,所以没有磁畴壁,具有高饱和磁化强度,本证矫顽力为零,具有超顺磁性。加工过程中存在外加磁场时会立即显示磁性,吸附于工件表面形成油膜,被砂轮磨削后吸附在工作台不会飘散。当加工完毕工作台退磁后,其磁性立即消失,这非常有利于工件和工作台的清理工作。

6.2.8　电卡内冷却砂轮与静电技术耦合的微量润滑磨削设备

如图 6-24 所示,电卡砂轮是将电卡材料制成纳米或者微米级的粉末,将其添加在砂轮的结合剂中,其中所添加的电卡材料粉末的量以不影响砂轮的整体组织及结构为标准,目的是维持电卡砂轮在磨削过程中的整体性能;其通过与电刷底座连接的带有 Sn/Ag 电极的电刷施加外加电场;电刷通过高压导线与电源信号转换装置和电源发生装置连接,提供电压;电刷底座通过电刷固定螺栓固定在砂轮罩上,其中电刷的正极和负极分别于电卡砂轮两侧表面与电刷铂片接触。静电雾化喷嘴以及磁增强静电中和清洗喷嘴与压缩空气输送蛇形管和纳米流体输送蛇形管连接,压缩空气输送蛇形管和纳米流体输送蛇形管通过输送蛇形管固定装置固定;静电雾化喷嘴以及磁增强静电中和清洗喷嘴中的静电雾化装置和静电中和装置分别与高压导线连接,再与电源信号转换装置和电源发生装置连接。

油雾沉积装置是由磁性固定杆、可移动夹具、固定旋钮、连接杆、固定螺钉和油雾沉积罩组成的;其重要部件的结构分别为可移动夹具、连接杆、油雾沉积罩;磁性固定杆固定在磁性工作台上,连接杆通过可移动夹具与磁性固定杆连接,连接杆与连接杆连接,油雾沉积罩与连接杆连接;连接杆的上下位置、转动角度可通过移动夹具进行调节,调节完成后由固定旋钮进行紧固;连接杆可以自由调节转动角度,后由固定旋钮紧固;油雾沉积罩调节后的转动角度由固定螺钉紧固;通过各个连接枢纽可以调节油雾沉积罩的角度及上下位置,以达到最好的油雾荷电效果。

图 6-25 为油雾沉积罩,其上设有沉积电极板接电源的正极并接地,沉积电极板倾斜放置以便使吸附的油雾在重力作用下沿倾斜斜面顺利流到导流槽中,方便回收处理。其工作原理为:在磨削区产生的油雾大致可以分为三种,第一种是具有很大动量的油雾,在经过油雾荷电电极的荷电后撞击到沉积电极板上,其中一部分被吸附,另一部分发生反弹,这一部分在重力和电场力的作用下发生沉积被吸附在磁性工作台上;第二种是动量较大的油雾,这种油雾经过油雾荷电电极撞击到沉积电极板后被全部吸附,随着沉积电极板油雾的不断增多,油雾液滴会沿着沉积电极板

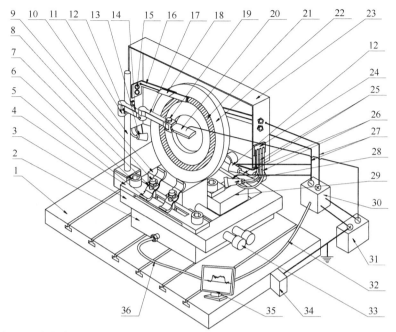

1-磁性工作台；2-压力传感器；3-夹具；4-平板；5-压板；6-平板螺栓；7-圆柱垫片；8-压板螺栓；9-工件；
10-磁性固定杆；11-可移动夹具；12-固定旋钮；13-磁增强静电中和清洗喷嘴；14-连接杆；15-电刷固定螺栓；
16-电刷底座；17-连接杆；18-电刷；19-固定螺钉；20-油雾沉积罩；21-电刷铂片；22-电卡砂轮；23-砂轮罩；
24-输送蛇形管固定装置；25-压缩空气输送蛇形管；26-纳米流体输送蛇形管；27-高压导线；
28-静电雾化喷嘴；29-定位块；30-电源信号转换装置；31-电源发生装置；32-电源信号控制输出线；
33-定位螺栓；34-加电装置；35-磨削力控制系统；36-压力传感器信号输出线

图 6-24　电卡内冷却砂轮与静电技术耦合的微量润滑磨削设备

顺流而下，进入导流槽中从而被回收；第三种是动量很小的油雾，在其飘散到油雾沉积罩前速度减为零，经过油雾荷电电极的荷电后，在重力和电场力作用下沉积到磁性工作台上。

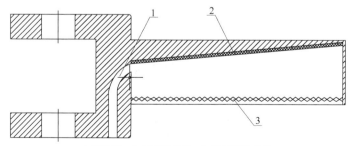

1-导流槽；2-沉积电极板；3-油雾荷电电极

图 6-25　油雾沉积罩

　　图 6-26 为磁增强静电中和清洗喷嘴剖视图,磁增强静电中和清洗喷嘴主要由四部分组成,即混合腔体、注气管、进液管和喷头体。其中,注气管连接着压缩空气输送蛇形管,通过密封垫圈与混合腔体连接,压缩空气经过出气孔进入加速段;混合腔体左端攻有螺纹,喷嘴螺母将注气管和混合腔体固定;进液管连接着纳米流体输送蛇形管,通过螺纹与混合腔体连接。气液分离塞将气液混合腔和进液腔,加速段设计为锥形结构缩小了气体和液体的流动空间,从而增大了它们的压力和流速,混合液经过加速段后由扇形喷嘴喷出。定位螺纹孔使磁增强静电中和清洗喷嘴定位;喷头体通过螺纹与混合腔体连接。为了更好地密封磁增强静电和清洗喷嘴,分别在注气管和混合腔体之间,混合腔体和喷头体之间放置密封垫圈;喷头体由静电中和装置和磁场形成装置组成,静电中和装置由圆形橡胶圈和圆形电极盘组成,圆形电极盘通过圆形电极盘导线孔与高压导线连接;磁场形成装置由定位卡盘和磁铁组成,磁铁由定位卡盘进行定位,定位卡盘通过定位通孔和固定螺纹孔由螺栓固定;在定位卡盘上设置有磁体挡板用来限制磁铁,定位卡盘通过定位通孔与喷头体固定;

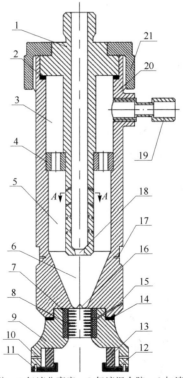

1-注气管;2、14-密封垫圈;3-进液腔;4-气液分离塞;5-气液混合腔;6-加速段;7-圆形橡胶圈;8-圆形电极盘;
9-喷头体;10-电磁铁导线通道;11-固定螺纹孔;12-定位卡盘;13-磁铁;15-圆形电极盘导线孔;
16-扇形喷头;17-定位螺纹孔;18-出气孔;19-进液管;20-混合腔体;21-喷嘴螺母

图 6-26　磁增强静电中和清洗喷嘴剖视图

所述磁铁可以为永磁铁也可以为电磁铁，若为电磁铁其导线经由电磁铁导线通道接出。磁增强静电中和清洗喷嘴分别放置在电卡砂轮的两侧，磨削工件过程中，堵塞在电卡砂轮磨削表面的磨屑无法确定其带有何种电荷，因此第一种实施例为将磁增强静电中和清洗喷嘴放置在电卡砂轮的任意一侧，静电中和装置接正电或者负电（根据实际需要），目的是为纳米流体荷上与堵塞物电极极性相反的电荷；第二种实施例为将两个磁增强静电中和清洗喷嘴分别放置在电卡砂轮的两侧，其中一个接正电，另一个接负电，目的是不管堵塞物带有何种电荷，两个磁增强静电中和清洗喷嘴都能够使堵塞物的电荷得到中和，从而更加容易将堵塞物冲洗掉，起到修锐砂轮的作用。

如图 6-27 所示，注气管从内部气体通道向外部设有多条通道，拓展了气体的出口，加速液体与气体的混合。图 6-27 所示为圆形橡胶圈和圆形电极盘的结构，圆形电极盘包含有多条相对的电极。

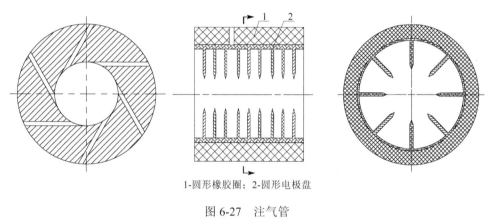

1-圆形橡胶圈；2-圆形电极盘

图 6-27 注气管

参 考 文 献

[1] KHAN M M A, MITHU M A H, DHAR N R. Effects of minimum quantity lubrication on turning AISI 9310 alloy steel using vegetable oil-based cutting fluid[J]. Journal of Materials Processing Technology, 2009, 209(15): 5573-5583.

[2] SADEGHI M H, HADDAD M J, TAWAKOLI T, et al. Minimal quantity lubrication(MQL) in grinding of Ti-6Al-4V titanium alloy[J]. International Journal of Advanced Manufacturing Technology, 2009, 44(5-6): 487-500.

[3] TAWAKOLI T, HADAD M, SADEGHI M H, et al. Minimum quantity lubrication in grinding: Effects of abrasive and coolant-lubricant types[J]. Journal of Cleaner Production, 2011, 19(17): 2088-2099.

[4]　BARCZAK L M, BATAKO A D L, MORGAN M N. A study of plane surface grinding under minimum quantity lubrication（MQL）conditions[J]. International Journal of Machine Tools and Manufacture, 2010, 50（11）: 977-985.

[5]　DAVIM J P, SREEJITH P S, GOMES R, et al. Experimental studies on drilling of aluminium （AA1050） under dry, minimum quantity of lubricant, and flood-lubricated conditions[J]. Proceedings of the Institution of Mechanical Engineers（Part B）: Journal of Engineering Manufacture, 2006, 220（10）: 1605-1611.

[6]　ZHANG Y, LI C, YANG M, et al. Experimental evaluation of cooling performance by friction coefficient and specific friction energy in nanofluid minimum quantity lubrication grinding with different types of vegetable oil[J]. Journal of Cleaner Production, 2016, 139: 685-705.

[7]　LI B K, LI C H, ZHANG Y B, et al. Heat transfer performance of MQL grinding with different nanofluids for Ni-based alloys using vegetable oil[J]. Journal of Cleaner Production, 2017: 154, 1-11.

[8]　GUO S M, LI C H, ZHANG Y B, et al. Experimental evaluation of the lubrication performance of mixtures of castor oil with other vegetable oils in MQL grinding of nickel-based alloy[J]. Journal of Cleaner Production, 2017, 140（3）: 1060-1076.

[9]　WANG Y G, LI C H, ZHANG Y B, et al. Experimental evaluation on tribological performance of the wheel/workpiece interface in MQL grinding with different concentrations of Al_2O_3 nanofluids[J]. Journal of Cleaner Production, 2016, 142: 3571-3583.

[10]　ZHANG X P, LI C H, ZHANG Y B, et al. Performances of Al_2O_3/SiC hybrid nanofluids in minimum quantity lubrication grinding[J]. The International Journal of Advanced Manufacturing Technology, 2016, 86（9-12）: 1-15.

[11]　李长河, 王胜, 张强. 纳米粒子射流微量润滑磨削润滑剂供给系统: 201210153801.2[P]. 2014-03-12.

[12]　李长河, 韩振鲁, 李晶尧, 等. 纳米粒子射流微量润滑磨削三相流供给系统: 201110221543.2[P]. 2014-03-12.

[14]　李长河, 贾东洲, 张东坤, 等. 磁增强电场下纳米粒子射流可控输运微量润滑磨削装备: 201310634991.4, 2015-09-23.

[15]　李艳秋, 尚永红, 刘少波, 等. 一种微制冷器及其制冷方法: 200410009666.X[P]. 2012-02-01.

[16]　杨同青, 王瑾菲, 等. 微型制冷器: 201320028572.1[P]. 2017-03-08.

[17]　赫青山, 傅玉灿, 陈佳佳, 等. 难加工材料干磨削用热管砂轮及制作方法: 201310059826.0[P]. 2015-07-01.

[18]　傅玉灿, 朱延斌, 陈佳佳, 等. 成型磨削用热管砂轮及安装方法: 201410707834.6[P]. 2016-05-04.

[19]　熊伟强, 熊伟东, 龚宇兰, 等. 一种内冷车刀: 200920061889.9[P]. 2010-05-12.

[20] 熊伟强, 罗金龙, 等. 一种具有供液结构的内冷车刀: 201320113044.6[P]. 2013-08-28.

[21] 贾东洲, 李长河, 王胜, 等. 纳米流体静电雾化可控射流微量润滑磨削系统: 201320061299.2[P]. 2013-07-10.

[22] 李长河, 韩振鲁, 李晶尧, 等. 纳米粒子射流微量润滑磨削三相流供给系统: 201110221543.2[P]. 2014-03-12.

[23] 李长河, 贾东洲, 张东坤, 等. 磁增强电场下纳米粒子射流可控输运微量润滑磨削装备: 201310634991.4[P]. 2014-03-05.

[24] 杨恩龙, 朱文斌, 史晶晶, 等. 装有圆锥形辅助电极的多喷头静电纺丝装置: 201110124305.X[P]. 2011-09-14.

[25] 李舟, 石波璟. 一种具有辅助电极的静电纺丝系统和静电纺丝方法: 201310488427.6[P]. 2016-07-06.

[26] 李长河, 贾东洲, 王胜, 等. 纳米流体静电雾化可控射流微量润滑磨削系统: 201310042095.9[P]. 2015-09-09.

[27] 李长河, 王胜, 张强, 等. 纳米粒子射流微量润滑磨削表面粗糙度预测方法和装置: 201210490401.0[P]. 2013-03-06.

[28] 李本凯, 李长河, 王要刚, 等. 纳米流体静电雾化与电卡热管集成的微量润滑磨削装置: 201510312119.7[P]. 2017-09-12.

[29] 王要刚, 李长河, 张彦彬, 等. 一种声发射和测力仪集成的砂轮堵塞检测清洗装置及方法: 201510603700.4[P]. 2015-12-02.

第7章 超声波振动辅助磨削的纳米流体微量润滑案例库设计

7.1 概　述

科技的发展对硬脆性材料、难加工材料以及新型先进材料的需求日益增多，对关键零件的加工效率、加工质量以及加工精度提出了更高的要求，传统的磨削方法因不可避免地产生较大的磨削力和磨削热，引起工件表面/亚表面损伤以及砂轮寿命低等一系列问题。尤其在精密与超精密加工领域，这些加工缺陷的存在严重影响着零件加工精度及加工效率的提高。因此，在磨削过程中降低磨削力和磨削热，以及提高磨削质量和效率是十分必要的。

纳米流体微量润滑磨削加工继承了微量润滑磨削加工的所有优点，又解决了微量润滑磨削的换热问题，是一种绿色环保、高效低耗的磨削加工技术[1-3]。基于固体换热能力大于液体，液体换热能力大于气体的强化换热理论，将一定量的纳米级固体颗粒加入可降解的微量润滑油中生成纳米流体，通过高压空气将纳米流体进行雾化，并以射流的方式送入磨削区。高压空气主要起冷却、除屑和输送流体的作用；微量润滑油主要起润滑作用；纳米粒子增加了磨削区流体的换热能力，起到了冷却作用，同时，纳米粒子具有良好的抗磨减摩性能和高的承载能力，进一步提高了磨削区的润滑效果，使工件表面质量和烧伤现象得到显著改善，提高了砂轮的使用寿命，改善了工作环境[4-6]。虽然纳米流体微量润滑有很好的冷却润滑效果，但是与浇注式润滑方式相比较，纳米流体很难对工作中的磨粒形成全方位的润滑，具体来说，纳米流体很难进入磨粒与工件之间的间隙以及磨粒与磨屑之间的间隙，而产生大量磨削热，导致在工件表面产生严重的表面烧伤，加剧磨屑对磨粒的黏附和砂轮的堵塞。

超声波振动是通过超声波发生器将220V或380V的交流电转换成功率为300W和频率为16kHz以上的超声频电振荡信号，再将电信号加到换能器上，使其产生同频率的机械振动，此振动通过调幅器将振幅放大，最终在工具端部产生足够大的机械振动幅值。超声波发生器主要由振荡器、电压放大器、功率放大器和输出变压器等组成。其中，振荡器是超声频发生器的核心。根据超声波加工的需要，超声波发生器的输出波形可以是正弦波或非正弦波，但以正弦波最为多见。超声换能器是在超声频率范围内将交变的电信号转换成声信号，或者将外界声场中的声信号转换为电信号的能量转换器件，常用的换能器有磁滞换能器和压电换能器。超声调幅器是超声系统的重要组成部件，它用来将换能器传来的由电能转换成的机械能传递给被加工工件，是功率超声振幅的机械放大级，用以提高超声加工功效。在磨削加工中，工件材料塑性变形的过程、已加工表面的变形大小及砂轮的磨损程度等都与磨削过程中磨粒与工件接触表面相互作用的条件有关，即与它们所处的时间和空间条件有关。当给工艺系统加上超声波振动以后，磨粒与工件各接触表面的相互作用条件都与普通磨削有很大区别[7-9]。小振幅的高频振动虽然对工件表面尺寸和形状不会有什么影响，但却使磨粒摩擦和磨损条件产生很大变化，使磨粒与工件接触表面产生附加的往复运动，从而使磨粒与工件接触表面产生周期性的分离，磨削液可以更好地进入砂轮与工件界面的摩擦区，减小磨削力及磨削热的产生，也可以减小磨屑流出的阻力，实现高效清洁磨削区磨屑的作用。而且超声波振动促使磨粒产生断续切削作用，冲击载荷促使工件材料更容易卷积，在切削区生成较多的微观裂纹扩展促使磨削力和摩擦系数减小。磨削过程中材料的塑性变形主要发生在滑擦和耕犁作用阶段，由于超声波振动磨削是一种脉冲式的断续磨削，促使滑擦和耕犁比例相对减小，从而比磨削能减小，表面热损伤也显著降低[10-13]。

7.2 超声波振动辅助磨削的纳米流体微量润滑案例库

7.2.1 超声振动辅助磨削液微通道浸润的纳米流体微量润滑磨削装置

图 7-1 所示为超声振动辅助磨削液微通道浸润的纳米流体微量润滑磨削装置示意图，圆弧轨道底座由四个测力仪连接螺栓固定在测力仪上表面，可调转动体与圆弧轨道底座由 T 形连接固定导轨；垂直于砂轮和工件接触弧长切线方向的换能器由可调转动体上平面的圆形槽提供轴向和径向固定，垂直于砂轮和工件接触弧长切线方向的变幅杆与超声波工具头直接通过螺柱连接固定；超声波振子支架通过两个超声波振子支架螺钉连接固定在可调转动体上；超声波振子支架和超声波振子支架卡盖对超声波振子的安装固定，轴向由超声波振子支架卡盖螺栓和超声波振子支架卡盖螺母固定，径向利用超声波振子支架卡盖固定夹紧；平行于砂轮和工件接触弧长切线方向的变幅杆与超声波工具头直接通过螺柱连接固定；超声波工具头与可转动工件固定台由可转动工件固定台调节螺钉和紧定螺钉固定；工件夹具通过三个呈 L 形排列的夹具螺钉固定在可转动工件固定台上。

如图 7-2 所示，蜗杆轴由两个深沟球轴承支承固定在圆弧轨道底座上，蜗杆轴一端有键槽，用于安装固定减速蜗轮；固定支承蜗杆轴两个深沟球轴承的轴向固定方式采用两端固定安装，安装有减速蜗轮一端的深沟球轴承外圈由圆弧轨道底座上轴承座部分给予固定，内圈由蜗杆轴轴肩固定；另一个深沟球轴承外圈由轴承端盖

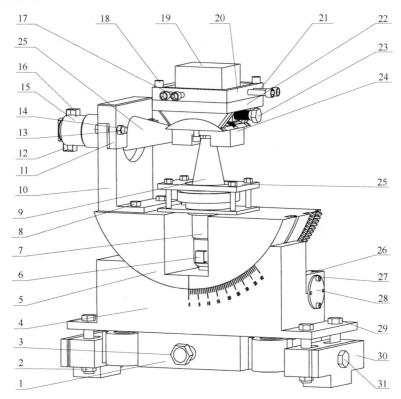

1-测力仪；2-测力仪连接螺母；3-测力仪输出连接螺母；4-圆弧轨道底座；5-可调转动体；
6-垂直于砂轮和工件接触弧长切线方向的负极铜片；7-垂直于砂轮和工件接触弧长切线方向的换能器；
8-超声波振子支架固定螺钉；9-垂直于砂轮和工件接触弧长切线方向的变幅杆；10-超声波振子支架；
11-超声波振子支架卡盖；12-平行于砂轮和工件接触弧长切线方向的负极铜片；13-超声波振子支架卡盖螺栓；
14-超声波振子支架卡盖螺母；15-平行于砂轮和工件接触弧长切线方向的换能器；
16-平行于砂轮和工件接触弧长切线方向的正极铜片；17-工件轴向定位螺钉；18-工件夹具固定螺钉；
19-工件；20-工件夹具；21-工件切向定位螺钉；22-可转动工件固定台；23-可转动工件固定台调节螺钉；
24-超声波工具头；25-平行于砂轮和工件接触弧长切线方向的变幅杆；26-轴承上盖；27-轴承端盖螺钉；
28-轴承端盖；29-测力仪连接螺栓；30-测力仪垫块；31-测力仪垫块固定螺钉

图 7-1　基于超声振动辅助磨削液微通道浸润的纳米流体微量润滑磨削装置示意图

固定，内圈由蜗杆轴轴肩固定。固定支承减速蜗轮的两个深沟球轴承也采用两端固定安装方式，一个轴承安装在圆弧轨道底座的圆形槽内，另一个安装在轴承座内，轴承座直接由螺钉固定在圆弧轨道底座上。

　　通过控制超声波发生器输出垂直于砂轮与工件接触弧长中点切线方向超声波信号，产生垂直于砂轮与工件接触弧长中点切线方向的超声振动，平行于砂轮与工件接触弧长中点切线方向的超声波振子不工作，根据不同垂直进给量，垂直于砂轮与工件接触弧长中点切线方向的角度也不同，通过转动调节手柄，使可调转动体转动一个角度，此角度为砂轮与工件接触弧长中点与砂轮圆心连线和垂直于水平面的夹角 α，如图 7-3 所示。

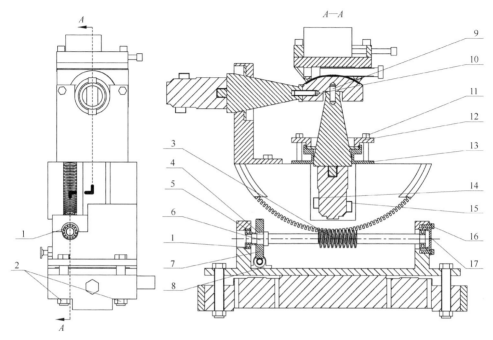

1-深沟球轴承；2-测力仪连接螺母；3-蜗杆轴；4-平键；5-套杯；6-蜗杆轴；7-减速蜗轮；8-轴承座；
9-垂直于砂轮和工件接触弧长切线方向的变幅杆连接螺柱；10-平行于砂轮和工件接触弧长切线方向的变幅杆连接螺柱；
11-超声波振子压盖固定螺钉；12-超声波振子压盖；13-超声波振子固定座；14-垂直于砂轮和工件接触弧长切线方向
的负极铜片；15-垂直于砂轮和工件接触弧长切线方向的正极铜片；16-轴承端盖螺钉；17-轴承端盖

图 7-2　超声振动装置左视图和剖视图

α 的计算过程如下。

由

$$\cos(2\alpha) = \frac{d_s / 2 - a_p}{d_s / 2} \qquad (7\text{-}1)$$

得

$$\alpha = \frac{1}{2}\arccos\left(\frac{d_s - 2a_p}{d_s}\right) \qquad (7\text{-}2)$$

式中，d_s 为砂轮直径，取 $d_s = 300\text{mm}$；a_p 为垂直进给量，取 $a_p = 10\text{mm}$；解得 $\alpha = 10.5°$。

如图 7-4 所示，垂直于砂轮与工件接触弧长中点切线方向和平行于砂轮与工件接触弧长中点切线方向组合的超声振动辅助纳

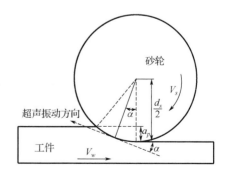

图 7-3　超声振动方向角度计算示意图

米流体微量润滑磨削砂轮磨粒与工件相对运动轨迹，为仿研磨运动轨迹；这种相对运动轨迹也是通过超声波发生器中的相位调整环节产生的，当相位差为 π/2 时，垂直于砂轮与工件接触弧长中点切线方向和平行于砂轮与工件接触弧长中点切线方向超声振动耦合，使砂轮磨粒与工件形成椭圆形相对运动轨迹，加以磁力工作台的进给方向，形成仿研磨的运动轨迹。

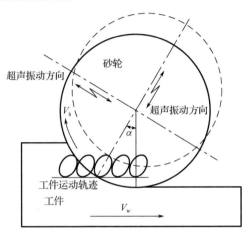

图 7-4　平行和垂直于砂轮与工件接触弧长中点切线方向的
超声振动辅助磨削的砂轮与工件相对运动示意图

　　通过控制超声波发生器输出两个方向超声波信号，产生垂直和平行于砂轮与工件接触弧长中点切线方向的超声振动，从而产生砂轮磨粒与工件的相对运动轨迹，可改变磨屑的最大未变形切削厚度和磨屑的平均厚度，提高了材料去除率，为微通道浸润提供良好的条件，使纳米流体对砂轮和工件浸润更加充分，因此大大提高了冷却润滑效果和纳米流体利用率。通过控制超声波发生器仅输出平行于砂轮与工件接触弧长中点切线方向超声波信号，产生平行于砂轮与工件接触弧长中点切线方向的超声振动，垂直于砂轮与工件接触弧长中点切线方向的超声波振子不工作。此方向的超声振动可通过增加砂轮与工件的作用面积即增加磨削弧长，以实现增加单位时间参与切削的磨粒数量，这样提高了材料去除率，同时也在不增加宏观磨削作用力的条件下提高磨粒的磨削能力。两种相对运动轨迹分别为仿研磨运动轨迹和仿珩磨运动轨迹通过超声波发生器中的相位调整环节产生，当相位差为 π/2 时，切向超声振动与轴向超声振动耦合，使砂轮磨粒与工件形成椭圆形相对运动轨迹，加以磁力工作台的进给方向，形成仿研磨的运动轨迹；当相位差为 0 和 π 时，切向超声振动与轴向超声振动耦合，使砂轮磨粒与工件形成两组直线相互交叉的相对运动轨迹，加以磁力工作台的进给方向，形成仿珩磨的运动轨迹。

7.2.2　多角度二维超声波振动辅助纳米流体微量润滑磨削装置

图 7-5 所示为多角度二维超声波振动辅助纳米流体微量润滑磨削装置示意图，切向支架和轴向可调支架分别通过切向支架定位螺钉和轴向可调支架定位螺栓及轴向可调支架定位螺帽定位夹紧在固定板上；切向支架凸台作为轴向可调支架的旋转中心，为了实现准确定位，轴向可调支架底部与切向支架凸台配合部分设有刻度盘；切向支架凸台上设有三个沿圆周成 120° 角排列的螺纹孔，通过三个千斤顶定位螺钉将油压千斤顶壳体和切向支架进行定位连接；切向变幅杆和轴向变幅杆分别通过切向支架盖和轴向可调支架盖固定在切向支架和轴向可调支架上；切向变幅杆与滑轨支撑座通过球形万向节连接，且万向节球芯与滑轨支撑座通过螺纹连接，万向节球壳与切向变幅杆通过螺纹连接，万向节球壳外层设有螺纹与万向节球芯通过万向节螺母连接；工件夹具通过三个呈 L 形排列的夹具螺钉固定在滑轨支撑座上。

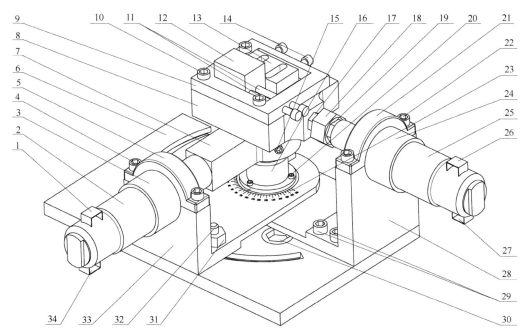

1-轴向负极铜片；2-轴向换能器；3-轴向变幅杆；4-轴向可调支架盖螺钉；5-轴向可调支架盖；6-固定板；
7-轴向支座；8-滑轨支撑座；9-工件夹具；10-夹具螺钉；11-工件切向定位螺钉；12-工件；13-工件定位挡块；
14-工件轴向定位螺钉；15-定位螺钉；16-油压千斤顶壳体；17-万向节球芯；18-万向节螺母；19-万向节球壳；
20-千斤顶定位螺钉；21-切向支架盖；22-切向支架盖螺钉；23-刻度盘；24-切向变幅杆；25-切向换能器；
26-切向正极铜片；27-切向负极铜片；28-切向支架；29-切向支架定位螺钉；30-固定板定位螺钉；
31-轴向可调支架定位螺帽；32-轴向可调支架定位螺栓；33-轴向可调支架；34-轴向正极铜片

图 7-5　多角度二维超声波振动辅助纳米流体微量润滑磨削装置示意图

　　如图 7-6 所示，装夹在固定板上的切向超声波振子与轴向超声波振子的夹角成 90°，为了提高整个超声波系统的稳定性，在滑块下方安装油压千斤顶，油压千斤顶通过千斤顶滚珠与 T 形滑块底面接触，可起支撑作用并提高稳定性，还可以有效降低 T 形滑块底面与油压千斤顶摩擦所消耗的能量；固定板上开有滑槽，用于约束轴向可调支架的运动轨迹，轴向可调支架定位螺栓安装在滑槽中，在方便调节轴向可调支架的同时，用于将轴向可调支架固定在固定板上；T 形滑块通过上顶面和两侧各设有的滑块滚珠与滑轨支撑座形成过盈配合，采用这种排布方式一方面是为最大限度地减小滑轨支撑座与 T 形滑块之间的摩擦，另一方面可以保证滑轨支撑座的稳定性，采用过盈配合是为了避免引起局部冲击，使 T 形滑块与滑轨支撑座产生冲击损伤。

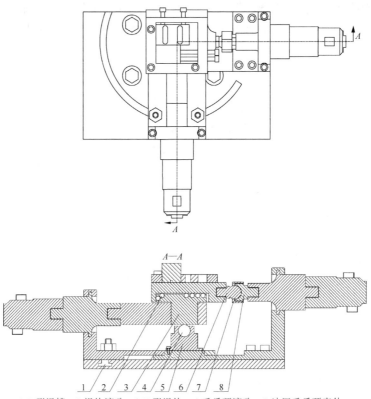

1-T 形滑槽；2-滑块滚珠；3-T 形滑块；4-千斤顶滚珠；5-油压千斤顶壳体；
6-万向节球芯；7-万向节螺母；8-万向节球壳

图 7-6　多角度二维超声波振动辅助纳米流体微量润滑磨削装置俯视图和旋转剖视图

　　如图 7-7 所示，切向超声波振子与切向支架的装夹方式，通过切向支架盖将切向超声波振子固定在切向支架上，通过两个切向支架盖螺钉将切向支架盖与切向支架固定；同时，切向变幅杆切向支架设有轴肩与切向支架上开的轴肩卡槽配合固定；轴向超声波振子和轴向可调支架切向支架的装夹方式与切向超声波振子和切向支架的装夹方式相同。

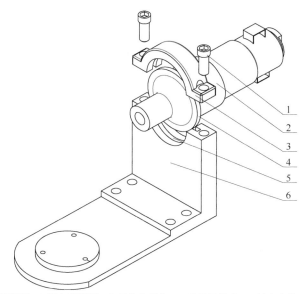

1-切向支架盖螺钉；2-切向变幅杆；3-切向支架盖；4-变幅杆轴肩；5-轴肩卡槽；6-切向支架

图 7-7　切向超声波振子与切向支架装夹定位示意图

7.2.3　超声波振动辅助磨削的纳米流体微量润滑实验系统及方法

　　如图 7-8 和图 7-9 所示，切向支架和轴向可调支架直接置于磁力工作台上；切向支架和轴向可调支架的底部与底座下配合的面都呈圆弧形，且半径与底板半径相同，以此可约束轴向可调支架的运动轨迹；底座下、底座中和底座上用四个底座连接螺钉连接，其中底座上的螺纹孔开有沉头孔，以便推力球轴承的安装；切向变幅杆和轴向变幅杆分别通过切向支架盖和轴向可调支架盖固定在切向支架和轴向可调支架上；工件夹具通过三个呈 L 形排列的夹具螺钉固定在测力仪上。分别装夹在切向支架和轴向可调支架上的切向超声波振子与轴向超声波振子的夹角成 90°，其中，变幅杆上的轴肩与切向支架和轴向可调支架上开设的卡槽之间配合用的是过盈配合，这样可保证安装的可靠性和稳定性，避免引起局部冲击。

　　如图 7-10 所示，切向超声波振子与切向支架的装夹方式，通过切向支架盖将切向超声波振子固定在切向支架上，通过两个切向支架盖螺钉将切向支架盖与切向支架固定；同时，切向变幅杆切向支架设有轴肩与切向支架上开的轴肩卡槽配合固定；轴向超声波振子和轴向可调支架的装夹方式与切向超声波振子和切向支架的装夹方式相同。

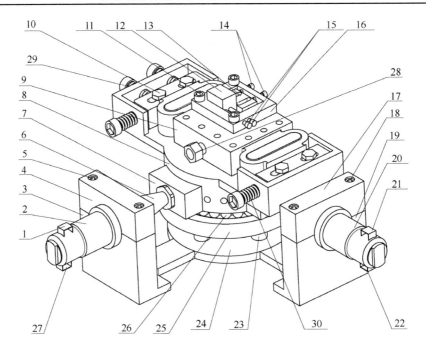

1-测力仪；2-测力仪连接螺母；3-测力仪输出连接螺母；4-圆弧轨道底座；5-可调转动体；
6-垂直于砂轮和工件接触弧长切线方向的负极铜片；7-垂直于砂轮和工件接触弧长切线方向的换能器；
8-超声波振子支架固定螺钉；9-垂直于砂轮和工件接触弧长切线方向的变幅杆；10-超声波振子支架；
11-超声波振子支架卡盖；12-平行于砂轮和工件接触弧长切线方向的负极铜片；13-超声波振子支架卡盖螺栓；
14-超声波振子支架卡盖螺钉；15-平行于砂轮和工件接触弧长切线方向的换能器；
16-平行于砂轮和工件接触弧长切线方向的正极铜片；17-工件轴向定位螺钉；18-工件夹具固定螺钉；
19-工件；20-工件夹具；21-工件切向定位螺钉；22-可转动工件固定台；23-可转动工件固定台调节螺钉；
24-超声波工具头；25-平行于砂轮和工件接触弧长切线方向的变幅杆；26-轴承上盖；
27-轴承端盖螺钉；28、30-螺钉；29-蜗杆轴连杆

图 7-8 超声波振动辅助磨削的纳米流体微量润滑实验系统轴测图

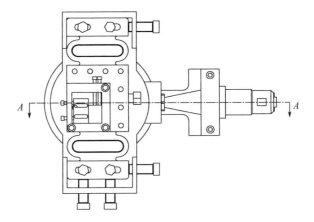

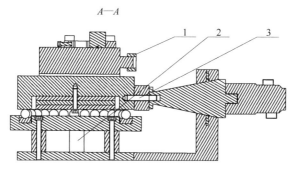

$A—A$

1-测力仪输出连接螺母；2-底座中；3-螺柱

图 7-9　超声波振动辅助磨削的纳米流体微量润滑实验系统的轴向振子俯视图和剖视图

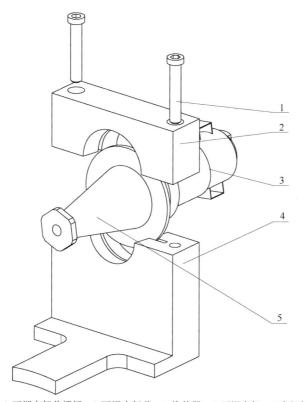

1-可调支架盖螺钉；2-可调支架盖；3-换能器；4-可调支架；5-变幅杆

图 7-10　切向超声波振子与切向支架装夹定位图

如图 7-11 所示，轴向变幅杆之所以能放大超声振动振幅，是由于通过它的任一截面的振动能量是不变的，因此截面小的地方，能量密度较大。而能量密度又正比于振幅 A^2，若截面小的地方，能量密度较大，则振幅也较大，即变幅杆截面小的地方振幅得到放大。切向变幅杆的工作原理与轴向变幅杆相同。先要确定变幅杆的输入端直径，由于输入端和换能器相连，结合系统结构要求，设定变幅杆输入端直径为 D_1，输出端直径为 D_2，则有面积系数 N 为

$$N = D_1 / D_2 \tag{7-3}$$

波长 λ 为

$$\lambda = \frac{c}{f} \tag{7-4}$$

圆波数 k 为

$$k = \frac{w}{c} = \frac{2\pi f}{c} \tag{7-5}$$

求共振长度 L，由

$$\tan(kL) = \frac{kL}{1 - (k - a^2)(aL - 1)} \tag{7-6}$$

$$a = \frac{N-1}{NL} \tag{7-7}$$

运用 Matlab 计算出 L 的值为

$$L = \frac{\lambda}{2} \cdot \frac{kL}{\pi} \tag{7-8}$$

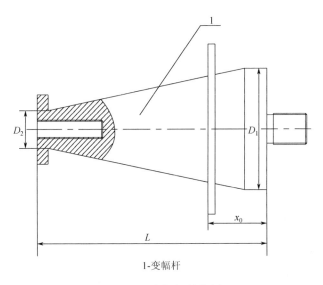

1-变幅杆

图 7-11　变幅杆结构图

可得共振长度 L，然后取整即可；式中 c 为超声波在介质中的传播速度，f 为超声波振动频率，考虑到经济成本和实验条件，选用 45 号钢作为变幅杆的材料，超声

波在 45 号钢中传播速度 c =5170m/s，频率 f=20kHz。

求位移节点 x_0。

将 k 和 a 的值代入下式

$$\tan(kx_0) = \frac{k}{a} \tag{7-9}$$

得

$$x_0 = \frac{1}{k}\arctan\frac{k}{a} \tag{7-10}$$

计算得位移节点 x_0，然后取整。

求放大系数 M_p 为

$$M_p = \left| N\left[\cos(kL) - \frac{N-1}{N} \cdot \frac{1}{kL}\sin(kL) \right] \right| \tag{7-11}$$

计算得放大系数 M_p。

图 7-11 中 D_1、D_2 为变福杆输入端和输出端直径(mm)。根据所需变幅杆的放大系数来设定输入端和输出端的直径。

图 7-12 中一维切向较一维轴向超声振动辅助磨削得到的工件表面粗糙度 Ra 值更低，即 0.319μm，根据超声振动磨削加工机理，切向超声振动辅助磨削主要起到多次光磨作用，从而提高工件表面质量，而轴向超声振动辅助磨削具有宽化犁沟和减小表面凸起的高度、宽度，比较可知，切向振动相对轴向振动能更大程度地降低表面粗糙度 Ra 值，提高工件表面质量。多角度二维超声振动从 45° 到 90° 得到的表面粗糙度 Ra 值逐渐增大，45° 时取得最低值为 0.241μm，相较于切向超声振动的表面粗糙度 Ra 值降低了 24.5%，得到了最好的工件表面质量。其次，角度为 75° 和 90° 时的表面粗糙度 Ra 值高于一维切向振动且低于轴向超声振动，分别为 0.343μm 和 0.344μm，在这几组不同角度的对比中，通过这两个角度设置得到的 Ra 值也是最高的，得到的工件表面质量较差，说明当轴向超声振子与切向超声振子夹角为 75° 和 90° 时，对工件表面质量的提高并不明显。多角度二维超声振动从 105° 到 135° 均不同程度地降低了 Ra 值，提高了工件表面质量，但均不如 45° 时的效果明显。

图 7-13 中一维轴向较一维切向超声振动辅助磨削得到的工件表面粗糙度 RSm 值更高，即 0.041mm，说明轴向超声振动具有明显的犁沟宽化效果。角度从 45° 到 135° 变化时 RSm 值并无明显的变化规律，其中 45° 时取得了和轴向相同的 RSm 值，但是其标准差更小，说明其犁沟平均宽度和轴向振动时相同，且工件表面整体犁沟宽化更均匀。当角度在 60°、105° 和 135° 时 RSm 值分别为 0.034mm、0.038mm 和 0.039mm，均比 45° 的时候低，说明这三种角度对犁沟宽化效果的影响不明显。75°、90° 和 120° 时得到的 RSm 值均较高，具有明显的犁沟宽化效果，但是其标准差较大，说明工件表面犁沟宽度不均匀，造成工件表面整体质量不佳。

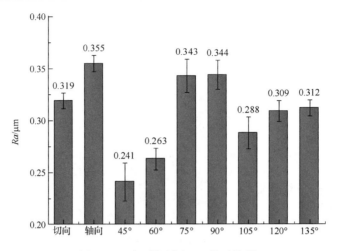

图 7-12 表面粗糙度 Ra 值对比图

　　轴向超声振子与切向超声振子夹角 θ 为 45°～135°时，泵吸作用效果随着 θ 的增加呈先减小后增大的非线性变化规律，而且椭圆形轨迹的长半轴与短半轴的比值越大，其泵吸作用越强，因为比值越大椭圆形状变得细长，其对润滑液的轴向导流能力增强。当轴向超声振子与切向超声振子夹角为 90°时由于椭圆形微织构的几何形状关于砂轮圆周速度的周向对称，不具有使润滑液产生沿砂轮轴向流动的方向性效应，故没有泵吸作用效果，磨削区中润滑液的浸润效果较差，因此得到的工件表面质量相对较差。当夹角为 45°时泵吸作用效果最强，由于椭圆形微织构对润滑液沿轴向流动产生了强烈的导向作用，大量的润滑液被泵入磨削区，起到良好的润滑效果，因此得到了最好的工件表面质量。由仿真结果可知 45°和 135°时椭圆的形状相同，仅偏转方向不同[14]，但是从图 7-12 和图 7-13 的实验结果来看，夹

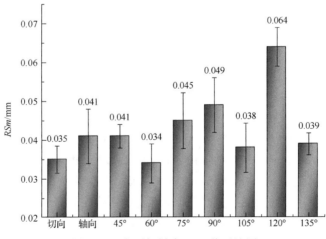

图 7-13 表面粗糙度 RSm 值对比图

角为 135° 时得到的工件表面质量相对 45° 时较差，这是因为轴向超声振子与切向超声振子互为钝角时，会产生相对的作用力使合振位移减小。

7.2.4　神经外科超声聚焦辅助三级雾化冷却与术后创口成膜装置

现有的气动雾化喷嘴或静电雾化、超声雾化喷嘴，均使用单一机理雾化或两种机理组合雾化，液滴雾化效果并不能达到理想效果；且液滴从喷嘴体喷出后不能有效可控地注入磨削区，部分液滴会散发到周围环境中，降低磨削区的对流换热。目前并没有一种装置或方法能实现液滴超细雾化的同时实现液滴有效可控注入磨具/骨楔形约束空间。目前的静电纺丝装置均有体积庞大的特点，不利于外科医生在狭隘空间灵活方便使用，且均只利用液滴电场力克服表面张力使液滴形成射流，形成的纤维较粗，并没有一种纺丝装置或方法能使操作者灵活操作的同时形成超细纤维，更没有一种装置既可以实现冷却液超细雾化后有效注入磨削区进行冷却，又可实现超细纺丝纤维对手术创口成膜包覆。

为了克服现有技术的不足，本发明提供了一种神经外科超声聚焦辅助三级雾化冷却与术后创口成膜装置，该装置体积小，利于外科医生在狭隘空间灵活方便操作；手术过程中将医用纳米流体冷却液气动-超声-静电三级雾化后得到超细液滴，利用超声聚焦作用将纳米流体液滴注入磨具/骨楔形约束空间，有效对磨削区进行冷却润滑；手术结束后将应用于创伤敷料的纺丝体系三级雾化后以纺丝纤维的形式喷在术后创伤面，实现对磨削创伤面的雾化成膜保护处理。

图 7-14 为一种神经外科焦距可调的超声聚焦辅助三级雾化冷却与术后创口成膜装置，顶盖、压电陶瓷片、电极片通过中心螺钉及弹簧垫圈与变幅杆紧密连接，球冠状换能器外壳、电极片、压电陶瓷片、电极片组成换能器，工作时，超声波发生器将交流电转换成高频电振荡信号通过电激励信号线、电激励信号线分别传递给电极片，将高频电振荡信号转换成轴向高频振动，变幅杆与压电陶瓷片紧密连接，实现振幅的放大，以对纳米流体进行超声空化作用。球冠状换能器外壳由螺钉及弹簧垫圈与顶盖紧密连接。

如图 7-15 所示，静电雾化喷嘴上端加工有螺纹孔、静电雾化喷嘴由连接板及连接板通过螺钉、弹簧垫圈固定在变幅杆下端。由于喷嘴体结构复杂不易加工制造，且要求具有一定的绝缘性能，故使用陶瓷材料通过快速成型工艺加工制造。由压缩气体入口进入的压缩气体经由内置压缩气体通道，通过旋向压缩气体通道以设定切向速度进入混合室，与由纳米流体入口进入的纳米流体混合形成高压气体、生理盐水、固体纳米粒子三相流，通过加速室加速，加速后进入涡流室在此与通过涡流室压缩气体通道进入的压缩空气形成涡流，使三相流进一步混合，然后经喷嘴体出口喷出形成雾滴。电极托盘由绝缘材料制成，在电极托盘上开有一个高压电进线孔，如图 7-15 (b) 所示。电极托盘沿圆周阵列八个电极插槽，将针状电极 (与电极插槽过盈配合，通过绝缘材料

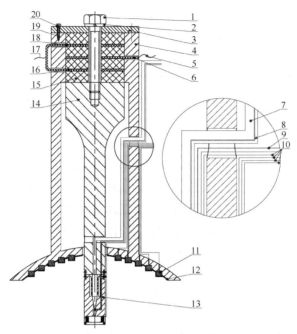

1-中心螺钉；2、20-弹簧垫圈；3-顶盖；4-球冠状换能器外壳；5-电激励信号线；6、16、18-电极片；7-进液管；
8-进气管；9-高压电线；10-电激励信号线Ⅱ；11-平面圆片压电元件；12-铜网公共电极；
13-静电雾化喷嘴；14-变幅杆；15-压电陶瓷片；17-电激励信号线；19-螺钉

图 7-14　三级雾化焦距可调的超声聚焦喷嘴剖视图

的弹性变形力夹紧)安装在电极插槽内，用高压电线将各针状电极串联起来，并从高压
电线托盘通孔接出。定位螺纹环主要起到定位电极托盘的作用。

　　如图 7-16 所示，围绕中心的同心圆 r_1、r_2、r_3、r_4、r_5 上分别分布 8、16、24、
32、40 个圆形小孔，圆形小孔内嵌套粘接平面圆片压电元件，所有平面圆片压电元
件直径、厚度都相同。在平面圆片压电元件下端覆盖有铜网公共电极，用胶黏剂将
铜网公共电极与所有平面圆片压电元件粘接，并采用压力台压紧球冠状部分的底面，
使得铜网公共电极与平面圆片压电元件的粘接端平整。半径分别为 r_1、r_2、r_3、r_4、
r_5 的圆上的所有平面圆片压电元件上表面用电激励信号线接为一路，并由一路电源
单独激励，形成一条支路。

　　Westervelt 声波传播方程式为

$$\nabla^2 p - \frac{1}{c_0{}^2}\frac{\partial^2 p}{\partial t^2} + \frac{\delta}{c_0{}^4}\frac{\partial^3 p}{\partial t^3} + \frac{\beta}{\rho_0 c_0{}^4}\frac{\partial^2 p^2}{\partial t^2} = 0 \tag{7-12}$$

式中，p 为声压(MPa)；c_0 和 ρ_0 分别为介质的声速(m/s)和密度(kg/m^3)；$\beta=1+B/(2A)$
为声波非线性系数，B/A 为流体介质的非线性系数；$\delta=2c_0{}^3\alpha/\omega^2$ 为声波扩散系数；α
为吸收系数(Np/(m·MHz))；$\omega=2\pi f$ 为角频率(r/s)；f 为频率(MHz)。

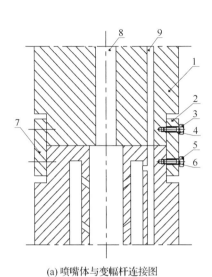

(a) 喷嘴体与变幅杆连接图

1-变幅杆；2、7-连接板；3、5-螺钉；4、6-弹簧垫圈；

8-进液通道；9-进气通道

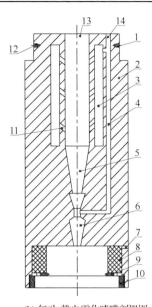

(b) 气动-静电雾化喷嘴剖视图

1、12-螺纹孔；2-喷嘴体；3-内置压缩气体通道；4-压缩气体通道；

5-三相流加速室；6-涡流室；7-高压电进线孔；8-电极托盘；

9-针状电极；10-定位螺纹环；11-旋向压缩气体通道；

13-纳米流体入口；14-压缩气体入口

图 7-15　静电雾化喷嘴结构

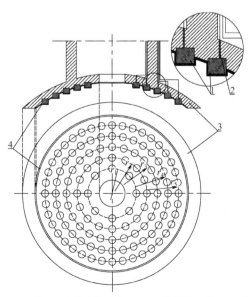

1-平面图片压电元件；2-电激励信号线；3-球冠状换能器外壳；4-铜网公共电极

图 7-16　球冠状换能器外壳球冠状部分组装图

采用时域有限差分法对式(7-12)进行中心差分，差分方程式为

$$p^{n+1}(i,j,k)=\frac{1}{H}[c_0^2(\mathrm{d}t)^2\nabla^2 p+H_1p^n(i,j,k)-H_2p^{n-1}(i,j,k)]$$
$$+\frac{H_3}{H}[34p^{n-2}(i,j,k)-24p^{n-3}(i,j,k)+8p^{n-4}(i,j,k)-p^{n-5}(i,j,k)]$$

$$(7-13)$$

式中

$$H=1-\frac{4\beta}{\rho c_0^2}p^n(i,j,k)+\frac{2\beta}{\rho c_0^2}p^{n-1}(i,j,k)$$

$$H_1=2+\frac{3\delta}{c_0^2\mathrm{d}t}-\frac{6\beta}{\rho c_0^2}p^n(i,j,k)+\frac{4\beta}{\rho c_0^2}p^{n-1}(i,j,k)$$

$$H_2=1+\frac{23\delta}{2c_0^2\mathrm{d}t}$$

$$H_3=\frac{\delta}{2c_0^2\mathrm{d}t}$$

其中 i、j、k 分别为直角坐标系下 x、y、z 三个坐标轴方向的坐标(mm)；$\mathrm{d}x$、$\mathrm{d}y$、$\mathrm{d}z$ 分别表示 x、y、z 三个坐标轴方向的空间步长(mm)；$\mathrm{d}t$ 为时间步长(s)；n 为计算时刻(s)。

在目标焦点 S 处设置正弦函数点生源 $S_0(t)$，数值仿真得到传到相控阵编号为 m 阵元中心点的声压信号 $S_{0m}(t)$，将该信号按时间序列进行反转后，得到对应阵元 m 的信号 $S_{0m}(T-t)$。利用最小二乘函数拟合计算一段时间内 $S_{0m}(T-t)$ 的相对初始相位延迟 Δt_m，然后以同一输入声强对正弦信号幅值进行调制，阵元 m 的激励信号为

$$S_{0m}(t)=P_0\sin[\omega(t+\Delta t_m)]$$

$$(7-14)$$

通过对阵元激励信号进行调控实现各阵元相位的调控，使得各阵元到达空间某点(设定焦点)的声束具有相同的相位，通过控制声束形状、声压分布、声束角度，最终实现焦点尺寸及位置的连续、动态可调。

高速气流中荷电液滴的破碎与气液相对速度、气液物性参数以及充电场有密切的关系。此外，若液滴在气流中达到稳定状态，荷上静电以后，We 数增大，液体表面张力减小，不足以抵抗气动压力，液滴将进一步发生变形、破碎，所以在气液参数相同的情况下，荷上静电后雾滴粒径更小，从而达到细化雾滴颗粒的目的；同时液滴表面相同的电荷，可保证液滴的分布更加均匀。因此，该装置可实现气动及超声雾化后再由静电雾化，共经三级雾化，最终得到分布均匀的超细液滴。

参 考 文 献

[1]　YANG M, LI C H, ZHANG Y B, et al. Effect of friction coefficient on chip thickness models in

ductile-regime grinding of zirconia ceramics[J]. The International Journal of Advanced Manufacturing Technology, 2019, 102(5-8): 2617-2632.

[2] LI B K, LI C H, ZHANG Y B, et al. Heat transfer performance of MQL grinding with different nanofluids for Ni-based alloys using vegetable oil[J]. Journal of Cleaner Production, 2017, 154: 1-11.

[3] GAO T, LI C, ZHANG Y, et al. Dispersing mechanism and tribological performance of vegetable oil-based CNT nanofluids with different surfactants[J]. Tribology International, 2019, 131: 51-63.

[4] ZHANG D K, LI C H, JIA D Z, et al. Specific grinding energy and surface roughness of nanoparticle jet minimum quantity lubrication in grinding[J]. Chinese Journal of Aeronautics, 2015, 28(2): 570-581.

[5] ZHANG Y B, LI C H, JI H J, et al. Analysis of grinding mechanics and improved predictive force model based on material-removal and plastic-stacking mechanisms[J]. nternational Journal of Machine Tools and Manufacture, 2017, 122: 81-97.

[6] YANG M, LI C H, ZHANG Y B, et al. Maximum undeformed equivalent chip thickness for ductile-brittle transition of zirconia ceramics under different lubrication conditions[J]. The International Journal of Advanced Manufacturing Technology, 2017, 122: 55-65.

[7] 华兆红. 一种超声振动辅助磨削加工整体硬质合金刀具的磨削工艺: 201310238082.9[P]. 2014-12-24.

[8] 李厦, 栾武, 钞俊闯, 等. 超声振动辅助磨削装置: 201510856943.9, 2016-03-09.

[9] 梁志强, 王西彬, 吴勇波, 等. 一种超声振动三维螺线磨削方法: 201110366172.7[P]. 2012-06-13.

[10] SINGH R P, SINGHAL S. Rotary ultrasonic machining: A review[J]. Advanced Manufacturing Processes, 2016, 31(14): 1795-1824.

[11] NIK M G, MOVAHHEDY M R, AKBARI J. Ultrasonic-assisted grinding of Ti6Al4V alloy[J]. Procedia Cirp, 2012, 1(1): 353-358.

[12] GAO T, ZHANG X P, LI C H, et al. Surface morphology evaluation of multi-angle 2D ultrasonic vibration integrated with nanofluid minimum quantity lubrication grinding[J]. Journal of Manufacturing Processes, 2020, 51: 44-61.

[13] ZHANG J H, ZHAO Y, TIAN F Q, et al. Kinematics and experimental study on ultrasonic vibration-assisted micro end grinding of silica glass[J]. The International Journal of Advanced Manufacturing Technology, 2015, 78(9-12): 1893-1904.

第8章 纳米流体热物理参数在线测量系统案例库设计

8.1 概　　述

目前，研究者普遍采用管内对流换热系数瞬态测量方法对纳米流体对流换热系数进行测量。原理为：利用热水源及热水源使被测流体温度呈周期变化并低速流经测试铜圆管，采用周期变化的流体温度在管壁内的传播特性，通过计算测量流体与管壁温度变化之间的振幅比或相位角差来确定对流换热系数值[1]。这种测量方式快速、准确，适用于应用在高温超导体冷却、强激光镜冷却、大功率电子元件散热、航天器热控制、薄膜沉积热控制等的冷却介质对流换热系数的测量[2]。而在切削加工领域，由于冷却介质通过高压气体携带作用以高速射流液滴的形式进入高温磨削区域，这种流体低速流动的管内对流换热系数瞬态测量方法显然不符合实际喷雾式冷却工况。目前并没有一种适用于喷雾式冷却方式下对流换热系数的测量装置，因此，喷雾冷却对流换热系数的测量是目前的瓶颈问题。

流体/工件能量比例系数指纳米流体带走热流密度及流入工件热流密度的比例，直接决定了切削工件的最高温度[3,4]。然而，目前并没有一种装置或方法能对流体/工件能量比例系数进行有效测量，也没有一种纳米流体切削液对流换热系数测量装置或方法能模拟实际切削加工喷嘴气流场，更没有一种装置或方法能实现纳米流体导热系数、对流换热系数及流体/工件能量比例系数同时在线测量。以下将对纳米流体热物理参数在线测量装置与工艺案例进行分析。

8.2 纳米流体热物理参数在线测量系统案例库

8.2.1 磨削温度在线检测及纳米流体相变换热式磨削装置

目前用于工业过程、实验室或特殊的医疗用途的温度测量仪器种类繁多，其中基于荧光技术和传感器技术相结合的光纤荧光温度传感器是最为活跃的研究和开发领域之一。光纤温度传感器灵敏度高、动态范围大、挠性好、构形灵活，克服了红外测温仪容易受背景光干扰的缺点，适合在各种特殊场合下应用。当荧光物质受到外部的光刺激时就会发射荧光，荧光余辉的衰变时间常数是温度的单值函数。因此，可以利用荧光对温度的依赖性得出待测温度[5,6]。贾丹平等[7]对高精度荧光光纤温度传感器进行了深入而系统的研究，验证了荧光光纤温度传感器应用于工程上具有较好的温度传感特性。基于此，可把无毒无害且不含其他有害重金属元素或化学物质的荧光粉涂覆在磨头上，通过荧光寿命测量系统测得磨削区温度。

磨头采用纳米流体相变换热式磨头，通过纳米流体的不断蒸发、冷凝、回流，将磨削区产生的热量带走，降低温度；磨粒周围涂覆荧光粉，通过光纤传感器检测荧光余辉衰变时间常数，利用荧光对温度的依赖性检测待测温度，实现磨削过程中对温度的闭环控制；从动轴上贴有反光条，通过光纤传感器采用比相测量的原理，采用比相测量原理，以激光头和反光条为信号发生器，在线检测磨头的转速和扭矩，实现对工件材料的去除和磨头寿命的闭环控制。

图 8-1 所示为一种磨削温度在线检测及纳米流体相变换热式磨削装置的各个组成部分[8]。如图所示，上下两半机壳由螺钉通过螺纹孔相固定。手持式外科手术磨削温度在线检测及纳米流体相变换热式磨削装置主要由磨削装置、动力及传动装置、控制模块、温度测量模块、速度及扭矩测量模块组成。磨削装置由纳米流体相变换热式磨头和磨头柄组成，在外科骨手术中完成对病理骨的磨削去除。动力及传动装置包括直流电机、直流电机底盖、直流电源、电机底座、联轴器、主动齿轮轴、深沟球轴承、从动轴、角接触球轴承、平键及夹头。该装置采用直流无刷电机，将直

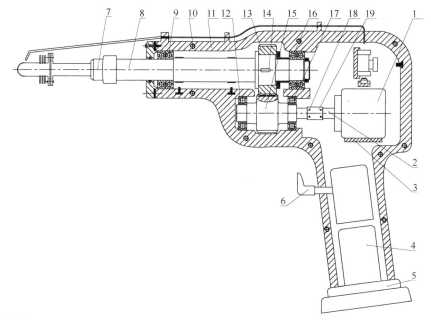

1-直流电机；2-电机输出轴；3-电机底座；4-直流电源；5-直流电机底盖；6-手动开关；7-夹头；8-从动轴；
9-角接触球轴承；10-螺纹孔；11-机壳；12-深沟球轴承；13-齿轮；14-平键；15-主动齿轮轴；
16-角接触球轴承；17-深沟球轴承；18-联轴器螺栓；19-联轴器

图 8-1　手持式外科手术磨削温度在线检测及相变换热式磨削装置

流电机底盖拔出，将充电后的直流电源插入，按下手动开关，直流电机旋转，电机底座对直流电机起支撑作用。联轴器将电机输出轴与主动齿轮轴连接并将动力传递给主动齿轮轴，拧紧联轴器螺栓以固定两轴。主动齿轮轴用深沟球轴承定位，主动齿轮轴与齿轮啮合，将动力传递给从动轴。齿轮通过平键和从动轴相配合。从动轴用角接触球轴承和角接触球轴承定位，与主动齿轮轴相比，从动轴承受更大的双向轴向载荷及力矩载荷，因此采用角接触球轴承以提高载荷承受能力。夹头将磨头柄连接并固定在从动轴上，磨头柄通过法兰连接带动磨头转动，动力由此传递给磨头。

图 8-2 所示为深沟球轴承和角接触球轴承的定位图，角接触球轴承依靠轴肩和端盖定位，止动垫片和止动螺母实现定位，深沟球轴承依靠机壳和轴肩定位，使用止动垫片和止动螺母还可以避免轴转动引起的松脱。

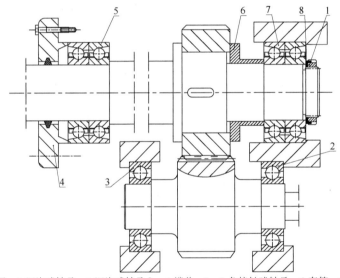

1-止动螺母；2-深沟球轴承；3-深沟球轴承Ⅰ；4-端盖；5、7-角接触球轴承；6-套筒；8-止动垫片

图 8-2 轴承定位方式

图 8-3 所示为内锥形纳米流体相变换热式磨头的工作原理图。纳米流体相变换热式磨头由一空心轴组成，可划分为蒸发段、绝热段和冷凝段，其空腔内具有初始的真空度，并充有适量的纳米流体。当转速足够高时，纳米流体随磨头旋转并覆盖在磨头内空腔的内壁面上，形成一个环形液膜。磨头工作时，磨削区受热，纳米流体基液将蒸发，液膜变薄，产生的蒸汽将流到磨头内空腔的另一段。蒸汽在冷凝段放出热量凝结成液体，使液膜增厚。冷凝液在离心力分力的作用下沿着内壁面返回到加热段。这样连续地蒸发、蒸汽流动、凝结与液体的回流，把热量从加热段送到冷凝段。纳米流体相变换热式磨头内空腔的内锥角，一方面对纳米流体起到扰流作

用以破坏边界层的形成或充分发展，从而强化换热，另一方面实现纳米流体基液的回流。然而在磨头基体内直接加工内锥角并不好加工。如图 8-4 所示，在磨头基体内用钻头钻一定尺寸的孔，再加工一个内表面为圆锥形的圆锥筒，圆锥筒的底部抵在钻头成形面上，二者为过盈配合，圆锥筒的顶部加工成阶梯状，磨头柄的底部也加工成阶梯状，用螺栓、垫片和螺母连接，并用垫片密封，以增强密封的可靠性。磨头基体与磨头柄之间用缠绕垫片密封。缠绕垫片包括外加强环、填料和内加强环，填料起主要的密封作用，外加强环在安装过程中具有定位的作用，内加强环可以提高垫片的耐压性能，

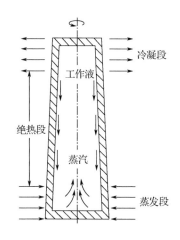

图 8-3　相变换热式磨头工作原理图

用内外环可以提高垫片的回弹力，防止垫片压溃，以防密封失效。用垫片和缠绕垫片对工作腔进行双重密封，以防止磨削过程中纳米流体的泄漏。用散热片可以增加散热面积，提高传热效率，在磨头基体上加工轴肩以对散热片进行定位，用套筒可以防止散热片窜动。磨粒电镀在磨头基体上。在工作过程中，圆锥筒的内壁作为相变换热式磨头的蒸发段，散热片作为冷凝段，骨磨削过程中产生的热量通过磨粒，继而迅速传递给磨头基体，再由磨头基体传递给圆锥筒的内壁，即相变换热式磨头的蒸发段，蒸发段的纳米流体基液蒸发汽化，蒸汽在微小的压差下流向冷凝段放出热量凝结成液体，液体在离心力的作用下流回蒸发段，完成一个工作循环。如此循

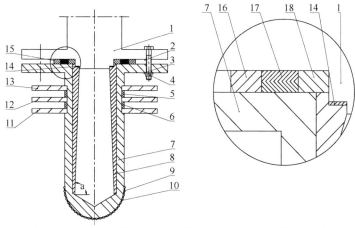

1-磨头柄；2-螺栓；3、14-垫片；4-螺母；5、6-套筒；7-磨头基体；8-圆锥筒；9-磨粒；10-荧光粉；
11、12、13-散热片；15-缠绕垫片；16-外加强环；17 填料；18-内加强环

图 8-4　相变换热式磨头密封组件

环以降低磨削区的温度，避免对人体造成二次伤害。磨粒为金刚石磨粒，为了增加磨粒的亲水性，以提高骨磨削过程中生理盐水的冷却和润滑效果，在磨粒与磨头基体之间电镀微米级的 TiO_2。

图 8-5 所示为速度扭矩测量系统的工作原理。当轴转动时，反光条同步转动，激光头发射光并在反光条转过时接收反射光，经激光头里的光电转换器后得到脉冲信号。同一激光头对应的两相位相差 180° 的脉冲信号经整形电路后得到脉冲方波系列，送入计数器 1 可计转速。当轴空载时，轴的扭转角为零，两激光头对应的两列脉冲间无相位差，与门是关闭的，计数器 2 没有输入信号。当轴传递载荷时，产生扭转角，两列脉冲间产生相位差 Δt，与门打开并和高频脉冲序列相与，送入计数器 2，经单片机数据处理系统输出扭矩的数值。扭矩测量的关键是两路同频信号间的比相，其原理如图 8-6 所示。图中方波 A、B 分别为两个激光头输出的经整形后得到的两列脉冲信号，方波 $C = \overline{A} \cdot B$，在相位差区间里与门开启，使高频脉冲序列通过与门到达计数器 2，计数器 2 的计数取决于相位差，即相位差或扭转角的大小。

图 8-5　速度扭矩测量系统工作原理图

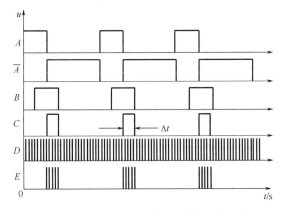

图 8-6　速度扭矩比相测量系统原理图

8.2.2　纳米流体切削液热物理性质参数集成在线测量系统

对流换热系数是纳米流体切削液体积分数、导热系数、比热容及密度的综合影响参数,对流换热系数的大小直接决定了纳米流体在切削区对流换热的强弱[9-11]。流体/工件能量比例系数直接决定了切削工件的最高温度[12-15],然而,目前并没有一种装置或方法能模拟实际切削加工喷嘴气流场对流体/工件能量比例系数进行有效测量。针对该问题,为了解决现有技术的不足,本发明提供了一种纳米流体切削液热物理性质参数测量系统。具体的是一种纳米流体切削液导热系数、对流换热系数及流体/工件能量比例系数集成在线测量系统,对纳米流体导热系数进行有效测量的同时还能模拟纳米粒子射流微量润滑喷嘴出口的气流场,对纳米流体切削液对流换热系数及流体/工件能量比例系数进行精确测量。

图 8-7 所示为纳米流体导热系数、对流换热系数及流体/工件能量比例系数集成测量系统[16],包括纳米流体导热系数测量装置、空气压缩机、液压泵、微量润滑装置、纳米流体切削液对流换热系数及流体/工件能量比例系数测量装置以及磨削力及磨削温度测量装置。

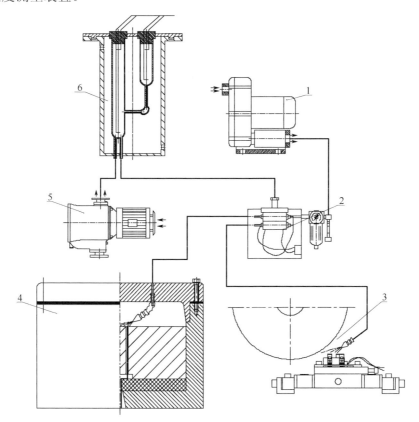

1-空气压缩机;2-微量润滑装置;3-磨削力及磨削温度测量装置;
4-纳米流体切削液对流换热系数及流体/工件能量比例系数测量装置;5-液压泵;6-纳米流体导热系数测量装置

图 8-7　纳米流体切削液导热系数、对流换热系数及流体/工件能量比例系数集成测量系统

如图 8-8 所示，采用瞬态双热线法，长铂丝、短铂丝的直径为 20μm，长度分别为 150mm、50mm，两玻璃管的直径为 30mm。两玻璃管通过连接口由胶皮管连接。恒温容器由恒温循环水保持恒温，循环水由恒温水入口进入，由恒温水出口流出。橡胶塞固定在恒温容器盖上，两铂丝支架通过橡胶塞通入玻璃管。铂丝支架分别与连接铜线连接，由连接铜线与电源连接。打开单向阀，纳米流体由单向阀流出后由纳米流体入口进入玻璃管，再经连接口、胶皮管、连接口进入玻璃管。此时单向阀关闭，纳米流体只能流入导热系数测量装置而不能流出。待系统稳定后，测量纳米流体的导热系数。其测量原理为：两根热丝仅长度不同，同时给两根热丝加相同的电流时，两根热丝产生同样的端部散热效应。这样，两根铂丝的温度差就等同于一根无限长热线的有限部分的温升，可以消除热丝端部散热影响，提高实验数据的测量精度。因为铂丝的电阻值随温度发生变化，插入纳米流体中的表面绝缘的铂丝既作为加热线源又作为测温元件。

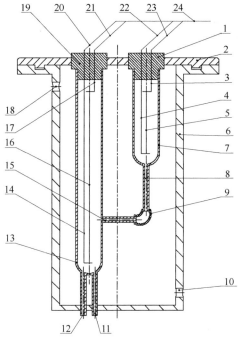

1-橡胶塞；2-恒温容器盖；3、4、14、17-铂丝支架Ⅰ；5-短铂丝；6-恒温容器；7、13-玻璃管；
8、15-连接口；9-胶皮管；10-恒温水入口；11-纳米流体出口；12-纳米流体入口；
16-长铂丝；18-恒温水出口；19-橡胶塞；20～24-连接铜线

图 8-8　导热系数测量装置

图 8-9 所示为纳米流体切削液对流换热系数及流体/工件能量比例系数测量装置。在工件底部加工槽，并在槽内加工两通孔。分别将两热电偶从工件的底部通入

两通孔内，且使两热电偶的节点与工件表面位于同一平面上。将工件放入绝热装置内，工件底部有加热板。令加热板以恒定热流密度工作，则热量只能从工件底部传递到工件上表面。当系统达到热稳定状态时，纳米流体从喷嘴喷出后以射流的形式喷到工件表面，两热电偶将采集到的温度信号传递给数据处理器，通过计算机的反演处理程序完成纳米流体切削液对流换热系数及流体/工件能量比例系数的测量。

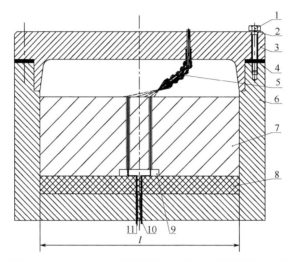

1-螺钉；2、4-垫片；3-绝热装置端盖；5-喷嘴；6-绝热装置；7-工件；
8-加热板；9-工件底槽；10、11-热电偶

图 8-9　纳米流体切削液对流换热系数及流体/工件能量比例系数测量装置

绝热装置外观为长方体，将加热板装入绝热装置，将两热电偶固定在工件的通孔中并放在加热板上表面，两热电偶通过加热板的边缘后分别引入绝热装置底壁的两通孔中，绝热装置内部空间长度、加热板长度及工件长度都为 l。将喷嘴固定在绝热装置端盖中并调整好喷嘴的高度及角度后，通过螺钉及垫片将绝热装置端盖固定在绝热装置上，垫片可以调整绝热装置端盖与绝热装置之间的间隙及游隙。绝热装置的侧壁、底壁及绝热装置端盖均由氧化铝陶瓷及碳纳米管形成的复合材料制成，该复合材料以氧化铝陶瓷为基体，碳纳米管为填充物经等离子体烧结而成。其中碳纳米管垂直于热量传递的方向排布，即碳纳米管垂直于绝热侧壁、底壁及绝热装置端盖的厚度方向。碳纳米管是一种由石墨层碳原子卷曲而成的管状材料，其直径为几纳米到几十纳米，可为连续排列，也可为不连续排列。碳纳米管具有独特的导热性能，其轴向导热性极优异，但径向不导热，当热量垂直碳纳米管传递时，不会沿其径向传递，碳纳米管将热量反射回去。因此，该绝热装置具有优良的绝热性能，较传统的氧化铝陶瓷具有更高的绝热效果，可确保热源产生的热量仅能沿竖直方向向工件表面传

递，避免热量在传递过程中透过绝热侧壁散发到绝热容器外面，从而提高测量装置的绝热性能，使得热量只能向预定方向传递，提高最终测量精度。

图 8-10 所示为喷嘴体结构剖视图。工作时，纳米流体经液路管进入喷嘴体的注液通道接头，高压气体经气路管进入喷嘴体的注气通道接头。高压气体经通气孔壁中分布的通气孔进入混合室，与来自注液通道接头中的纳米流体在喷嘴混合室中充分混合雾化，经加速室加速后进入涡流室，使高压气体和纳米流体进一步混合并加速，以雾化液滴的形式经喷嘴出口喷射至磨削区。喷嘴角度及高度经调整后将绝热装置端盖固定在绝热装置上，接通加热板电源，使加热板以恒定热流密度工作。待系统稳定后(即两热电偶测得的温度不再变化时)，打开微量润滑装置，使纳米流体液滴以一定角度、速度及高度喷射在工件表面。

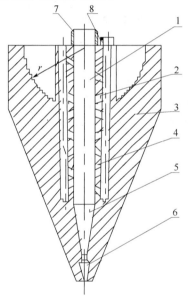

1-混合室；2-通气孔；3-喷嘴体；4-通气孔壁；5-加速室；6-涡流室；7-注液通道接头；8-注气通道接头

图 8-10　喷嘴体结构剖视图

8.2.3　砂轮磨损及 G 比率的测量装置与方法

磨削加工实质上是一种由大量无规则的离散分布在砂轮工作面上的磨粒所完成的划擦、耕犁和切削作用的随机综合[17]。借助砂轮表面的大量磨粒切削刃去除材料的加工方法，作为一种获得高精度、低粗糙的加工表面以及对高硬度表面进行精加工的工艺方法，在制造加工技术领域占有十分重要的地位[18]。砂轮磨损机理一直是国内外致力探讨的问题，其中砂轮磨损可分为磨耗磨损、破碎磨损和堵塞黏附，磨耗磨损是由砂粒和工件之间摩擦而引起的;破碎磨损是砂粒的破碎或结合剂的破碎，它取决于磨削力的大小和结合剂的强度。磨削过程中随着被磨材料体积的增加，砂轮磨损逐渐增大，对砂轮的磨损与金属材料磨除体积之间的关系，认为砂轮的磨损过程可分为三个磨损期。当砂轮修整之后，初期磨损阶段主要是磨粒的破碎和整体脱落，其原因是修整后的砂轮工作表面上磨粒受修整工具冲击而产生裂纹。在磨削力作用下，产生裂纹的磨粒会出现大块碎裂，而松动的磨粒则会整体脱落，表现曲线上升较陡。第二期磨损阶段，即正常磨损阶段，因在力的作用下，仍会有一些磨粒破碎，但主要是磨粒经历长时间的切削钝化，为磨耗磨损。由于该阶段磨粒切削刃较稳定地切削，使砂轮的磨损曲线变得比较平坦。第三期磨损阶段，由于磨粒切削刃进一步钝化，使作用在磨粒上的力急剧增大，导致磨粒产生大块碎裂、结合剂破碎及整个磨粒脱落。此时曲线上升很陡，砂轮不能正常工作[19,20]。

磨削力是磨削过程中的重要物理量。磨削力来源于工件与砂轮接触后引起的弹性变形、塑性变形、切削形成以及磨粒和结合剂与工件表面之间的摩擦作用[21]。G比率(是指同一磨削条件下砂轮磨损与去除工件材料的体积之比)，它也是表征可磨削性的重要参数，是选择砂轮及磨削用量的主要依据，G比率的大小是表示砂轮使用经济性的一个重要指标，G值越大，表示消耗单位体积砂轮可以磨去更多的被加工材料，砂轮的经济性能就越好[22]。磨削力与砂轮的耐用度、磨削表面粗糙度、G比率等均有直接关系。磨削过程中所切下的磨屑虽然很小，每颗磨粒上承受的磨削力也很小，但同时进行切削的大量细小磨粒所受力的总和就可以产生较大的磨削力。切出的磨削断面积越大、数量越多、被加工材料的强度越大，磨削力就越大；而砂轮的工作表面越锋利，则磨削力就越小[23]。

目前砂轮磨损量的检测方法中，大都是通过某种方法来测量出砂轮工作前后的直径变化来计算砂轮的磨损量，但对于实际的工况，普通砂轮表面磨粒的分布是随机的，并没有一定的规律可言，所以用常规方法测量砂轮磨损量存在很大的误差。本案例提出一种砂轮磨损及G比率的测量装置与方法，先通过声发射技术在线定性监测砂轮磨损状况，然后由光纤探头微调机构结合计算机相应软件来测量砂轮表面磨粒轮廓，由积分学计算砂轮磨损量、G比率。其中，声发射技术在线监测系统能对机床对刀、砂轮磨损检测、砂轮失效检测等具有很大的实际指导意义。

如图 8-11 所示，砂轮磨损、G比率测量方法与系统装置轴测图[24]，主要由声发射技术在线监测系统、光纤探头微调机构、磨削力测量装置和磨削温度测量装置构成；光纤探头微调机构由砂轮轴向进给和径向进给两大部分组成，其中砂轮轴向进给装置由大进给手轮、进给底座、工作盘、大丝杠和两根大光杆构成。砂轮径向进给装置由小进给手柄、端面法兰、机座板、丝杠导轨座、大丝杠和小光杆构成。光纤探头微调机构通过丝杠螺母传动来实现，该装置由于采用手动，转速很小，传递的功率不大，因此采用丝杠螺母结构，丝杠螺母的螺纹选用梯形螺纹。当螺纹升角小于当量摩擦角时，两丝杠便有自锁能力且丝杠只能带动螺母，而不能由螺母带动丝杠。轴向进给装置中：进给底座通过螺钉与夹紧套连接，轴向进给光杆在进给底座两侧通过钻孔固定连接，轴向进给丝杠通过螺母与工作盘相连接。而径向进给装置中：径向进给光杆与工作盘使用端面法兰连接，由于轴向和径向进给的丝杠是转动的，因此两方向的丝杠两端分别都有深沟球轴承，这些轴承的轴承座分别固定在进给底座两侧、工作盘上，轴承座用轴承座紧固螺钉固定在工作盘上。光纤探头轴向进给的距离范围由磨床砂轮的厚度来决定，经查阅资料可知一般磨床砂轮的厚度为20～50mm，故此设计的光纤探头轴向进给的距离为15～60mm，满足实际需要。在径向进给方向上，光纤探针距离砂轮表面越近，测量的精度也会相应地增高，由于砂轮在工作过程中难免会存在一些误差，如砂轮径向跳动，从而也会影响其距离。根据不同的工况来决定测量距离的大小，本发明设计了径向进给装置来实现此方向的微量进给，其工作原理和轴向进给是一样的。这便是光纤探头微调机构的工作原理。

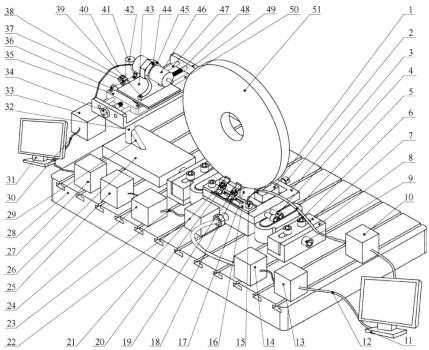

1-定位块；2-定位螺栓；3-工件夹具；4-工件夹具螺栓；5-热电偶；6-测力仪螺栓；7-磨削测力仪；8-测力仪底座；9-测力仪底座螺栓；10-温度信息采集仪；11、31-计算机；12-导线；13-力信息采集仪；14-放大器；15-平板螺栓；16-平板；17-工件；18-压板；19-压板螺母；20-圆柱垫片；21-压板螺栓；22-声发射传感器保护装置；23-软管；24-前置放大器；25-低通滤波器；26-支架底座；27-数据采集仪；28-磁力工作台；29-加强筋；30-导线；32-支架；33-光纤工作箱；34-轴向进给手轮；35-工作盘；36-端面法兰；37-轴承座；38-径向进给手轮；39-机座螺钉；40-传导线；41-轴承座紧固螺钉；42-机架杆；43-机座板；44-紧固螺栓；45-探头机座；46-光纤探头；47-轴向进给光杆；48-轴向进给丝杠；49-进给底座；50-轴向进给光杆；51-砂轮

图 8-11　砂轮磨损、G 比率测量方法与装置

图 8-12 所示为声发射传感器保护装置剖视图。在工件加工过程中，工作环境相对比较恶劣，如切削液、切屑等会对声发射传感器产生一定的影响破坏，从而设计了专门对声发射传感器的保护装置，其中声发射传感器的保护装置由对称的上下两部分构成，再通过螺钉连接固定。声发射传感器安装在声发射传感器的保护装置内，密封圈起到对整个装置的密封作用，防止外界污染物进入声发射传感器的保护装置。声发射传感器与声发射传感器的保护装置间有垫片，减小两者间的碰撞冲击。声发射传感器末端安装橡胶垫片可以减小声发射传感器的振动以及能和声发射传感器的保护装置更好地定位。探针平面端与声发射传感器紧密接触，探针另一端与磨削测力仪表面接触，为了保护探针免遭破坏，应使用耐磨的铜或铝材料制成。当砂轮磨削工件时，工件受力接触区应力分布产生变化，从而产生瞬间应力波，也就是声发射（AE）信号。砂轮磨损时，AE 信号的幅值比平时要高出 3 倍多，AE 信号的频率分布也有所展宽，通过测量声发射信号的幅值与频谱特性的变化，即可知道砂轮表面磨损的情况。声发射信号的强度与磨削力有关，磨削力增大则 AE 信号幅值增大。AE 信号经探针检测到比较微弱然后传送到前置放大器放大，由于砂轮磨削工件时产生的 AE 信号一般在高频区范围内幅值比较明显，其他信号在低频区，因此，可以通过低通滤波器过滤掉磨削过程产生的信号，只保留与砂轮磨损有关的信号，以便对砂轮磨损情况进行识别。然后，由数据采集仪，经过导线把信息导入计算机由相应的软件分析处理，通过计算机预设定好的阈值作比较，若超过阈值计算机显示报警，砂轮进入磨损状态，否则可以继续工作。

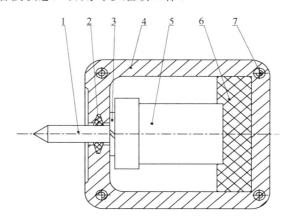

1-探针；2-密封圈；3-垫片；4-声发射传感器保护装置；5-声发射传感器；6-橡胶垫片；7-螺纹孔

图 8-12　声发射传感器保护装置剖视图

8.2.4　声发射和测力仪集成的砂轮堵塞检测清洗装置及方法

砂轮堵塞的种类很多，不同的工件材料和加工工况所产生的堵塞状态各异。总体分为嵌入型、依附型、黏着型。嵌入型堵塞是磨屑嵌在砂轮工作表面气孔里；依附型堵塞是磨粒靠暂时的力量和热依附在磨粒切削刃口四周或黏结剂上；黏着型堵塞是在磨削过程中，磨削点温度达到 1200K 以上，磨粒四周黏附许多磨屑，当磨削力增大和温度升高时加剧堵塞，直至磨粒破碎或脱落，这是熔化性黏结[25,26]。

　　声发射现象是固体材料由于结构变化引起应变能的快速释放而产生的弹性波，简称 AE 现象。它可用固定在固体表面的 AE 传感器检测出来[27,28]。磨削过程是一个很复杂的过程，磨削区具有相当高的变形率和摩擦磨损，以及金属相变、冲击、砂粒的崩碎、切削液的冲击等现象，这些都是强裂的声发射源。当砂轮与工件弹性接触、砂轮黏结剂破裂、砂轮磨粒崩碎、砂轮磨粒与工件摩擦、工件表面裂纹等均可发射出弹性波。这些因素与工件材料、磨削条件、砂轮表面的状态等因素都有着密切的关系；这些因素的改变必然会引起声发射信号的幅值、频谱等方面发生变化[29]，这就使得我们可以通过检测声发射信号的变化来对磨削状态进行判别。磨削力是磨削过程中的重要物理量，磨削力来源于工件与砂轮接触后引起的弹性变形、塑性变形、切削形成以及磨粒和结合剂与工件表面之间的摩擦作用。磨削力的大小也是反映砂轮堵塞程度的一个重要指标[30-32]。

　　在检测砂轮堵塞的方法中，大都比较复杂，虽然可以检测出砂轮的堵塞状况，但是缺少砂轮堵塞检测与清洗为一体的系统装置。本案例解决上述问题，提供一种声发射和测力仪集成的砂轮堵塞检测清洗装置，首先通过声发射技术在线定性监测砂轮堵塞状况，通过磨削测力仪测量磨削力来反映检测砂轮堵塞状况，然后根据尖端放电原理去除堵塞物的静电，由静电中和喷嘴对附着在砂轮表面或气孔内的堵塞物进行清洗，大大提高工件表面质量和砂轮使用寿命。其中，声发射技术在线监测系统能对机床对刀、砂轮堵塞检测、砂轮失效检测等具有很大的实际指导意义。

　　如图 8-13 所示，静电中和喷嘴主要由四部分组成[33]，即混合腔体、注气管、进液管和喷头体。其中，注气管一端与涡轮流量计连接，另一端通过密封垫片与混合腔体连接。混合腔体左端有螺纹，喷嘴螺母将注气管和混合腔体固定。进液管一端与涡轮流量计连接，另一端通过螺纹与混合腔体连接。气液分离塞将混合腔和进液腔、加速段设计为锥形结构缩小了气体和液体的流动空间，从而增大了它们的压力和流速。定位螺纹孔能使静电中和喷嘴和静电中和喷嘴定位。喷头体通过螺纹与混合腔体连接。为了更好地密封静电中和喷嘴，分别在注气管和混合腔体，混合腔体和喷头体之间由密封垫片密封。由注气管剖视图可知，设计圆周上开有 6 个出气孔，能更好地将液体和压缩空气混合，出气孔为主要的气体出口。

　　图 8-14 所示为喷头体的具体结构与装配关系图。两根电极高压导线通过导线孔将可调高压直流电源接通，两根导线分别接于可调高压直流电源的正负极。圆形电极盘与圆形橡胶圈为过盈配合，圆形电极盘内圈固定有针形电极。圆形橡胶圈

与喷头体也为过盈配合，圆形橡胶圈弹性较好，不仅便于圆形电极盘的安装而且绝缘。

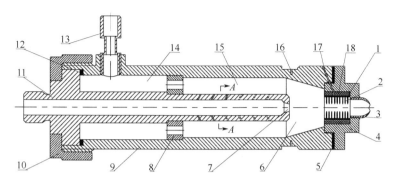

1-圆形电极盘；2-针形电极；3-扁平扇形喷头；4-喷头体；5、12-密封垫片；6-加速段；7-出气孔；
8-气液分离塞；9-混合腔体；10-喷嘴螺母；11-注气管；13-进液管；14-进液腔；15-混合腔；
16-定位螺纹孔；17-导线孔；18-圆形橡胶圈

图 8-13　静电中和喷嘴剖视图

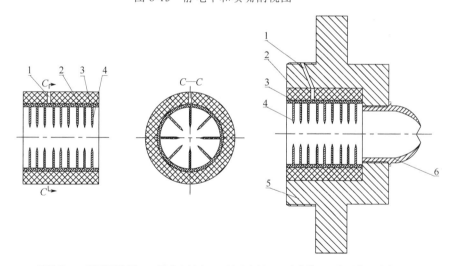

1-导线孔；2-圆形橡胶圈；3-圆形电极盘；4-针形电极；5-喷头体；6-扁平扇形喷头

图 8-14　喷头体的具体结构与装配关系图

如图 8-15 所示，静电中和喷嘴清洗砂轮堵塞物示意图。当砂轮加工工件时，去除的磨屑会机械性地填充在砂轮表面或空隙中，从而产生堵塞现象。由于砂轮与工件磨削碰撞后互相会产生电子的得失，使磨屑等堵塞物的电位不平衡，产生静电现象，导致堵塞物会更强有力地吸附在磨粒表面或气孔内。因为静电是由电子的得失而造成电位的不平衡，所以要消除静电，就是要使失去电子的堵塞物得到电子而达到平衡。喷嘴及其尖端放电后喷出的气液混合物将堵塞喷嘴，由静电中和之后，即可比较轻松地清洗掉堵塞物。在砂轮的两侧各设一个静电中和喷嘴，两者的主要功能是去除堵塞物的静电，然后将其清洗。但对于静电中和喷嘴会有另外一个作用，由于砂轮在高速旋转时，会在砂轮的周围形成一层强有力的气障层，大量磨削液很难进入砂轮和工件界面，实际进入磨削区的有效流量率仅为5%~40%。静电中和喷嘴可以利用高速高压气液混合物将气障层冲破，当砂轮旋转到磨削区时，被静电中和喷嘴冲破的气障层空隙，微量润滑喷嘴(微量润滑输送管固定在砂轮罩上)喷出的混合物能更容易地通过空隙到达磨削区，实现更好的润滑效果。

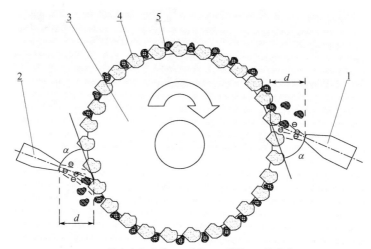

1、2-静电中和喷嘴；3-砂轮；4-磨粒；5-堵塞物

图 8-15　静电中和喷嘴清洗砂轮堵塞物示意图

8.3　纳米流体切削液对流换热系数测量实验

对流换热系数包含了所有与对流换热相关的影响因素，是表征冷却介质热交换能力强弱的最直接参数[33]。在求解表面存在对流换热的热传导问题时，对流换热系数也是重要的表征参数之一。以下将采用8.2.2节的对流换热系数测量装置对纳米流体的对流换热系数进行测量。

8.3.1　纳米流体制备

采用直径50nm的HA、SiO_2、Fe_2O_3、Al_2O_3、CNTs(平均直径50nm，平均长度10~30 μm)纳米粒子作为纳米级固体添加物，采用生理盐水作为纳米流体基液制备HA、SiO_2、Fe_2O_3、Al_2O_3、CNTs纳米流体。由于聚乙二醇400(PEG400)具有优良的润滑性及无毒性，以及良好的分散性，因此采用PEG400作为分散剂。经测试，采用体积分数 2%的纳米粒子、0.2%的分散剂时，纳米流体的悬浮稳定性最好。因此，本文制备纳米流体的方法是采用"两步法"，即采用 2mL 的 HA、SiO_2、Fe_2O_3、Al_2O_3、CNTs 纳米粒子及 0.2mL 的 PEG400 分别添加到 100mL 生理盐水中，并辅以 15min 的超声波振动。生理盐水（Normal saline，NS）以及各纳米粒子块体材料的导热系数、密度、比热容如表 8-1 所示。

表 8-1　纳米粒子块体材料及基液的热物理性质参数

材料		导热系数/(W/(m·K))	密度/(g/cm³)	比热容/(J/(kg·℃))
基液	NS	0.66	1.03	4150
纳米粒子块体材料	HA	2.16	3.61	732
	SiO_2	7.6	2.2	966
	Fe_2O_3	15	5.27	670
	Al_2O_3	40	3.7	882
	CNTs	3 000	1.3	692

8.3.2　实验结果

分别测量纯生理盐水喷雾式、采用 2%的 HA、SiO_2、Fe_2O_3、Al_2O_3、CNTs 纳米粒子射流喷雾式的对流换热系数，每组数据测量 5 组，取平均值。实验结果如图 8-16 所示。由图可知，纳米粒子能显著增加基液的对流换热系数。

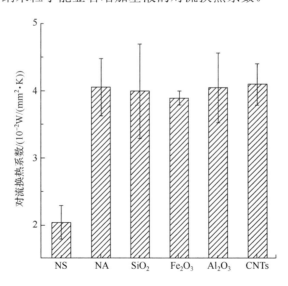

图 8-16　纯生理盐水及采用不同纳米粒子的纳米流体对流换热系数

参 考 文 献

[1] YU W, CHOI S U S. The role of interfacial layers in the enhanced thermal conductivity of nanofluids: A renovated Hamilton-Crosser model[J]. Journal of Nanoparticle Research, 2004, 6 (4): 355-361.

[2] 宣益民. 管内对流换热系数的瞬态测量方法[J]. 化工学报, 1994, 45 (6): 756-759.

[3] LI B K, LI C H, ZHANG Y B, et al. Heat transfer performance of MQL grinding with different nanofluids for Ni-based alloys using vegetable oil[J]. Journal of Cleaner Production, 2017, 154: 1-11.

[4] ZHANG D K, LI C H, ZHANG Y B, et al. Experimental research on the energy ratio coefficient and specific grinding energy in nanoparticle jet MQL grinding[J]. The International Journal of Advanced Manufacturing Technology, 2015, 78 (5): 1275-1288.

[5] 王冬生, 王桂梅, 王玉田, 等. 基于稀土荧光材料的光纤温度传感器[J]. 仪器仪表学报, 2007 (S1): 128-132.

[6] TOYLI D M, DE L C C F, CHRISTLE D J, et al. Fluorescence thermometry enhanced by the quantum coherence of single spins in diamond[J]. Proceedings of the National Academy of ences of the United States of America, 2013, 110 (21): 8417-8421.

[7] 贾丹平, 林乐乐, 苑玮琦, 等. 高精度光纤荧光测温法的稳定性研究[J]. 计量学报, 2008, 29 (2): 129-133.

[8] 杨敏, 李长河, 王要刚, 等. 一种磨削温度在线检测及纳米流体相变换热式磨削装置: 201510218166.5[P]. 2017-06-23.

[9] YANG M, LI C H, ZHANG Y B, et al. Research on microscale skull grinding temperature field under different cooling conditions[J]. Applied Thermal Engineering, 2017, 126: 525-537.

[10] YANG M, LI C H, ZHANG Y B, et al. Thermodynamic mechanism of nanofluid minimum quantity lubrication cooling grinding and temperature field models[M]// Kandelousi M S. Microfluidics and nanofluidics. London: IntechOpen, 2018.

[11] YANG M, LI C H, LUO L, et al. Biological Bone micro grinding temperature field under nanoparticle jet mist cooling[M]// REN Y. Advances in microfluidic technologies for energy and environmental applications. London: IntechOpen, 2019.

[12] 杨敏, 李长河, 张彦彬, 等. 骨外科纳米粒子射流喷雾式微磨削温度场理论分析及试验[J]. 机械工程学报, 2018, 54 (18): 194-203.

[13] 李长河, 张彦彬, 杨敏. 纳米流体微量润滑磨削热力学作用机理[M]. 北京：科学出版社, 2019.

[14] ZHANG Y B, LI C H, ZHAO Y J, et al. Material removal mechanism and force model of

nanofluid minimum quantity lubrication grinding[M]// REN Y. Advances in microfluidic technologies for energy and environmental applications. London: IntechOpen, 2019.

[15] ZHANG Y B, LI C H, YANG M, et al. Analysis of single-grain interference mechanics based on material removal and plastic stacking mechanisms in nanofluid minimum quantity lubrication grinding[J]. Procedia CIRP, 2018, 71: 116-121.

[16] 杨敏, 李长河, 张彦彬, 等. 纳米流体切削液热物理性质参数集成在线测量系统: 201710348464.5[P]. 2019-08-27.

[17] WANG Y G, LI C H, ZHANG Y B, et al. Comprehen-sive review of experimental investigations of forced convective heat transfer characterwastics for various nanofluids. Experimental evaluation of the lubrication properties of the wheel/workpiece interface in MQL grinding with different nanofluids[J]. Tribology International, 2016, 99: 198-210.

[18] ZHANG Y B, LI C H, YANG M, et al. Experimental evaluation of cooling performance by friction coefficient and specific friction energy in nanofluid minimum quantity lubrication grinding with different types of vegetable oil[J]. Journal of Cleaner Production, 2016, 139: 685-705.

[19] 李长河. 纳米流体微量润滑磨削理论与关键技术[M]. 北京: 科学出版社, 2017.

[20] LI B K, LI C H, ZHANG Y B, et al. Heat transfer performance of MQL grinding with different nanofluids for Ni-based alloys using vegetable oil[J]. Journal of Cleaner Production, 2017, 154: 1-11.

[21] ZHANG Y B, LI C H, ZHAO Y J, et al. Material removal mechanism and force model of nanofluids minimum quantity lubrication grinding[M]// REN Y. Advances in microfluidic technologies for energy and environmental applications. London: IntechOpen, 2019.

[22] LI B K, LI C H, ZHANG Y B, et al. Effect of the physical properties of different vegetable oil-based nanofluids on MQLC grinding temperature of Ni-based alloy[J]. The International Journal of Advanced Manufacturing Technology, 2017, 89: 3459-3474.

[23] GAO T, LI C H, JIA D Z, et al. Surface morphology assessment of CFRP transverse grinding using CNT nanofluid minimum quantity lubrication[J]. Journal of Cleaner Production, 2020: 123328.

[24] 王要刚, 李长河, 李本凯, 等. 一种砂轮磨损及 G 比率的测量装置与方法: 201510287865.5[P]. 2015-05-29.

[25] WANG Y G, LI C H, ZHANG Y B, et al. Experimental evaluation on tribological performance of the wheel/workpiece interface in minimum quantity lubrication grinding with different concentrations of Al_2O_3 nanofluids[J]. Journal of Cleaner Production, 2016, 142: 3571-3583.

[26] MAO C, ZOU H F, HUANG X M, et al. The influence of spraying parameters on grinding performance for nanofluid minimum quantity lubrication[J]. The International Journal of

Advanced Manufacturing Technology, 2013, 64: 1791-1799.

[27] 郝如江, 卢文秀, 褚福磊. 声发射检测技术用于滚动轴承故障诊断的研究综述[J]. 振动与冲击, 2008, 27(3): 75-79.

[28] LUKONGE A B, CAO X. Leak detection system for long-distance onshore and offshore gas pipeline using acoustic emission technology: A Review[J]. Transactions of the Indian Institute of Metals, 2020, 73: 1715-1727.

[29] SUTOWSKI P. Surface evaluation during the grinding process using acoustic emission signal[J]. Aequationes Mathematicae, 2012, 41(1): 103-110.

[30] LI C H, ALI H M. Enhanced heat transfer mechanism of nanofluid MQL cooling grinding[M]. Pennsylvania: IGI Global. 2020: 298-312.

[31] DONG L, LI C H, BAI X F, et al. Cooling performance analysis based on minimum quantity lubrication milling with Al_2O_3 nanoparticle[J]. Manufacturing Techniques and Machine Tool, 2018, 675: 131-134.

[32] JIA D Z, LI C H, ZHANG Y B, et al. Experimental research on the influence of the jet parameters of minimum quantity lubrication on the lubricating property of Ni-based alloy grinding[J]. The International Journal of Advanced Manufacturing Technology, 2016, 82: 617-630.

[33] 王要刚, 李长河, 张彦彬, 等. 一种声发射和测力仪集成的砂轮堵塞检测清洗装置及方法: 201510603700.4[P]. 2015-09-21.

第9章 低温冷却纳米粒子射流微量润滑供给系统案例库设计

9.1 概 述

纳米粒子射流微量润滑相对于浇注式冷却润滑方式显著地降低了磨削液的使用成本，减少了对环境的污染。并且，该冷却润滑方式相对于干磨削、低温冷却、微量润滑等冷却润滑方式能够更好地降低磨削力，改善工件表面的加工质量及提高砂轮的使用寿命[1-4]。但是，此种润滑方式仍然也存在明显的不足。纳米粒子射流微量润滑方式虽然向基础油中添加了导热系数较大的纳米粒子，在一定程度上提高了热量向外界传出的比例，但是对于钛合金等难加工材料磨削来说，在磨削过程中会产生比普通加工材料更多的热量，纳米流体虽然能够强化换热，但是纳米粒子含量极少，气体的强化换热并没有得到充分的发挥，所以有望进一步的改进此润滑方式，从而解决换热不足的技术瓶颈[5-9]。

低温冷却润滑以低温冷却介质代替浇注式磨削液喷射到磨削区起到冷却润滑作用。国内外学者对低温冷却润滑方式做出了大量的研究，并给予高度的评价[7-10]。低温冷却由于其换热介质与磨削区产生较大的温度，增大了热迁徙率强化气体的换热能力。金属工件材料由于低温的影响，材料的去除方式发生改变，促进了塑性材料脆性化去除，从而提高了金属加工的磨削性能。尽管如此，由于低温冷却润滑介质不具有好的减摩抗磨特性，也无法应用于钛合金等难加工材料的磨削加工[11-14]。

结合以上两种工艺各自优势，学者提出了低温气体雾化纳米流体微量润滑新工艺[15-20]。新工艺利用高速低温气体替换原来的常温压缩空气，将纳米流体进行雾化后喷射到磨削区。高速低温气体主要起到降温及清除磨屑的作用，纳米流体主要起到优良的润滑作用。该方式结合了低温冷风强迫换热效果和纳米流体优异的减摩抗磨润滑效果。因此，低温气体雾化纳米流体微量润滑是实现低耗环保的一种新的冷却润滑介质供给方式，为磨削加工提高工件表面质量和降低砂轮磨损开辟了一条新的途径。

低温冷却纳米粒子射流微量润滑供给系统是新技术应用的硬件支撑，目前已经有多项装备技术公布[21-24]，例如，专利"一种收缩式阿基米德型线涡流管喷嘴"[25]、"涡流管制冷器"[26]、"一种涡流管喷嘴"[27]、"一种新型涡流管制冷装置"[28]、"一种高效节能低温微量润滑装置"[29]。经检索，在现有的涡流管制冷技术中，涡流管以其结构简单、维护简便、故障率低、无须电能、机械能和化学能等优势得到广泛应用，然而制冷效率低一直是涡流管研究领域的难题，同时热管内热空气的散热困难，对涡流管的能量分离效果也有一定的制约。因此，需要对涡流管进行结构上的优化。目前对涡流管进行优化的专利有"一种低温微量润滑系统"[30]、"一种低温准干式微量润滑冷却装置"[31]。然而现有技术中，微量润滑系统微量润滑装置和低温气体产生装置都只是在一定的基础上进行组装，没有从制冷原理和结构中进行深入改进；微量润滑泵多采用气动泵，而气动泵需要由气体频率发生器控制，所提供的频率有限，气动泵输出的压力较小，当润滑液中加入纳米粒子之后会导致润滑液黏度增大，流动性变差，出现供气动力不足而导致气动泵无法工作。低温气体产生装置需要巨大的压缩空气消耗量，而在生产实践中，空气压缩机不仅要驱动磨床等大型机床工作，还要驱动多个低温气体产生装置和多个气动泵，进一步增加了空气压缩机运行负担。专利"低温冷风制冷系统及其控制方法、微量润滑冷却系统"仅对液压系统进行了设计，并没有对低温冷风进行结构上的设计[32]。专利"一种适用于低温微量润滑可转动低温喷射装置"对低温微量润滑喷嘴进行了设计[33]。以下将对低温冷却纳米粒子射流微量润滑供给加工装置与工艺案例进行分析。

9.2　低温冷却纳米粒子射流微量润滑供给系统案例库

9.2.1　低温冷却与纳米粒子射流微量润滑耦合磨削介质供给系统

一种低温冷却与纳米粒子射流微量润滑耦合磨削介质供给系统[34]，使用纳米粒子射流微量润滑和低温冷却润滑耦合的方法，可以在磨削区形成低温冷冻润滑膜。在磨削过程中，低温介质迅速蒸发带走磨削区大量的热，减少了微量润滑磨削介质的蒸发量，同时冷却了工件表面及磨屑，提高了换热能力，最大限度地减少了磨削热损伤，提高被加工工件的表面完整性和加工精度。它包含微量润滑所有优点且具有更强的冷却性能和优异摩擦学特性，提高了工件表面质量，实现高效、低耗、环境友好的低碳绿色清洁生产。如图 9-1 所示，系统包括至少一个微量润滑喷嘴和低温冷却喷嘴组合单元，该单元设置在砂轮的砂轮罩侧面，并与工作台上的工件相配合；单元包括微量润滑雾化微量喷嘴和低温冷却喷嘴，微量润滑雾化微量喷嘴与纳米流体管路和压缩空气管路连接，低温冷却喷嘴与低温冷却液管路连接；每个单元的纳米流体管路、压缩空气管路和低温冷却液管路均通过控制阀与纳米流体供给系统、低温介质供给系统和压缩空气供给系统连接，纳米流体供给系统、低温介质供给系统和压缩空气供给系统与控制装置连接。它有效解决了磨削烧伤，提高了工件表面质量，实现高效、低耗、环境友好、资源节约的低碳绿色清洁生产。

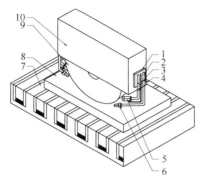

1-磁力固定吸盘；2-低温介质输送管；3-纳米流体输送管；4-压缩空气输送管；5-微量润滑雾化喷嘴；
6-低温冷却喷嘴；7-部分工作台；8-工件；9-砂轮；10-砂轮罩

图 9-1　低温冷却与纳米粒子射流微量润滑耦合磨削介质供给系统总装轴测图

图 9-2 所示为微量润滑雾化喷嘴总装剖视图，微量润滑雾化喷嘴由左螺母、注气管、密封垫圈、进液螺纹管、进液塞、右螺母、喷头和混合腔体构成。微量润滑雾化喷嘴包括进气腔、进液腔、混合腔、加速段和喷嘴出口。压缩空气和纳米流体分别通过进气腔和进液腔后在混合腔进行混合，进液塞为圆盘形，可根据需要在周围对称分布着 4~8 个进液孔，可以使压缩空气和纳米流体在混合腔内有足够的混合空间。此部分工作原理与 6.2.6 节的内容相同，在此不做赘述。同时三相泡状流经过加速后在喷嘴口以近声速喷出，加大了射流速度，在压力突然降到环境压力气泡急剧膨胀而爆破形成了液体雾化的动力，周围气泡会受到冲击波而爆炸并相互冲撞使雾化颗粒变得极其微小。

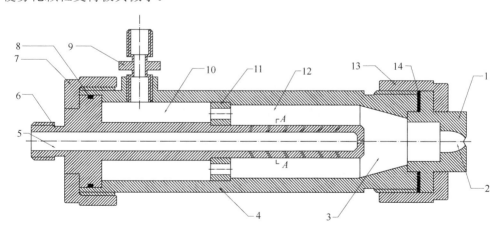

1-喷头；2-喷嘴出口；3-加速段；4-混合腔体；5-进气腔；6-注气管；7-左螺母；8、14-密封垫圈；
9-进液螺纹管；10-进液腔；11-进液塞；12-混合腔；13-右螺母

图 9-2　微量润滑雾化喷嘴总装剖视图

9.2.2 换热器制冷低温冷却纳米流体微量润滑供给系统及方法

本方案设计了一种换热器制冷低温冷却纳米流体微量润滑供给系统及方法[35]。将低温冷却与纳米粒子射流微量润滑进行了有效的耦合，利用低温气体代替原来纳米粒子射流微量润滑所需要的高压空气，具有纳米粒子射流微量润滑所有的优点，并且弥补了磨削温度过高的缺点，最大限度地发挥低温气体的冷却性能与纳米粒子射流微量润滑优异的摩擦学特性，能够降低磨削区的温度避免磨削烧伤现象，保证工件表面完整性。本方案提供一种低温冷却纳米粒子射流微量润滑供给系统的闭环控制方法，将电动机和加工设备通过计算机连接构成一种闭环系统，当计算机检测到加工设备需要改变供油流量的时候，自动调节电动机转速，为以后实现微量润滑智能自动调节流量提供更方便的途径。

如图 9-3 所示，换热器制冷低温冷却纳米流体微量润滑供给系统由低温气体产生装置(简称换热器)、纳米流体微量润滑供给系统(MQLSS)、气体分配控制阀(GDCV)和外混合喷嘴四部分构成。纳米流体微量润滑供给系统将纳米流体变为脉冲液滴，通过输油管从外混合雾化喷嘴处喷出，形成纳米粒子射流。在纳米流体微量润滑供给系统提供的纳米流体从喷嘴喷出之后，将低温冷却介质(如液氮)倒入换热器内，换热器充满冷却介质，由于低温冷却介质在常温常压下急剧发生相变，通过相变急剧的沸腾换热吸收来自换热管的热量，低温冷却介质蒸发的气体排除换热器外。经过换热器降温后的高压气体通过保温管道输送到气体分配阀中。低温冷气从喷嘴的进入管通入，纳米流体微量润滑供给系统供给的纳米流体通过输油管从喷嘴喷针排出，与低温气体在喷嘴外部混合，喷嘴成锥形喷射气体，在气体聚焦处使纳米流体雾化，低温气体携带雾化后的细小油滴穿过砂轮楔形气障层喷射到磨削区。

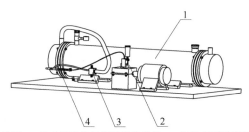

1-低温气体产生装置；2-纳米流体微量润滑供给系统；3-气体分配控制阀；4-外混合喷嘴

图 9-3　换热器制冷低温冷却纳米流体微量润滑供给系统总装图

如图 9-4 所示，肋板、换热器管板、换热器管箱、低温密封圈、密封垫片、法兰螺栓、法兰螺栓垫片和法兰螺母采用对称式安装布置。肋板与换热管装配有一定的间隙，换热管与管板过渡配合连接，管箱、管板、换热器壳体通过螺栓、螺母、螺母垫片固定连接。换热管与管板连接处加有低温密封圈，管箱与管板之间设有密封垫片，管板与换热器壳体之间设有密封垫片。换热器壳体与三通、冷却介质进口端盖、冷却介质排出口通过螺纹连接，三通上设有压力计和安全阀。

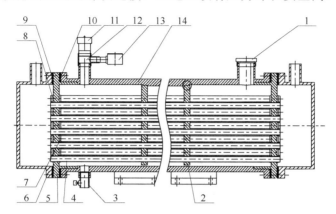

1-冷却介质进口端盖；2-肋板；3-冷却介质排出口；4-换热管；5-换热器管板；6-换热器管箱；
7、8-低温密封圈；9、10-密封垫片；11-安全阀；12-三通；13-压力计；14-换热器壳体

图 9-4 换热器装置装配左视图

如图 9-5 所示，活塞上装有星形密封圈、Y 形密封圈及活塞弹簧。活塞整体安装在泵体内。泵体一侧安装单向阀堵头、单向阀弹簧。出油口与泵体通过出油口定位螺钉连接定位。单向阀弹簧一端套在单向阀堵头上，另一端镶嵌在出油口弹簧槽内，防止单向阀堵头径向移动。星形密封圈密封油腔的油，防止油的泄露。Y 形密封圈唇口朝向油腔的方向进一步密封油的泄漏，Y 形密封圈唇口朝向外界防止外界杂质进入泵体内。活塞弹簧使活塞与凸轮轴贴合，能够稳定地供油。当活塞每进行冲程一次，活塞运动腔内空气通过泄气孔被排出到界外，供油腔中带有一定压力的油，克服单向阀弹簧的阻力被挤压到单向阀腔内，接着通过出油口经过输油管道在喷嘴外部被低温气体雾化喷射到加工区域。当活塞每进行一次回程，单向阀堵头由于单向阀弹簧的弹力堵住供油腔，防止油的回流。此时供油腔内的压强小于外界压强，油被吸入各供油腔内，完成一次供油。

如图 9-6 所示，首先将控气阀螺柱从控气阀接头旋入，依次旋入控气阀螺母。然后在控气阀螺柱上安装 O 形密封圈，将控气阀接头、O 形密封圈和控气阀整体旋入气体分配控制阀壳体内，控气阀接头和气体分配控制阀壳体之间装有密封垫片。最后分别将进气口快速插头、出气口快速插头旋入气体分配控制阀壳体中。进气口快速插头与气体分配控制阀壳体之间装有密封垫片，出气口快速插头与气体分配控制阀壳体之间装有密封垫片。O 形密封圈有三部分作用，第一，O 形密封圈能够有效地阻止气体的外漏；第二，O 形密封圈由于受到压缩使得控气阀螺柱与气体分配控制阀壳体存在一定的阻尼，能够有效减小控气阀因受气体冲击作用而发生震动从

而松动，起到定位作用；第三，当控气阀外旋时，O 形密封圈移动到控气阀接头处，O 形密封圈外径大于控气阀接头内径，不能继续向外移动，防止气体分配控制阀控气阀过度旋出而脱离控气阀接头。

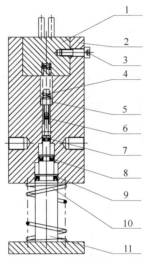

1-出油口；2-泵体；3-出油口定位螺钉；4-单向阀弹簧；5-单向阀堵头；6、7-星形密封圈；
8、9-Y 形密封圈；10-凸轮弹簧；11-活塞

图 9-5　纳米流体微量润滑供给系统部分装配图全剖主视图

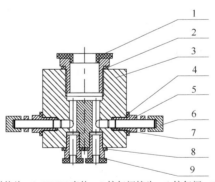

1-进气口快速插头；2、4、8-密封垫片；3-GDCV 壳体；5-控气阀接头；6-控气阀；7-O 形密封圈；9-出气口快速插头

图 9-6　气体分配控制阀装配图的剖视图

如图 9-7 所示，喷嘴气体进入管和蛇形管螺纹连接，喷嘴套筒与气体进入管螺纹连接，输油管与喷嘴喷针过盈连接，锥形管与保温管间隙配合连接，喷嘴喷针与锥形管间隙配合连接。保温管在气体进入管和喷嘴套筒内部，输油管在保温管内部。保温管和气体进入管之间设有密封垫片组合，保温管与喷嘴锥形管设有密封垫片，蛇形管通过喷嘴固定块固定安装到加工区域。

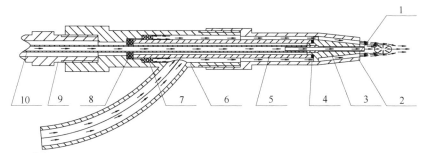

1-喷嘴喷针；2-喷嘴套筒；3-喷嘴锥形管；4-喷嘴密封垫片；5-保温管；6-喷嘴气体进入管；
7-喷嘴密封圈垫片盒；8-喷嘴密封组合垫片；9-蛇形管；10-输油管

图 9-7　喷嘴部分装配图

9.2.3　膨胀机驱动制冷低温冷却纳米粒子射流微量润滑供给系统

本方案设计了膨胀机驱动制冷低温冷却纳米粒子射流微量润滑供给系统[36]。为了既能够降低磨削区的温度避免磨削烧伤现象，又能够保证工件表面完整性，本方案将低温冷却与纳米粒子射流微量润滑进行了有效的耦合，利用低温气体代替原来纳米粒子射流微量润滑所需要的高压空气。本方案具有纳米粒子射流微量润滑所有的优点，并且弥补了磨削温度过高的缺点。最大限度地发挥低温气体的冷却性能与纳米粒子射流微量润滑优异的摩擦学特性。

如图 9-8 所示，膨胀机驱动制冷低温冷却纳米粒子射流微量润滑供给系统由低温气体产生装置(简称换热器)、纳米流体微量润滑供给系统(MQLSS)、气体分配控制阀(GDCV)和外混喷嘴四部分构成。低温气体产生装置通过谐波齿轮减速器减速后连接纳米流体微量润滑供给系统，低温气体产生装置与气体分配控制阀 3 相连，纳米流体微量润滑供给系统与外混合喷嘴相连，气体分配控制阀用于控制气体流量。

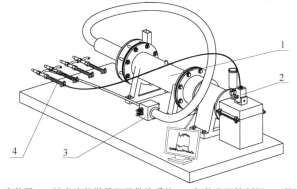

1-低温气体产生装置；2-纳米流体微量润滑供给系统；3-气体分配控制阀；4-外混喷嘴

图 9-8　膨胀机驱动制冷低温冷却纳米粒子射流微量润滑供给系统总装图

经过普通降温、过滤、干燥后的纯净气体进入膨胀机内，经过膨胀机降温后的低温气体通过出气口导流排出膨胀机，通过保温管道输送到气体分配阀中。喷嘴的低温冷气与纳米流体微量润滑供给系统供给的纳米流体在喷嘴外部混合，喷嘴成锥形喷射气体，在气体聚焦处使纳米流体雾化，低温气体携带雾化后的细小油滴穿过砂轮楔形气障层喷射到磨削区。

　　如图 9-9 所示，膨胀机叶轮与膨胀机主轴通过叶轮键连接，并且由轴端挡圈和防松螺栓、止动垫片加以固定。蜗壳右端与膨胀机喷嘴凸台外圆周间隙配合，中间设有密封垫片加以密封气体。蜗壳左端与膨胀机出气口堵头部分间隙配合，中间设有密封垫片加以密封气体。膨胀机出气口、膨胀机喷嘴及膨胀机壳体通过螺栓、螺母、螺母垫片固定连接。其中，出气口堵头部分紧紧压在膨胀机喷嘴叶上，可通过调节密封垫片的个数，来保证出气口堵头到喷嘴叶之间的距离，进而使膨胀机堵头能够与喷嘴叶紧紧贴合。膨胀机出气口导流与膨胀机出气口螺纹连接，之间有出气口垫片。深沟球轴承内圈、螺旋迷宫密封转子、迷宫密封转子与膨胀机主轴过盈连接；深沟球轴承外圈、轴承挡圈、螺旋迷宫密封定子、迷宫密封上盖、下盖与膨胀机壳体过渡配合连接。其中，螺旋迷宫密封甩油腔出油口与膨胀机壳体出油口流道对齐。装配完成保证各转动部分与静止部分留有微小间隙。膨胀机进油口、出油口

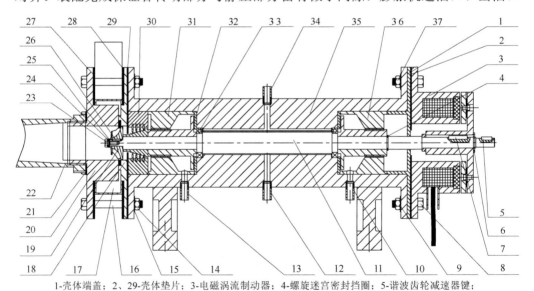

1-壳体端盖；2、29-壳体垫片；3-电磁涡流制动器；4-螺旋迷宫密封挡圈；5-谐波齿轮减速器键；
6-电磁涡流制动器挡圈；7-电磁涡流制动器键；8、16-螺栓；9、15-螺母垫片；
10、12、13-膨胀机出油口；11-膨胀机主轴；14、37-螺母；17-蜗壳；18-膨胀机喷嘴；
19-膨胀机叶轮；20-出气口；21-出口导流垫片；22-出口导流；23-防松螺栓；24-止动垫片；
25-轴端挡圈；26-叶轮键；27、28-密封垫片；30-迷宫密封组合；31-螺旋迷宫密封组合；
32-轴承挡圈；33-深沟球轴承；34-膨胀机进油口；35-膨胀机壳体；36-螺旋密封

图 9-9　膨胀机剖视图

与膨胀机壳体螺纹连接。螺旋迷宫密封右侧有壳体端盖定位，壳体端盖、膨胀机壳体和电磁涡流制动器基体通过螺栓、螺母垫片、螺母固定连接。电磁涡流制动器止动盘右侧有弹性挡圈定位。电磁涡流制动器外接电磁涡流止动自动测控系统，谐波齿轮减速器与膨胀机主轴通过谐波齿轮减速器键连接。

　　纳米流体微量润滑供给系统与 9.2.2 节内容相同，气体分配控制阀装置、外混喷嘴结构与 9.2.2 节内容相同，此处不再赘述。

9.2.4　膨胀机制冷低温冷却纳米粒子射流微量润滑供给系统

　　本方案提供一种膨胀机制冷低温冷却纳米粒子射流微量润滑供给系统，能够有效地减少磨削热损伤，提高被加工工件的表面完整性和加工精度[37]。低温气体产生装置基于膨胀机等熵膨胀原理进行设计，大大简化了透平膨胀机的复杂程度，易于维护，并且采用油润滑深沟球轴承不仅有效解决气体轴承运行稳定性问题，还提高了膨胀机的承载能力，同时采用迷宫密封与螺旋迷宫密封组合更好地解决了油润滑存在油泄漏的问题。

　　图 9-10 所示为一种膨胀机制冷低温冷却纳米粒子射流微量润滑供给系统，包括膨胀机、纳米流体微量润滑供给系统（MQLSS）、气体分配控制阀（GDCV）和外混合喷嘴。其中膨胀机将通入其内的压缩气体进行近似等熵膨胀降温后形成低温冷气；纳米流体微量润滑供给系统，包括泵体、凸轮轴和活塞，凸轮轴与电磁调速电动机相连；电磁调速电动机用于驱动凸轮轴旋转进而驱动泵体和活塞两者周期性相对运动，进而将纳米流体输送至输油管内；外混合喷嘴包括喷嘴气体进入管和喷嘴喷针，输油管伸入至喷嘴气体进入管，输油管与喷嘴气体进入管间设置有保温管，保温管和喷嘴气体进入管间通入低温冷气；喷嘴喷针一端连通输油管，喷嘴喷针另一端向外延伸至外混合喷嘴的外部；输油管内的纳米流体从喷嘴喷针喷出，进而与喷出外混合喷嘴外的低温冷气混合后雾化。

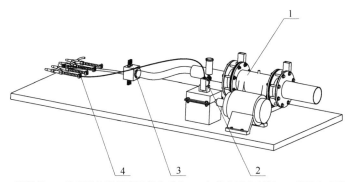

1-膨胀机；2-纳米流体微量润滑供给系统；3-气体分配控制阀；4-外混合喷嘴

图 9-10　膨胀机制冷低温冷却纳米粒子射流微量润滑供给系统总装图

如图 9-11 所示，膨胀机叶轮、蜗壳、迷宫密封组合、螺旋密封组合、深沟球轴承均呈对称式分布在膨胀机系统的左右两边。其中，膨胀机制冷叶轮与膨胀机主轴通过键连接，并且有轴端挡圈和防松螺栓、止动垫片加以固定。制冷端进气蜗壳右端与膨胀机喷嘴凸台外圆周间隙配合，中间设有密封垫片来密封气体。制冷端进气蜗壳左端与膨胀机出气口堵头部分间隙配合，中间设有密封垫片来密封气体。膨胀机出气口、膨胀机喷嘴及膨胀机壳体通过螺栓、螺母、螺母垫片固定连接。其中，出气口堵头部分紧紧压在膨胀机喷嘴叶上，可以通过调节密封垫片的个数，来保证出气口堵头到喷嘴叶之间的距离，进而使膨胀机堵头能够与喷嘴叶紧紧贴合。膨胀机出气口导流与膨胀机出气口螺纹连接，之间有出气口垫片。深沟球轴承轴承内圈、螺旋迷宫密封转子、迷宫密封转子与膨胀机主轴过盈连接；深沟球轴承外圈、轴承挡圈、螺旋迷宫密封定子、迷宫密封上盖、下盖与膨胀机壳体过渡配合连接。其中，螺旋迷宫密封甩油腔出油口与膨胀机壳体出油口流道对齐。装配完成保证各转动部分与静止部分留有微小间隙。膨胀机进油口和出油口与膨胀机壳体螺纹连接。同理，膨胀机止动端与膨胀机制冷端连接配合方式类似，相同地方不做过多赘述。不同地

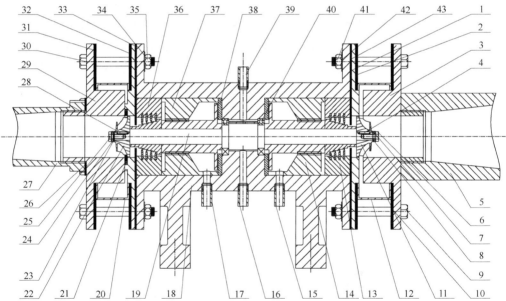

1-止动端出口端盖；2、10、31、32-密封垫片；3-进气口；4、28-键；5-止动端进气导流；6-防松螺栓；
7-止动垫片；8-轴端挡圈；9-螺栓；11-止动叶轮；12-出气蜗壳；13-迷宫密封；14-螺旋迷宫密封；
15～17-出油口；18-膨胀机壳体；19-膨胀机主轴；20-进气蜗壳；21-膨胀机喷嘴；22-制冷叶轮；
23-轴端挡圈；24-止动垫片；25-防松螺栓；26-出气口导流垫片；27-出气口导流；29-出气口；
30-法兰螺栓；33、43-膨胀机壳体垫片；34、42-螺母垫片；35、41-螺母；36-迷宫密封组合；
37-螺旋迷宫密封；38-轴承挡圈；39-膨胀机进油口；40-深沟球轴承

图 9-11　膨胀机系统装配图

方在于膨胀机止动端将膨胀机喷嘴换成止动端壳体端盖，膨胀机止动端壳体端盖与膨胀机喷嘴的不同之处在于，止动端壳体端盖没有喷嘴叶，其他地方特征相同。止动端进气口导流与膨胀机止动进气口螺纹连接。

纳米流体微量润滑供给系统与 9.2.2 节内容相同，气体分配控制阀装置、外混喷嘴结构与 9.2.2 节内容相同，此处不再赘述。

9.2.5　超声速喷嘴涡流管制冷与纳米流体微量润滑耦合供给系统

本方案提供了一种超声速喷嘴涡流管制冷与纳米流体微量润滑耦合供给系统，以解决现有技术中的磨削区温度高、工件表面完整性差、工件加工质量低的问题[38]。低温气体产生装置基于涡流管制冷原理进行设计。涡流管喷嘴为超声速喷嘴，提高了涡流管喷嘴出口速度。进一步地，涡流管喷嘴流道设置为不同流线线型，进而提高了气体在涡流管喷嘴处能量分离程度。对涡流管热管采用不同的强化换热措施，促进涡流管热管管内的能量向外界散失，减少温度较高的自由涡能量向温度较低的强制涡方向进行热传导。

图 9-12 所示为一种超声速喷嘴涡流管制冷与纳米流体微量润滑耦合供给系统，该系统由低温气体产生装置、纳米流体微量润滑供给系统、气体分配控制阀、外混合喷嘴组成。低温气体产生装置采用超声速喷嘴，提高涡流管喷嘴出口速度，涡流管喷嘴流道设置为不同流线线型，提高气体在涡流管喷嘴处涡旋强度，提高能量分离程度，对涡流管热管采用强化换热措施有效提高制冷效率。电动机驱动纳米流体微量润滑供给系统，能够更方便、精确地对供给的纳米流体流量进行控制。低温气体产生装置包括依次设置在进气套筒内的涡流管喷嘴、蜗壳导流和涡流管热管；气体分配控制阀的进气口快速插头与涡流管喷嘴的喷嘴出气管通过保温管道相连通；纳米流体微量润滑供给系统包括设置在箱体内的凸轮轴、泵体，凸轮轴通过凸轮轴键与电磁调速电机相连接。

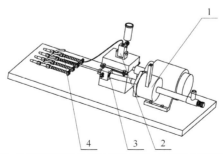

1-低温气体产生装置；2-纳米流体微量润滑供给系统；3-气体分配控制阀；4-外混合喷嘴

图 9-12　超声速喷嘴涡流管制冷与纳米流体微量润滑耦合供给系统总装图

如图 9-13 所示，首先将第二密封垫片安装在涡流管热管上再整体安装到进气套筒里面；接着安装蜗壳导流到喷嘴凸台处，将第一密封垫片安装到涡流管喷嘴冷气出口管处，整体安装到进气套筒内，与涡流管热管端部贴紧；最后用密封端盖将进气套筒及里面装配部分密封。首先在涡流管热管另一端依次安装第三密封垫片、Y形密封圈和水箱；接着将冷气比例调节阀安装到热气出口三通内，配合弹性挡圈和O形密封圈；然后将冷气比例调节阀、O形密封圈、弹性挡圈整体及热气出口三通整体安装到涡流管热管上，旋紧与水箱贴合同时将水箱紧紧压在进气套桶上。

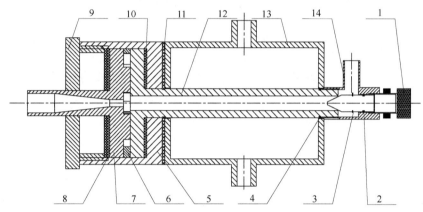

1-冷气比调节阀；2-O形密封圈；3-弹性挡圈；4-Y形密封圈；5-进气套筒；6-蜗壳导流；7-涡流管喷嘴；8-第一密封垫片；9-密封端盖；10-第二密封垫片；11-第三密封垫片；12-涡流管热管；13-水箱；14-热气出口三通

图 9-13　涡流管系统实施方案 1 装配图

如图 9-14 所示，与涡流管系统实施方案 1 有所不同，此实施例不安装水箱及其密封部分第三密封垫片和 Y 形密封圈。此实施例虽然制冷效果有所下降，但是小巧，

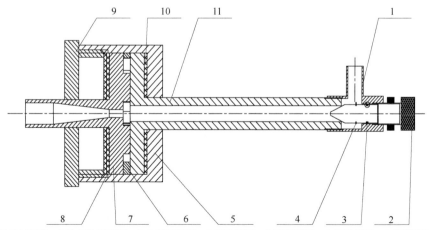

1-热气出口三通；2-冷气比例调节阀；3-O形密封圈；4-弹性挡圈；5-进气套筒；6-蜗壳导流；7-涡流管喷嘴；8-第一密封垫片；9-密封端盖；10-第二密封垫片；11-涡流管热管

图 9-14　涡流管系统实施方案 2 装配图

安装方便可靠，若无特殊要求优先选用实施方案 1。当选用涡流管系统实施方案 2 时，涡流管热管内部气体与壁面发生强制对流换热，换热系数为 α_{2i}，热管外与空气发生自然对流换热，换热系数为 α_{2w}，此时涡流管热管内外都为空气，强制对流换热要远远强于自然对流换热，即 $\alpha_{2i} > \alpha_{2w}$。

纳米流体微量润滑供给系统与 9.2.2 节的内容相同，气体分配控制阀装置、外混喷嘴结构与 9.2.2 节的内容相同，此处不再赘述。

9.2.6 液氮循环冷却涡流管高效制冷系统

本方案设计了一种液氮循环冷却涡流管高效制冷系统[39]。基于涡流管的制冷原理对结构进行了创新，对喷嘴形状、涡流室流道形状、热端调节阀结构以及分离室形状进行了改进设置，增加了整流器，同时，采用液氮循环对涡流管热管进行冷却，有效地提高了涡流管的散热率和制冷效率。

图 9-15 所示为液氮循环冷却涡流管高效制冷系统轴测图，液氮循环冷却涡流管高效制冷系统由涡流管制冷系统、液氮循环泵、液氮槽、液氮运输管道四部分组成。当使用该液氮循环冷却涡流管高效制冷系统时，首先开启液氮循环泵，使液氮冷却系统处于工作状态，对涡流管制冷系统的热端管进行预冷却，然后打开与涡流管制冷系统喷嘴相连接的外部空气压缩机，通过空气压缩机的降温、过滤、干燥作用后的相对纯净的压缩气体通过涡流管制冷系统喷嘴进入涡流管制冷系统进行气体能量热量分离，经过涡流管能量分离后的低温气体从涡流管冷端管排出；最后通过冷端管端口接入的外接管道低温气体引入加工区域实现冷却降温作用。

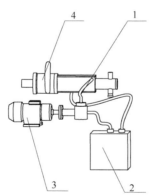

1-液氮运输管道；2-液氮槽；3-液氮循环泵；4-涡流管制冷系统

图 9-15 液氮循环冷却涡流管高效制冷系统轴测图

如图 9-16 所示，涡流管系统装配先后顺序如下：依次将第一密封垫片安装到涡流管进气套筒内并紧贴在右侧内端面，将气体整流器安装到热端管右端部区域，将热端管整体从涡流管进气套筒左端穿入并使端面与第一密封垫片紧贴，将螺旋液氮冷却管道从热端管右端套入热端管并与其左端面紧贴，将液氮管道外套筒套入螺旋液氮冷却管道并与热端管左端面紧贴，将气体控制阀阀体与热端管通过螺旋紧固定，将气体控制阀阀芯通过螺纹配合安装到气体控制阀阀体上，将第三密封垫片从涡流管进气套筒左侧装入其中并与热端管左端面紧贴，将冷端管从涡流管进气套筒左侧装入其中并与第三密封垫片左端面紧贴，将垫片套入密封套筒中并与其右端面紧贴，最后将密封套筒整体穿过冷端管并通过螺纹配合安装到涡流管进气套筒上。

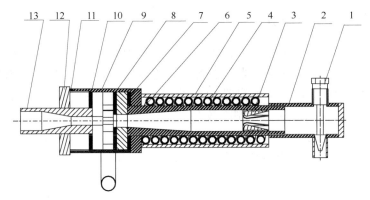

1-气体控制阀阀芯；2-气体控制阀阀体；3-气体整流器；4-螺旋液氮冷却管道；5-液氮管道外套筒；6-热端管；
7-第二密封垫片；8-第一密封垫片；9-涡流管进气套筒；10-第三密封垫片；11-垫片；12-密封套筒；13-冷端管

图 9-16　涡流管制冷系统剖视图

图 9-17 所示为涡流管进气套筒实施方案 1 轴测图。涡流管进气套筒由进气套筒和渐开线变径喷嘴组成。渐开线变径喷嘴包括与进气套筒连接的喷嘴体，喷嘴体的形状为渐开线形，喷嘴体一端与进气套筒连接，另一端悬置，悬置端与空气压缩机连接，以使常温压缩空气引入涡流管；喷嘴体内径尺寸由与进气套筒连接端至悬置端渐变增大。传统喷嘴为简单型单喷嘴，包括普通矩形喷嘴和阿基米德螺线形喷嘴，其进口段是从一个直管进入一个等截面的圆环通道，然后进入喷嘴。流通截面在直管与等截面的圆环通道的连接部位管径形状突然发生变化，会造成气流的分离及漩涡，使气体能量产生损失。本实施方案的渐开线变径喷嘴一方面可以使得从喷嘴流入的压缩气体在进入涡流室之前便形成涡流流动形态，同时变径渐缩式喷嘴可以使得压缩气体在进入涡流室之前进一步实现加速，有助于气体的冷热能量分离效果。减少喷嘴入口的气体拥堵，提高涡流效应。

1-渐开线变径喷嘴；2-进气套筒

图 9-17　涡流管进气套筒实施方案 1 轴测图

　　图 9-18 所示为冷端管流道槽形状实
施例 1 主视图。目前普遍认为压缩气体
进入喷嘴以后在涡流室内的运动轨迹为
阿基米德螺线型，但是研究反映传统的
阿基米德螺线型流道的导流效果一般，
在涡流室内存在着气体拥堵的问题，而
且气体速度未能得到有效的提高，基于

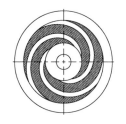

图 9-18　涡流室内流道形状实施例 1 主视图

此，本方案在不改变压缩气体在涡流室内的阿基米德螺线运动轨迹的基础上，设计
了几种新型的涡流室内流道形状以实现良好的导流和气体增速效果。本实施例以四
流道为例，四流道在流道凸起内沿中部均匀设置。本实施例冷端管流道槽形状为双
阿基米德变径螺线线型。本实施例双阿基米德变径螺线线型由初末半径相同且圆心
相同的两条阿基米德螺线组成，两曲线的半径变化率以及螺线角度不同，所以当压
缩气体进入双阿基米德变径螺线线型流道槽以后，由于流道管径是渐缩式的，所以
气体在螺旋前进的同时速度也在逐渐变大，有助于提高涡流管的涡流能量分离效果。
最终气体在流道槽末端近似切向地从流道口喷出进入涡流室实现涡流能量分离。

9.3　低温气体雾化纳米流体微量润滑磨削钛合金材料实验研究

　　低温气体雾化纳米流体微量润滑(CNMQL)是一种新的冷却润滑方式，经检索，
并没有学者对此工况下工件的磨削性能进行探索。低温冷风凭借与磨削区更高的温
度差可以起到强化换热的效果，纳米粒子射流微量润滑(NMQL)凭借优异的减摩抗
磨作用可以起到更好的润滑效果。本节重点从宏观磨削性能评价参数和微观磨削性
能评价参数方面来分析 Ti-6Al-4V 在纯低温气体冷却润滑、NMQL 和 CNMQL 工况
下磨削性能之间的差异。宏观磨削性能评价参数主要包括磨削温度、磨削力、表面
粗糙度和雾化效果，微观磨削性能评价参数主要包括表面形貌和磨屑形态。磨削实
验参数如表 9-1 所示，不同工况实验参数如表 9-2 所示[40]。

表 9-1　磨削实验参数

润滑方式	低温冷风、NMQL、CNMQL
砂轮线速度 v_s	24m/s
工件进给速度 v_w	4m/min
磨削深度 a_p	10μm
总气体流量	25m³/h
微量润滑供液流量	50mL/h
冷流比	0.4

表 9-2　不同工况实验参数

润滑方式	磨削介质初始温度/℃	雾化气体流量/(m³/h)
低温冷风	−5	10
NMQL	25	25
CNMQL	−5	10

在本节中采用宏观磨削性能评价参数(磨削温度 T、磨削力 F_t、表面粗糙度 Ra) 来对三种不同冷却润滑方式进行定量的评价。采用微观磨削性能评价参数(表面形貌和磨屑形态)来对三种不同冷却润滑方式进行定性的评价。最后采用边界润滑模型从磨削机理上对三种不同方式进行分析。

9.3.1　磨削性能宏观参数分析

1. 磨削温度分析

如图 9-19 所示,通过对三组不同冷却润滑工况下磨削区温度的对比可以看出,采用 CNMQL 冷却润滑方式得到了最低温度 151.2℃,相对于低温冷风冷却润滑方式 194.5℃和 NMQL 冷却润滑方式 214.1℃得到了显著的改善。

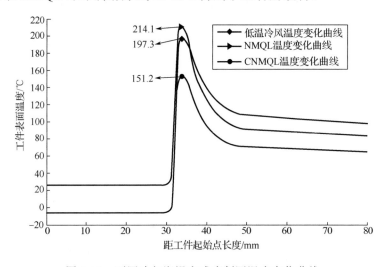

图 9-19　不同冷却润滑方式磨削区温度变化曲线

2. 磨削力分析

如图 9-20 所示,通过对三组不同冷却润滑工况下切向磨削力 F_t 的对比可以看出,采用 CNMQL 冷却润滑方式同样得到了最低的 F_t 为 46.8N,相对于低温冷风冷却润滑方式 80.9N 和 NMQL 冷却润滑方式 50.1N 得到了显著的改善。

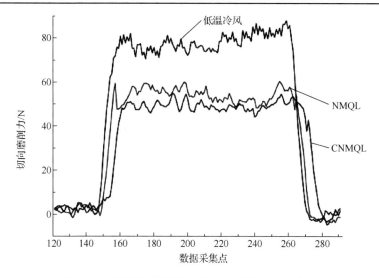

图 9-20　不同冷却润滑方式切向磨削力变化曲线

3. 表面粗糙度 Ra 值分析

如图 9-21 所示，表面粗糙度 Ra 值是评价表面质量的方法之一，能够定量地反映出不同工况的磨削性能。如图 5-3 所示，通过对三组不同冷却润滑工况下表面粗糙度 Ra 值的对比可以看出，采用 CNMQL 冷却润滑方式同样得到了最低的 Ra 值为 0.468μm，相对于低温冷风冷却润滑方式 0.629μm 和 NMQL 冷却润滑方式 0.506μm 得到了显著的改善。

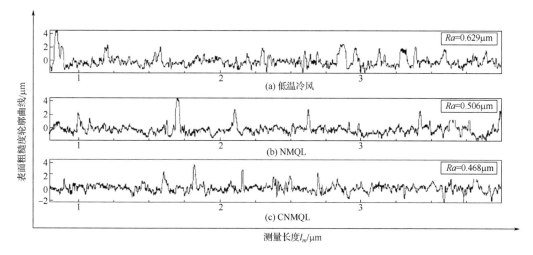

图 9-21　不同冷却润滑方式 Ra 值

9.3.2 磨削性能微观参数分析

1. 表面形貌分析

三种不同工况下的表面形貌如图 9-22 所示，从图中可以看出采用低温冷风冷却方式，出现严重的塑性堆积，并且出现较多的磨屑黏附现象，表面质量最差。这是由于低温冷风只有冷风起到冷却和除屑的作用，砂轮磨粒和工件之间缺少有效的润滑，导致摩擦严重，磨粒在切削的过程中，由于较大的磨削力而形成较深的犁沟，犁沟两侧堆积较多塑性变形层，磨粒无法有效地去除，导致工件表面质量较差。而采用 NMQL 冷却润滑方式，塑性堆积现象明显减轻，并且磨屑黏附现象也得到改善。但是由于其在磨削过程中磨削力较大，磨削温度也较高，仍然存在明显的犁沟。但是犁沟纹理较为清晰，犁沟两侧塑性变形层不明显，说明纳米流体有效地起到了润滑作用，NMQL 相对于低温冷风能够更好地提高工件表面质量。采用 CNMQL 冷却润滑方式，得到了最为理想的工件表面。从图 9-22(c) 可以看出，工件表面较为光滑，没有出现明显的犁沟和磨屑黏附现象，说明低温冷风降低磨削区温度，减少了磨屑在磨削高温区对工件和砂轮的黏附。与此同时，纳米流体起到润滑作用，降低了磨削力，减少了砂轮磨粒与工件的划擦。

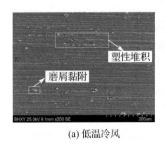 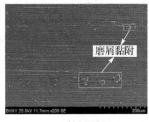 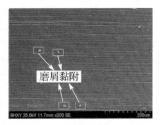

(a) 低温冷风   (b) NMQL   (c) CNMQL

图 9-22　不同冷却润滑方式下表面形貌对比

2. 磨屑形态分析

三种不同工况下的磨屑的表面形貌如图 9-23 所示，(a′)、(b′)、(c′) 均分别为 (a)、(b)、(c) 的局部放大图。从图 9-23(a) 和 (a′) 可以看出，采用低温冷风冷却方式，磨屑形状大小不一，磨屑两边呈现锯齿状，并且磨屑前面和背面都非常粗糙，说明此种冷却工况下磨削成屑性能较差，磨粒也比较容易磨损。而 NMQL 和 CNMQL 这两种冷却润滑方式下的磨屑形状都比较均匀，磨屑前面和背面形貌都得到了显著提高，说明低温冷风中混入少量的润滑液能够显著地提高砂轮磨粒和工件之间的润滑效果，减少摩擦，进而提高成屑效率。砂轮磨粒均匀的成屑，磨屑规律地从磨粒的前刀面流出，也减少了磨屑黏着于磨粒的可能性，进而减少砂轮堵塞，提高砂轮的使用寿命。CNMQL 与 NQML 冷却润滑方式相比，磨屑的形貌也得到了显著的改善，磨屑前后面均比较光滑，磨屑也较为细长，说明 CNMQL 冷却润滑方式降低磨削温度和磨削力之后，宏观磨削性能提高，微观磨削性能也同时提高。

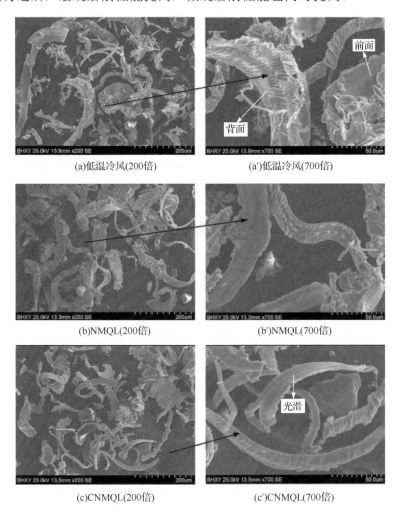

(a)低温冷风(200倍)　　　　　　(a')低温冷风(700倍)

(b)NMQL(200倍)　　　　　　(b')NMQL(700倍)

(c)CNMQL(200倍)　　　　　　(c')CNMQL(700倍)

图 9-23　不同冷却润滑方式下及不同放大倍数磨屑形貌对比

参 考 文 献

[1]　李伯民, 赵波. 现代磨削技术[M]. 北京: 机械工业出版社, 2003.

[2]　LI C H, LI J Y, WANG S, et al. Modeling and numerical simulation of the grinding temperature

field with nanoparticle jet of MQL[J]. Advances in Mechanical Engineering, 2013: 761-776.

[3] EASTMAN J A, CHOI U S, LI S, et al. Enhanced thermal conductivity through the development of nanofluids[C]// MRS Proceedings. Boston：Cambridge University Press, 1996, 457: 3.

[4] JIA D, LI C, LI R. Modeling and experimental investigation of the flow velocity field in the grinding zone[J]. International Journal of Control & Automation, 2014: 7.

[5] BARCZAK L M, BATAKO A D L, MORGAN M N. A study of plane surface grinding under minimum quantity lubrication（MQL）conditions[J]. International Journal of Machine Tools and Manufacture, 2010, 50（11）: 977-985.

[6] HEINEMANN R, HINDUJA S, BARROW G, et al. Effect of MQL on the tool life of small twist drills in deep-hole drilling[J]. International Journal of Machine Tools and Manufacture, 2006, 46（1）: 1-6.

[7] ZHANG Y B, LI C H, ZHAO Y H, et al. Material removal mechanism and force model of nanofluid minimum quantity lubrication grinding[M]// REN Y. Advances in microfluidic technologies for energy and environmental applications. London: IntechOpen, 2019.

[8] YANG M, LI C H, ZHANG Y B, et al. Thermodynamic mechanism of nanofluid minimum quantity lubrication cooling grinding and temperature field models[M]// Kandelousi M S. Microfluidics and nanofluidics. London: IntechOpen, 2018.

[9] YANG M, LI C H, LUO L, et al. Biological bone micro grinding temperature field under nanoparticle jet mist cooling[M]// REN Y. Advances in microfluidic technologies for energy and environmental applications. London: IntechOpen, 2019.

[10] LI C H, ALI H M. Enhanced heat transfer mechanism of nanofluid MQL cooling grinding[M]. Pennsylvania: IGI Global, 2020.

[11] 李长河, 张彦彬, 杨敏. 纳米流体微量润滑磨削热力学作用机理[M]. 北京: 科学出版社, 2019.

[12] 李长河. 纳米流体微量润滑磨削理论与关键技术[J]. 北京: 科学出版社, 2017.

[13] 杨颖, 童明伟, 严兴春, 等. 低温冷风射流对断屑影响的实验[J]. 重庆大学学报, 2004, (5): 74-77.

[14] KAYNAK Y, KARACA H E, NOEBE R D, et al. Tool-wear analysis in cryogenic machining of NiTi, shape memory alloys: A comparison of tool-wear performance with dry and MQL machining[J]. Wear, 2013, 306（1-2）: 51-63.

[15] 贺爱东, 叶邦彦, 王子媛. 低温微量润滑切削 304 不锈钢的实验研究[J]. 润滑与密封, 2015（6）: 100-103.

[16] ZHANG X H, XIA C, CHEN P, et al. Comparative experimental research on cryogenic gear hobbing with MQL[J]. Advanced Materials Research, 2012, 479-481: 2259-2264.

[17] SHEN B, MALSHE A P, KALITA P, et al. Performance of novel MoS_2 nanoparticles based

grinding fluids in minimum quantity lubrication grinding[J]. Transactions of NAMRI/SME, 2008, 36: 357-364.

[18] 苏宇, 何宁, 李亮. 高速车削中低温最小量润滑方式的冷却润滑性能[J]. 润滑与密封, 2010, 35（9）: 52-55.

[19] YUAN S, LIU S, LIU W. Effects of cooling air temperature and cutting velocity on cryogenic machining of Cr-18Ni-9Ti alloy[J]. Applied Mechanics and Materials, 2012, 148: 795-800.

[20] 管小燕, 任家隆, 李伟, 等. 低温冷风射流冷却对切削温度的影响实验[J]. 机械工程师, 2006（7）: 59-61.

[21] 李长河, 王胜, 张强. 纳米粒子射流微量润滑磨削润滑剂供给系统: 201210153801.2[P]. 2012-09-12.

[22] 王胜, 李长河, 张强, 等. 纳米粒子射流微量润滑磨削表面粗糙度预测方法和装置: 201210490401.0[P]. 2016-05-25.

[23] 李长河, 韩振鲁, 李晶尧, 等. 纳米粒子射流微量润滑磨削三相流供给系统: 201110221543.2[P]. 2011-12-21.

[24] 李长河, 贾东洲, 王胜, 等. 纳米流体静电雾化可控射流微量润滑磨削系统: 201310042095.9[P]. 2013-05-01.

[25] 袁松梅, 刘伟东, 张贺磊. 一种收缩式阿基米德型线涡流管喷嘴: 201010289379.4[P]. 2013-09-11.

[26] 徐晓峰, 李和新, 张春堂. 涡流管制冷器: 201210569077.1[P]. 2013-03-13.

[27] 马重芳, 吴玉庭, 何曙, 等. 一种涡流管喷嘴: 200510075282.2[P]. 2007-03-14.

[28] 宋福元, 李彦军, 杨龙滨, 等. 一种新型涡流管制冷装置: 201010197295.8[P]. 2010-10-13.

[29] 候小会, 侯小兵, 刘宇强, 等. 一种高效节能低温微量润滑装置: 201821852366.1[P]. 2019-08-16.

[30] 袁松梅, 严鲁涛, 刘伟东, 等. 一种低温微量润滑系统: 201010128275.5[P]. 2010-08-25.

[31] 张宝, 夏玉冰. 一种低温准干式微量润滑冷却装置: 201620263903.3[P]. 2016-08-24.

[32] 颜炳姜, 李伟秋, 王勇. 低温冷风制冷系统及其控制方法、微量润滑冷却系统: 201910462019.0[P]. 2019-10-25.

[33] 张慧萍, 石汝鑫, 刘建. 一种适用于低温微量润滑可转动低温喷射装置: 201821075873.9[P]. 2019-04-05.

[34] 贾东洲, 李长河, 张强, 等. 低温冷却与纳米粒子射流微量润滑耦合磨削介质供给系统: 201310180218.5[P]. 2015-03-25.

[35] 刘国涛, 李长河, 卢秉恒, 等. 换热器制冷低温冷却纳米流体微量润滑供给系统及方法: 201611255689.8[P]. 2017-08-18.

[36] 刘国涛, 李长河, 卢秉恒, 等. 膨胀机驱动制冷低温冷却纳米粒子射流微量润滑供给系统: 201611255702.X[P]. 2017-03-22.

[37] 刘国涛, 李长河, 曹华军, 等. 膨胀机制冷低温冷却纳米粒子射流微量润滑供给系统: 201611256831.0[P]. 2017-04-26.

[38] 刘国涛, 李长河, 翟明戈, 等. 超声速喷嘴涡流管制冷与纳米流体微量润滑耦合供给系统: 201710005238.7[P]. 2017-05-31.

[39] 张建超, 李长河, 李润泽, 等. 一种液氮循环冷却涡流管高效制冷系统: 201810318701.8[P]. 2018-09-11.

[40] 刘国涛. 低温气体雾化纳米流体微量润滑磨削钛合金强化换热机理与实验研究[D]. 青岛: 青岛理工大学, 2018.

第 10 章　多自由度微量润滑智能供给系统案例库设计

10.1　概　　述

在 CNC(computer number control，计算机数字控制)的数控铣床上，常采用各类铣刀对金属类工件进行切削加工。切削过程中工件材料在刀具切削作用下发生弹性/塑性变形，进而在切削区产生大量的热，此时加工区域温度瞬时可达到 600～1200℃。切削时消耗的能量绝大多数都转化为热量聚集在工件及刀具表面，严重影响加工质量和刀具使用寿命，进而降低生产率提高生产成本[1-3]。

通常在机械加工过程中采用切削液带走切削区热量，从而有效地降低切削温度。切削温度的降低可以减少工件和刀具的热变形并保持刀具硬度，进而提高加工精度和刀具耐用度[4,5]。切削液在加工区域形成局部润滑膜，可以减小前刀面/切屑以及后刀面/已加工表面间的摩擦，从而减小切削力和切削热，达到提高工件表面质量和刀具使用寿命的目的[6,7]。同时，切削液有良好的清洗和排屑作用，可有效去除工件表面污染物及切屑，从而保证刀具的锋利，不致影响切削效果[8-10]。切削液有一定的防锈能力，能有效防止工件与环境介质及切削液组分分解或氧化变质而产生的油泥等腐蚀性介质接触而腐蚀。切削液所具备的这些功能，使得它在包括机床加工的各个领域中获得了广泛的应用。但切削液的使用也带来了很多问题，在实际的铣削加工过程中，随着铣削参数的变化切削区温度也在变化，但传统的切削液供给方式无法根据不同加工区域温度的差异相应地调整切削液的供给量，总体冷却效果不佳，同时还存在着切削液使用效率偏低、资源浪费以及环境污染等缺陷[11-13]。

传统机加工采用大量乳化液、切削油、冷却剂等对加工区进行冷却润滑，这种冷却润滑方式利用率低、增加了巨额加工生产成本，而且报废的冷却液如果处理不当将对环境造成极大的伤害[14-17]。干式加工技术是最早出现的一种绿色环保加工技术，它起源于汽车工业。已成功应用于车削、钻削和镗削等机械加工中。它不是简单地完全摒弃切削液，而是在保证零件加工精度和刀具使用寿命的前提下，废除切削液的使用。然而干式加工并没有解决切削区冷却问题，反而造成了工件表面烧伤、表面完整性恶化等问题。

微量润滑技术代替浇注乳化液、干式加工技术已经成为必然趋势，适应了绿色制造和可持续发展的理念。它是指将微量的润滑液、水和具有一定压力的气体混合雾化后，喷射到切削区起到冷却润滑作用的一种技术[18-21]。水和高压气体起到冷却作用，油起到润滑切削区、延长刀具寿命的作用。目前对微量润滑技术的研究已经取得了一定进展，对微量润滑设备的设计研发成为微量润滑技术实现的重要内容。虽然很多设计者设计了微量润滑系统，但是在实际应用中依然存在很多问题。

在铣削加工过程中，铣削力是极其重要的参数，与铣削过程中系统的振动、工件加工表面质量和刀齿磨损有着直接关系。金属切削过程中，刀具与工件之间的切削振动、加工过程中的切削力以及切削系统的动态特性都有着内在的本质联系。在传统加工中，由于对动力学特性的忽略而导致了刀具角度的选择过于保守，即降低了加工效率，又会因为选取刀具角度不当使铣削系统处于失稳状态。同时，切削过程中的切削力是维持切削系统稳定性避免产生振动的必要条件，因此，从铣削力分析来设计刀具具有极其重要的意义。另外，在铣削加工中可能发生一种自激振动产生再生颤振，它会导致表面光洁度差，刀具过早磨损，对机床或工具造成潜在的损坏，再生颤振的出现从根本上限制了机械加工的效率。不等螺旋角铣刀是为了避免再生颤振的出现而提出的，能够降低颤振发生的概率，从根源上减弱振动幅值，通过合理设计能够降低刀具磨损的速度，提升工件的表面加工质量，针对这些问题，提出了一种不同润滑条件下的铣削系统及方法，该系统能够实现刀具的存放，向铣削界面提供润滑油，可以针对不同加工工况选择不同铣刀[22-26]。

为了解决以上数控加工中微量润滑供给的问题，对多自由度微量润滑智能供给系统案例库进行分析。

10.2 多自由度微量润滑智能供给系统案例库

10.2.1 切削液喷嘴可智能随动的铣床加工系统及工作方法

为了实现喷嘴能够随铣刀运动，且能保持最佳的喷射角度，根据加工实际需要在不同的加工区域合理调节切削液用量，从而在保证冷却润滑效果的同时进一步提高切削液的使用效率。该方法提供了一种切削液喷嘴可智能随动的铣床加工系统，能够有效提高切削液的利用率，降低整体切削区温度，提高润滑冷却效果，为机械加工领域切削液的智能供给提供了新技术方向。

图 10-1 为该系统的整体结构示意图，包括铣床箱体、转动机构、Y向移动机构、X向移动机构、工件台、喷嘴、铣刀机构。工件台上方设置铣床箱体，所述铣床箱体上安装有铣刀机构，用于对工件台上的工件进行加工。铣床箱体位于铣刀一侧的端面安装有转动机构，转动机构与二轴联动机构连接，驱动二轴联动机构绕铣刀所在中心线转动。二轴联动系统通过角度调节机构与喷嘴连接，用于调节喷嘴的位置及角度，铣床加工系统还具有红外温度探测模块，用于采集加工区的温度。Y向移动机构采用

第一滚珠丝杠螺母传动机构，X 向移动机构采用第二滚珠丝杠螺母传动机构。

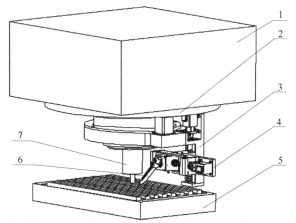

1-铣床箱体；2-转动机构；3-Y 向移动机构；4-X 向移动机构；5-工件台；6-喷嘴；7-铣刀机构

图 10-1　整体结构示意图

图 10-2 为大齿圈与小齿轮配合示意图，图 10-3 为第一电机与小齿轮及旋转环配合示意图，包括大齿圈、小齿轮、第一电机、旋转环、轴端挡板。转动机构包括环形的大齿圈，大齿圈的上端面附有磁性材料，与铣床箱的下表面固定吸附，大齿圈内侧具有齿，通过内啮合的形式与小齿轮啮合，小齿轮与驱动机构连接，优选的驱动机构采用第一电机，第一电机的输出轴通过轴端挡板与固定螺钉与小齿轮固定连接，小齿轮与铣床箱下表面具有一定的距离，防止小齿轮与铣床箱直接接触，产

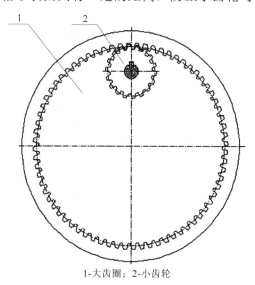

1-大齿圈；2-小齿轮

图 10-2　大齿圈与小齿轮配合示意图

生摩擦，不利于小齿轮的转动。第一电机与旋转环的上端面通过四个螺栓和垫圈固定连接，旋转环通过推力调心滚子轴承与保护套可转动连接，推力调心滚子轴承的内圈直接套在保护套上，外圈通过过盈配合与旋转环固定连接，推力调心滚子轴承上端面上设有轴承挡环，轴承挡环通过固定螺栓及垫圈与旋转环上端面固定连接，对旋转环实现轴向定位，推力调心滚子轴承下端面处设有轴承卡环。第一电机接通电源后，小齿轮沿大齿圈作周向转动，旋转环液开始转动，进而带动二轴联动机构、角度调节机构及喷嘴绕铣刀的中心轴线做圆周转动。

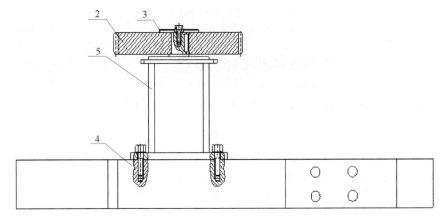

2-小齿轮；3-轴端挡板；4-旋转环；5-第一电机

图 10-3　第一电机与小齿轮及旋转环配合示意图

　　图 10-4 为 Y 向移动机构轴测示意图，包括上盖板、Y 向导轨、下盖板、第一挡油环、第一丝杠、第一滑块、第一丝杠螺母、梅花联轴器、第二电机。二轴联动机构包括 Y 向移动机构及 X 向移动机构。所述 Y 向移动机构采用第一滚珠丝杠螺母传动机构，包括 Y 向导轨。Y 向导轨具有外伸板，通过外伸板及各固定螺钉、弹簧垫圈固定在旋转环的外侧面上，所述外伸板中穿过第一丝杠，第一丝杠的两端通过第一角接触球轴承分别与上盖板及下盖板连接，第一角接触球轴承可以支撑第一丝杠，并保证其回转精度，第一角接触球轴承利用下盖板和轴肩实现轴向定位，并设置轴用弹性挡圈防止其轴向窜动，角接触通常采用脂润滑，为避免油池中的润滑油被溅至第一角接触球轴承内稀释润滑脂，降低润滑效果，在第一角接触球轴承内侧设第一挡油环，第一挡油环与第一丝杠及第一角接触球轴承内圈一起旋转，所述下盖板通过固定螺钉及垫圈固定在 Y 向导轨上，并利用调整垫片调整其安装距离，下盖板还起到防尘和密封作用，所述上盖板通过固定螺钉及垫圈固定在外伸板上，上盖板开设 T 形凹槽，T 形凹槽内部设置第一密封圈，阻止切屑、水或其他杂物进入第一角接触球轴承，并阻止润滑剂的流失，上盖板与外伸板之间设置调整垫片，用于对上盖板进行定位。第一丝杠通过梅花联轴器与第二电机的输出轴连接，第二电机固

定在外伸板上，第一丝杠上装配有第一丝杠螺母，构成回转副，丝杠螺母通过螺钉及垫圈固定有第一滑块，第一滑块嵌入 Y 向导轨的 T 形滑槽中。

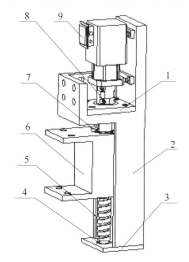

1-上盖板；2-Y 向导轨；3-下盖板；4-第一挡油环；5-第一丝杠；3〜6-第一滑块；
7-第一丝杠螺母；8-梅花联轴器；9-第二电机

图 10-4　Y 向移动机构轴测示意图

图 10-5 为 X 向移动机构轴测示意图，包括喷嘴、喷嘴夹持器、第三电机、第二丝杠、第二丝杠螺母、蜗杆、第二滑块、X 向导。X 向移动机构采用第二滚珠丝杠螺母传动机构，其结构与第一滚珠丝杠螺母传动机构相似，由第三电机驱动，其不同之处是包括 X 向导轨，X 向导轨与第一滑块固定连接，第二滚珠丝杠螺母传动机构的第二丝杠上装配有第二丝杠螺母，第二丝杠螺母上安装有第二滑块，第二滑块由多块盖板组合而成。第二滑块的内部空间分为两部分：一部分用于容纳第二丝杠螺母、第二丝杠及其装配连接件；另一部分用于容纳角度调节机构。角度调节机构包括涡轮、蜗杆及涡轮轴，涡轮轴伸出至第二滑块外部，通过第二角接触球轴承与第二滑块的盖板可转动的连接，第二角接触球轴承利用轴肩和盖板实现轴向定位，涡轮轴与第二滑块盖板连接处设置第二密封圈，防止外界灰尘进入第二滑块内部，也防止铣削时飞溅的切屑和冷却液进入而影响角度调节机构的精度，涡轮轴上通过键连接形式固定连接涡轮，涡轮与蜗杆相啮合，蜗杆伸出至第二滑块外部，蜗杆通过第三角接触球轴承与第二滑块的盖板可转动连接，并且设置第二密封圈进行密封，第三角接触球轴承利用轴肩和第二滑块的盖板实现轴向定位，为避免油池中的润滑油被溅至第三或第二角接触球轴承内稀释润滑脂，降低润滑效果，在第三角接触球轴承及第二角接触球轴承内侧设置第二挡油环。涡轮轴伸出第二滑块的一端通过喷嘴夹持器固定连接喷嘴，蜗杆伸出第二滑块的一端具有六角方头，方便使用扳手调

节喷嘴的角度。

喷嘴所在一侧的第二滑块的盖板上设有 0°～360° 的刻度线，方便操作人员对喷嘴角度进行调节。喷嘴夹持器包括两个截面为半圆形的夹持板，两个夹持板利用螺栓固定并卡紧喷嘴，喷嘴加工成直筒状，在喷嘴外圆周表面上设有直线刻度线，方便调整夹持喷嘴的位置。

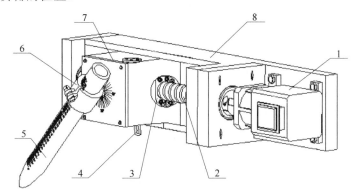

1-第三电机；2-第二丝杠；3-第二丝杠螺母；4-蜗杆；5-喷嘴；6-喷嘴夹持器；7-第二滑块；8-X 向导

图 10-5　　X 向移动机构轴测示意图

10.2.2　基于三轴并联平台的数控卧式车床微量润滑智能喷头系统

在进行卧式车床加工之前人们通过对卧式车床加工的了解，将喷头近似地对准车刀，但当卧式车床加工时，会导致切削液无法喷射到车刀的工作点周围，造成切削液的浪费和工件表面烧伤，也没有办法实现喷头对卧式车床加工进行连续跟踪喷射。为了解决现有技术的不足，该方案提供了基于三轴并联平台的数控卧式车床微量润滑智能喷头系统，支持卧式车床不同加工工况进行切削液连续追踪喷射。

图 10-6 是基于三轴联动平台的数控卧式车床多自由度微量润滑智能喷头系统轴侧图。横向移动部：由 L 形固定支架和丝杠系统构成，通过步进电机给丝杠提供横向移动所需动力。纵向伸缩部：由桶型固定外框架和丝杠系统构成，其中的丝杠由一根动力丝杠和三根辅助滑杆组成。旋转部：由桶型固定框架和旋转平台构成，其中旋转平台由电机驱动并通过齿轮和齿圈传动。三轴联动平台：由联动平台底盘、喷头固定环和驱动电机以及连杆构成。其中联动平台底盘在上，喷头固定环在下，联动平台底盘和喷头固定环中间由三组连杆连接。联动平台底盘上的三个驱动电机提供转矩，并由同步带传给连杆组，使连杆组总长度发生伸长或缩短，使喷头固定环角度偏转。

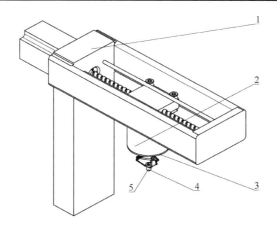

1-横向移动部；2-纵向伸缩部；3-旋转部；4-三轴联动平台；5-信息采集系统

图 10-6 基于三轴联动平台的数控卧式车床多自由度微量润滑智能喷头系统轴侧图

图 10-7 是纵向伸缩部的爆炸图，桶型固定外框架四角有通孔用于与导向滑块连接，其内部有螺孔位于框架侧壁用于固定丝杠系统(第二联轴器、导向滑杆、导向滑块、第二轴承)，内部有螺孔位于框架顶部用于固定导向滑杆，纵向伸缩部内部有一个丝杠系统和三根导向滑杆，相应的有一个第二丝杠滑块和三个导向滑块，四者通过螺栓连接旋转部外壳，将其固定，并通过滑道来减小摩擦，滑道与导向滑杆一起对纵向伸缩系统进行导向。

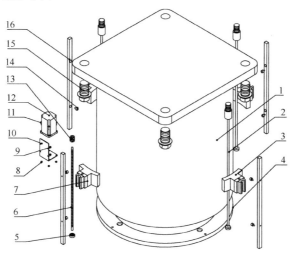

1-桶型固定外框架；2-导向滑杆；3-导向滑块；4-固定下端盖；5-第二轴承；6-第二丝杠滑杆；
7-第二丝杠滑块；8-第一螺母；9-第六螺栓；10-第一 90°角铁片；11-第五螺栓；12-第二电机；
13-第二联轴器；14-一字口沉头螺栓；15-第四螺栓；16-滑道

图 10-7 纵向伸缩部的爆炸图

　　图 10-8 是旋转部爆炸图，旋转部爆炸图包括外齿圈、上端盖、第一推力球轴承、旋转部外壳、第七螺栓、第三电机、第八螺栓、第二度 90° 角铁片、齿轮、第二螺母、第二推力球轴承、下端盖、平台固定端、第二内六角螺栓、第一内六角螺栓、第八螺栓。旋转部的旋转所需驱动力皆来自第三电机，第三电机借助第二度角铁片通过第八螺栓固定于旋转部外壳内壁。第三电机动力则由齿轮和外齿圈啮合来传递。旋转部外壳、第一推力球轴承、上端盖、第二推力球轴承、下端盖几部分组成旋转平台来承接外齿圈 1 传递来的旋转力，实现旋转部的旋转。其中上端盖和下端盖通过内六角螺栓连接。平台固定端通过内六角螺栓固定在下端盖下方。

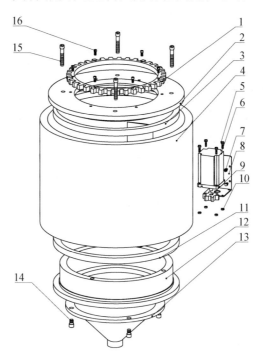

1-外齿圈；2-上端盖；3-第一推力球轴承；4-旋转部外壳；5-第七螺栓；6-第三电机；7-第八螺栓；
8-第二 90° 角铁片；9-齿轮；10-第二螺母；11-第二推力球轴承；12-下端盖；13-平台固定端；
14-第二内六角螺栓；15-第一内六角螺栓；16-第八螺栓

图 10-8　旋转部爆炸图

　　图 10-9 是喷头结构图。三轴联动平台系统包括第四电机、第九螺栓、连杆组、同步轮系统、三相喷头、喷头固定环、联动平台底盘。三轴联动平台由两部分组成，其中 I 部分是驱动部分，通过第四电机来提供原始动力，通过同步带系统将动能传递给连杆组，通过电机的不同转矩可以调整连杆组的总长度。II 部分是实施喷射油雾的喷头，内设气管和液管两者在喷头前端汇合产生气液混合物，用于冷却润滑工作点。

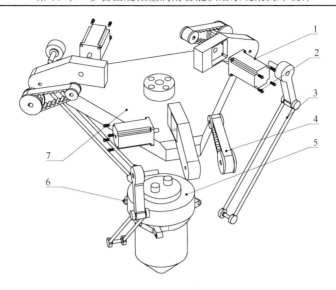

1-第四电机；2-第九螺栓；3-连杆组；4-同步轮系统；5-三相喷头；6-喷头固定环；7-联动平台底盘

图 10-9　喷头结构图

10.2.3　磨削液有效流量率的实验研究

1.　实验方案

在实验测量磨削液有效流量率之前，首先要调整好有效流量收集装置，以使实验过程中有效流量被收集起来，而非有效流量被阻挡在外；收集装置调整好之后，再遵循一定的测量步骤，得出给定磨削参数和一定时间内的磨削液有效流量率；接下来改变磨削参数，主要包括砂轮转速、磨削液喷射速度、砂轮特性参数(砂轮与工件之间最小间隙)，研究各磨削参数对有效流量率的影响，同时验证前文中的仿真结果。

1)有效流量收集装置的调整

图 10-10 展示了实验中磨削液有效流量的收集情况。在收集之前，需要对砂轮位置和收集装置进行调整，砂轮的调整主要是让系统记住实验时砂轮与工件的相对位置，收集装置的调整主要是调节挡板和收集罩相对砂轮的位置。调整过程中，砂轮保持静止。调整步骤如下。

(1)将整个有效流量收集装置置于数控磨床电磁工作台，手动摆正其位置。固定挡板和收集罩的螺钉不需拧紧，使其有一定的活动空间。

(2)将砂轮移动到工件表面上方 1mm 左右，使砂轮位于工件槽宽中心，并使砂轮轴线与挡板处于同一垂直平面上。

(3)缓慢向下调节砂轮，同时用手拨动砂轮旋转，以寻找砂轮最低点，即砂轮与工件接触位置，此时砂轮与工件的相对位置即实验中两者的相对位置，使系统记住此时的坐标值。

(4)调节工件两侧挡板的位置，同时用手拨动砂轮旋转，使挡板内侧与砂轮两边呈轻微接触状态，不要使两者靠得太紧，以免实验过程中由于砂轮的高速旋转而带来安全隐患，调节完毕后，即可用螺钉固定挡板。

(5)调节收集罩的位置，同样用手拨动砂轮旋转，使收集罩上表面的右边缘与砂轮表面呈轻微接触状态，调节完毕后，即可用螺钉将其固定，至此即完成了砂轮和收集装置的调整。

图 10-10　收集磨削液有效流量的实物图

2)有效流量率的测量

有效流量收集装置调整完毕后，即可进行实验测量磨削液有效流量率。有效流量率为磨削液有效流量与喷嘴流量之比，喷嘴流量可以利用数控磨床供液系统的流量计中的读数进行相应计算，有效流量需通过收集装置收集，其收集步骤如下。

(1)设置磨削参数，主要调节砂轮线速度和磨削液喷射速度。

(2)相关参数设置完毕后，使磨床自动运行，待其运行至调整的砂轮与工件的接触位置时，工作台停止进给，通过砂轮与工件之间的磨削液即有效流量经收集槽出口流出，此时便可进行有效流量的收集。

(3)从空烧杯放入收集槽出口下方起开始计时，收集 5min，用电子秤称取所收集到磨削液的质量(减去烧杯的质量)，此质量即为 5min 内磨削液的有效流量。

(4)重复步骤(3)，共测量三次有效流量，取其平均值。

参照上述步骤可得到给定磨削参数和一定时间内磨削液的有效流量，其与喷嘴流量(相同条件下喷射磨削液的质量)之比(即有效流量率)。改变磨削参数并重复测量，即可得出相应参数下磨削液有效流量率，从而研究各磨削参数对它的影响。

2. 实验参数选择

本实验中研究影响磨削液有效流量率的磨削参数主要包括砂轮转速、磨削液喷射速度和砂轮特性参数(砂轮与工件之间最小间隙)，与仿真分析相对应。各磨削参数的选择如表 10-1 所示。通过实验研究每个磨削参数对有效流量以及有效流量率的影响。

表 10-1　磨削参数

磨削参数	取值
砂轮线速度/(m/s)	30、40、50、60、80、100、120
磨削液喷射速度/(m/s)	5、10、20、30
砂轮特性参数	80#砂轮(49μm)、240#砂轮(10μm)

3. 实验结果分析

1)不同砂轮转速和磨削液喷射速度下仿真数据与实验结果的比较

图 10-11 为不同砂轮转速和磨削液喷射速度下有效流量仿真数据与实验结果的对比，实验中采用砂轮的粒度为 80#，仿真中砂轮与工件之间的最小间隙为 49μm，图 10-11 中曲线为仿真数据，离散点为实验结果，仿真曲线和对应的实验结果即离散点的颜色相同，纵坐标为有效流量，横坐标为砂轮圆周速度。从图中可以看出，实验结果和仿真曲线的分布规律大致相同。磨削液喷射速度 v_j 相对较低时，如 v_j 为 5m/s、10m/s，当砂轮转速小于 50m/s 时，实验结果大于仿真结果；当砂轮转速大于 50m/s 时，实验结果小于仿真结果，这可能是由于砂轮转速较低时，砂轮旋转气障层对磨削液供给的阻碍作用相对较小，磨削液渗透到砂轮表面气孔的深度即填充系数大于仿真中的设置值，因此实验中由砂轮携带的通过砂轮与工件之间接触区的磨削液(有效流量)要大于仿真值；当砂轮转速进一步提高时，砂轮旋转气障层对磨削液供给的阻碍作用相对较大，磨削液渗透到砂轮表面气孔的深度即填充系数小于仿真中的设置值，所以实验得到的有效流量要小于仿真值。磨削液喷射速度 v_j 相对较大时，如 v_j 为 20m/s、30m/s，所得的实验结果基本都高于仿真值。砂轮转速越小，实验结果比仿真结果增大得相对越多,这是由于不同砂轮转速和磨削液喷射速度下，磨削液渗透到砂轮表面气孔的深度(即填充系数)不同，仿真中设置的填充系数均为 0.5。磨削液喷射速度较大时其填充系数也相对较大，而且砂轮转速越低，其填充系数相对越高。

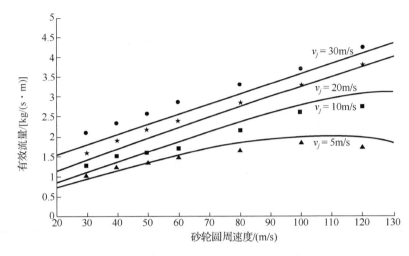

图 10-11　不同砂轮转速和磨削液喷射速度下有效流量仿真数据与实验结果的对比(h=49μm)

　　图 10-12 为不同砂轮转速和磨削液喷射速度下有效流量率仿真数据与实验结果的对比，图中曲线为仿真数据，离散点为实验结果，仿真曲线和对应的实验结果即离散点的颜色相同，纵坐标为有效流量率，横坐标为砂轮圆周速度。从图中可以看出，实验结果和仿真曲线的分布规律大致相同。当磨削液喷射速度一定时，喷嘴流量不变，磨削液有效流量率与有效流量成正比，因此两者的仿真曲线和实验结果相似。当砂轮转速一定，磨削液喷射速度增大时，有效流量率的仿真和实验结果都变小，与图 5-7 中有效流量的变化规律相反，这是由于砂轮转速一定时，磨削液喷射速度越高，有效流量和喷嘴流量都相应地增加，但是有效流量增加得十分有限，而

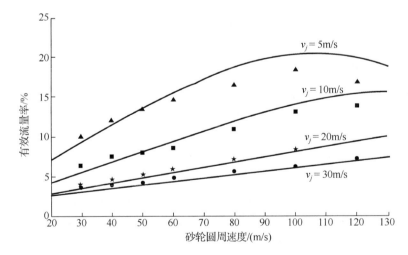

图 10-12　不同砂轮转速和磨削液喷射速度下有效流量率仿真数据与实验结果的对比(h=49μm)

喷嘴流量增加的幅度很大，两者相比之下，结果使得有效流量率减小。一味地增加磨削液喷射速度，虽然能提高磨削液有效流量，增强其冷却、润滑效果，但是其有效流量率下降，磨削液有效利用的比例减小，造成磨削液的大量浪费。由图中纵坐标的范围可知，磨削液有效流量率很低（3%～20%），实际磨削加工中大量的磨削液根本无法进入砂轮/工件界面，磨削液只是起到冷却工件基体的作用。

2）在使用不同粒度的砂轮时仿真数据与实验结果的比较

图 10-13、图 10-14 分别为不同砂轮转速和磨削液喷射速度下有效流量、有效流量率仿真数据与实验结果的对比，实验中采用砂轮的粒度为 240#，仿真中砂轮与工件之间的最小间隙为 10μm，图中曲线为仿真数据，离散点为实验结果，仿真曲线和对应的实验结果即离散点的颜色相同。从图中可以看出，实验结果和仿真曲线基本吻合，与图中实验结果和仿真曲线的分布规律相似。仔细观察可以发现，当砂轮线速度 v_s 小于 80m/s，磨削液喷射速度 v_j 为 10m/s、20m/s、30m/s 时，磨削液有效流量十分接近，当砂轮转速继续增大时，磨削液喷射速度为 20m/s、30m/s 的有效流量仍然很接近，这说明磨削加工中采用粒度号较大的砂轮即磨削区间隙较小时，若提高磨削液喷射速度，则磨削液有效流量增加得十分有限，当磨削区最小间隙为 10μm 时，磨削液的有效流量率极低，不足 5%，而磨削区最小间隙为 49μm 时，磨削液的有效流量率为 3%～20%，由此看来，当所使用砂轮的粒度号越大，即磨削区最小间隙越小，磨削液的有效流量率越低，大量的磨削液根本无法进入砂轮/工件界面，磨削液只是起到冷却工件基体的作用，造成大量磨削液的浪费，增加供给和处理磨削液的成本，对环境造成极大损害。

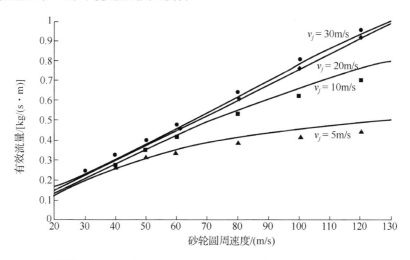

图 10-13　不同砂轮转速和磨削液喷射速度下有效流量仿真数据与实验结果的对比（h=10μm）

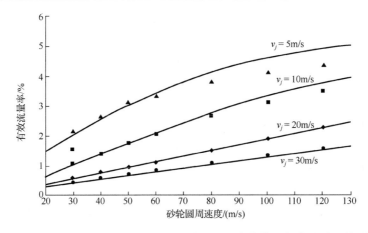

图 10-14　不同砂轮转速和磨削液喷射速度下有效流量率仿真数据与实验结果的对比(h=10μm)

10.2.4　基于数控铣床的微量润滑多自由度智能喷头系统

为了实现切削液的供给量随铣削位置变化实时调整，解决喷嘴角度只能手动调节的难题，以及依存在局部供液不足和局部供液过量导致的切削液资源浪费等问题。需要设计一种新的微量润滑多自由度智能喷头系统，应实现喷嘴能够随铣刀运动，且能自动调整，始终保持最佳的喷射角度，根据加工实际需要在不同的加工区域合理调节切削液用量,从而在保证冷却润滑效果的同时进一步提高切削液的使用效率。

如图 10-15 所示，本系统主要包括 CNC 铣床系统、切削液流量控制系统、喷嘴多向运动系统及喷嘴角度自动调节系统。CNC 铣床系统主要支撑整个系统运行；切削液流量控制系统Ⅱ主要实现切削液流量的智能调节功能；喷嘴多向运动系统主要实现喷嘴实现 XY 面回转、X 向移动、Y 向移动的功能；喷嘴角度自动调节系统主要实现喷嘴角度自动调节的功能。

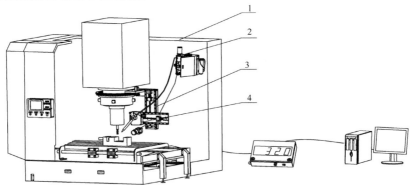

1-CNC 铣床系统；2-切削液流量控制系统；3-喷嘴多向运动系统；4-喷嘴角度自动调节系统

图 10-15　基于数控铣床的微量润滑多自由度智能喷头系统

图 10-16 是 *XZ* 面圆弧轨道装配图，包括圆弧轨道、第二弹簧垫圈、方头平端紧定螺钉、大套筒、齿圈、第一弹簧垫圈、第一螺栓。图 10-17 是 *XZ* 面回转机构主视图，包括 1 号电机、加圆柱销、第五弹簧垫圈、第四螺栓、轴端挡板、第一键、螺母、第六弹簧垫圈、轮子、第一调整垫片、滑板、第三调整垫圈、第二螺栓、齿轮、第四弹簧垫圈、第三螺栓、键。

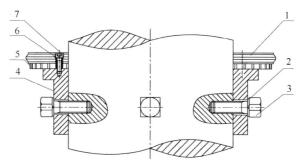

1-圆弧轨道；2-第二弹簧垫圈；3-方头平端紧定螺钉；4-大套筒；5-齿圈；6-第一弹簧垫圈；7-第一螺栓

图 10-16　*XZ* 面圆弧轨道装配图

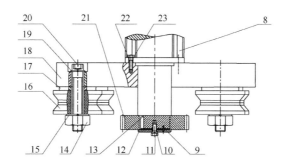

8-1 号电机；9-加圆柱销；10-第五弹簧垫圈；11-第四螺栓；12-轴端挡板；13-第一键；14-螺母；15-第六弹簧垫圈；16-轮子；17-第一调整垫片；18-滑板；19-第三调整垫圈；20-第二螺栓；21-齿轮；22-第四弹簧垫圈；23-第三螺栓

图 10-17　*XZ* 面回转机构主视图

结合图 10-16 和图 10-17 进行说明，圆弧轨道与齿圈通过第一螺栓与第一弹簧垫圈连接，在齿圈下端用大套筒对齿圈轴向固定，将大套筒用方头平端紧定螺钉和第二弹簧垫圈固定在主轴外壳上，防止齿圈和圆弧轨道掉落。圆弧轨道上配套有四个轮子，同时与上方的滑板用第二螺栓和第三调整垫圈连接，中间第一调整垫片用来调整安装距离。用螺母和第六弹簧垫圈拧紧。1 号电机通过第三螺栓和第四弹簧垫圈固定在滑板上，轮子对称固定在 1 号电机两侧。1 号电机工作，驱动输出轴上的齿轮沿着齿圈转动，再带动整个滑板沿着圆弧轨道做圆周运动。通过第一键和轴端挡板分别对齿轮实现周向定位。轴端挡板采用第四螺栓和第五弹簧垫圈固定，为防止轴端挡板转动造成第四螺栓脱落，加圆柱销锁定轴端挡板。

图 10-18 是 Y 向移动机构轴测图，包括滑板、第八螺栓、第九螺栓、Y 向电机、底板、第五螺栓、第六螺栓、第七螺栓、第一联轴器。图 10-19 是直线导轨轴测图，包括直线导轨、滑块、端盖、第十螺栓、油嘴。

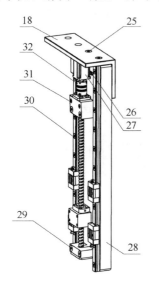
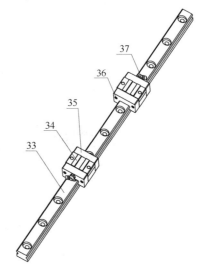

18-滑板；25-第八螺栓；26-第九螺栓；27-Y 向电机；
28-底板；29-第五螺栓；30-第六螺栓；31-第七螺栓；
32-第一联轴器

33-直线导轨；34-滑块；35-端盖；36-第十螺栓；37-油嘴

图 10-18　Y 向移动机构轴测图　　　　　　　　　图 10-19　直线导轨轴测图

在滑板另一端的通过第八螺栓连接 Y 向移动机构。Y 向移动机构底板两侧安装有直线导轨，通过第六螺栓固定在底板上。滑块与导轨上的沟槽嵌合，使导轨与滑块之间的接触面积达到其可能的最大接触面积。在滑块的两端装有密封端盖，通过第十螺栓与滑块固连，防止系统运行时切屑、灰尘等进入，保证其精度和寿命。并且滑块上装有油嘴，可直接注入油脂方便其润滑。将 Y 向电机通过第九螺栓固定在底板上，Y 向电机轴与滚珠丝杠用第一联轴器连接。Y 向电机启动后，滚珠丝杠将回转运动转化为直线运动。丝杠一端由一对背靠背安装的角接触球轴承约束轴向和径向自由度，两轴承之间有垫片，调整其安装距离。

10.2.5　CNC 铣床多自由度微量润滑智能喷头系统

该系统提供一种支持 CNC 铣床不同加工工况进行切削液连续追踪喷射的智能喷头。该装置横向旋转以步进电机为驱动，纵向角度调整和喷头跟进调整以压缩空气为驱动，用以实现多种加工工况下铣刀工作点的刃钻角度的跟踪，以及不同温度下气液比的智能调节，提高了加工区冷却润滑效果、工件加工表面质量，为微量润滑的智能供给提供设备支持。

图 10-20 是 CNC 铣床多自由度微量润滑智能喷头系统轴侧图，包括环形旋转台、纵向伸缩臂、旋转臂、喷头安装台、信息采集系统。环形旋转台包括沿水平圆周方向旋转的旋转件，旋转件底部连至少一个纵向伸缩臂，纵向伸缩臂下端连接旋转臂，旋转臂以与纵向伸缩臂的连接点为轴心，在设定的角度范围内转动。智能喷头安装台与旋转臂连接，随旋转臂一起运动。信息采集系统安装在智能喷头安装台上。

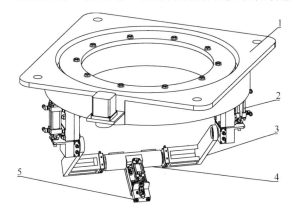

1-环形旋转台；2-纵向伸缩臂；3-旋转臂；4-喷头安装台；5 信息采集系统

图 10-20　CNC 铣床多自由度微量润滑智能喷头系统轴侧图

图 10-21 是环形旋转台的爆炸视图，环形旋转台包括旋转体上端盖、螺母、垫片、推力球轴承、同步轮、旋转体下端、步轮固定螺栓、旋转体连接螺栓、伸缩气缸安装座、旋转台外壳、步进电机、平键、张紧同步轮。旋转台外壳通过螺栓将旋转台外壳固定在 CNC 铣床的进给箱底面上，旋转台外壳内部有旋转体，旋转体由上端盖和旋转体下端构成，旋转台外壳和旋转体之间有推力球轴承，通过推力球轴承来实现旋转体的旋转，同步轮通过螺栓固定在旋转件上，在环形旋转台内部安装张紧轮，通过张紧轮将同步带布置在环形旋转台的空隙内部，并通过步进电机来给环形旋转台内部的旋转台提供动力，使其旋转。旋转体下部有两个压缩气缸安装座，分别用来固定纵向伸缩臂，以实现智能喷头对 CNC 铣床铣圆周的时候进行对铣刀工作点的对点跟踪。

图 10-22 是纵向伸缩系统的伸长部分爆炸图。伸缩滑块基座通过螺栓固定在伸缩气缸安装座，伸缩气缸则是通过 90° 角码和螺栓固定在伸缩滑块基座上。伸缩滑块上有卡口，伸缩气缸的活塞前端有圆柱结构，可以卡在卡口上，并用六角法兰螺母将活塞的前端固定在卡口处，通过活塞的往返运动来实现滑块的伸缩运动。磁性传感器通过平头螺钉固定在伸缩气缸的一侧，用于采集伸缩气缸内活塞的位

置，进行闭环控制。伸缩气缸前后两端可以各安装一个气管接头，为伸缩滑块运动提供动力。

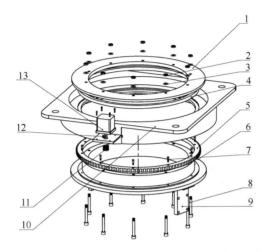

1-旋转体上端盖；2-螺母；3-垫片；4-推力球轴承；5-同步轮；6-旋转体下端；7-步轮固定螺栓；
8-旋转体连接螺栓；9-伸缩气缸安装座；10-旋转台外壳；11-张紧同步轮；12-平键；13-步进电机

图 10-21　环形旋转台的爆炸视图

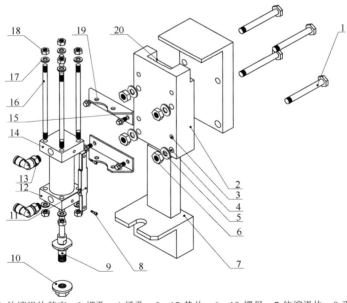

1-螺栓；2-伸缩滑块基座；3-螺孔；4-通孔；5、17-垫片；6、18-螺母；7-伸缩滑块；8-平头螺钉；
9-伸缩气缸活塞；10-六角法兰螺母；11-磁性传感器；12-伸缩气缸缸体；13-压缩空气接头；
14-缩气缸缸体；15-90°角码；16-螺柱；19-通孔；20-滑道

图 10-22　纵向伸缩系统的伸长部分爆炸图

10.2.6　不同润滑条件下的铣削系统及方法

为了可以根据不同工况选择加工刀具的实验系统，提出了一种不同润滑条件下的铣削系统及方法，该系统能够实现刀具的存放，向铣削界面提供润滑油，可以针对不同加工工况选择不同铣刀。

图 10-23 是一种不同润滑条件下铣削系统的轴侧图。润滑系统主要为铣削提供润滑油进行冷却润滑，刀库系统实现刀具的存放，换刀系统实现刀具的调用，切削系统用来铣削工件，力测量系统主要测量铣削工件时的铣削力。

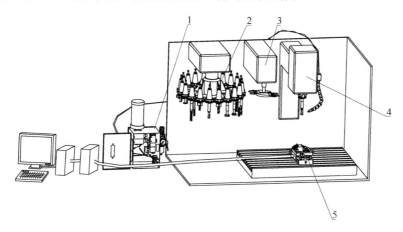

1-润滑系统；2-刀库系统；3-换刀系统；4-切削系统；5-力测量系统

图 10-23　不同润滑条件下铣削系统的轴侧图

图 10-24 是润滑系统的爆炸装配图。润滑系统包括油杯、油杯接头、箱体、固定螺钉、垫圈、润滑泵固定盖、精密微量润滑泵、气量调节旋钮、三通、电磁阀、气源处理器、进气接口、双向接头、频率发生器、管道、油量调节旋钮、润滑泵出口接头。进气接口固定于气源处理器上，高压气体由进气接口进入气源处理器过滤，为润滑系统提供高压气体，气源处理器通过双向接头接在电磁阀上，控制气体的进入，电磁阀出口处接一个三通，高压气体通过三通的一个出口管道进入频率发生器，通过频率发生器来控制气体的输入频率，高压气体从频率发生器出来后通过管道进入精密微量润滑泵。另外，高压气体通过三通的另一个出口管道进入精密微量润滑泵，油杯接头一端通过螺纹连接，另一端通过螺纹连接润滑泵固定盖，润滑泵固定盖通过两个固定螺钉连接精密微量润滑泵，润滑泵固定盖通过两个固定螺钉和垫圈固定在油杯上，通过调节气量调节旋钮来调节高压气体的气量，通过调节油量调节旋钮调节润滑油的油量，最后通过润滑泵出口接头连接喷嘴接头向切削系统提供润滑油。

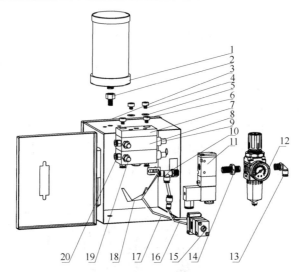

1-油杯；2-油杯接头；3-箱体；4-固定螺钉；5-垫圈；6-固定螺钉；7-润滑泵固定盖；8-精密微量润滑泵；
9-气量调节旋钮；10-三通；11-电磁阀；12-气源处理器；13-进气接口；14-双向接头；
15-频率发生器；16～18-管道；19-油量调节旋钮；20-润滑泵出口接头

图 10-24　润滑系统的爆炸装配图

图 10-25 是切削系统的轴侧图，电机箱通过内部结构实现心轴的旋转，从而主轴铣刀旋转，实现切削加工，润滑系统提供的润滑油通过管道、喷嘴管和喷嘴喷到切削区，磁性吸盘通过螺钉和垫圈与喷嘴接口固定，磁性吸盘吸在电机箱的箱体上。

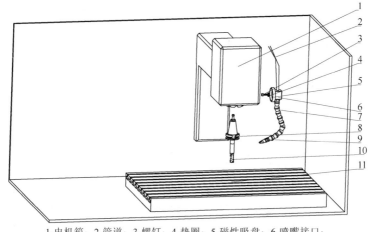

1-电机箱；2-管道；3-螺钉；4-垫圈；5-磁性吸盘；6-喷嘴接口；
7-润滑泵固定盖；8-心轴；9-喷嘴；10-铣刀；11-工作台

图 10-25　切削系统的轴侧图

图 10-26 是力测量系统的轴测图，测力仪用螺钉紧固在工作台上。工件夹具固

定在测力仪的工作台上，将工件放在测力仪的工作台上，工件的六个自由度通过工件夹具和测力仪的工作台实现完全定位。工件的 X 轴方向使用两个定位螺钉进行夹紧，在工件的 Y 方向，使用工件夹具螺钉对工件进行夹紧。定位块一面与工件侧面接触，一面与两个定位螺钉接触，拧紧定位螺钉使定位块在工件的 X 方向上进行夹紧。工件在 Z 方向上采用三个压板夹紧，三个压板借助平板、圆柱垫片、压板螺钉、压板螺母构成自调节压板。当工件长宽高三个尺寸发生变化时，可通过两个夹具螺钉、两个定位螺钉和三个压板实现装备可调，满足工件的尺寸变化要求。定位块用小压板螺钉和定位螺钉进行夹紧。工件受到切削力时，测量信号经放大器放大传给力信息采集仪，最后经过导线传到计算机并显示切削力的大小。

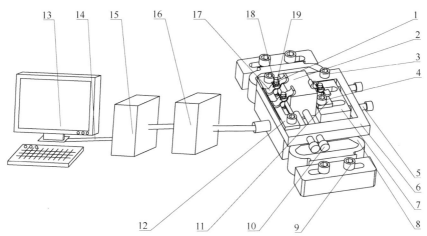

1-压板螺钉；2-工件；3-平板螺钉；4-小压板螺钉；5-定位螺钉；6-工件夹具；
7-定位块；8-测力仪；9-螺钉；10-夹具螺钉；11、12-平板；13-计算机；14-导线；
15-力信息采集仪；16-放大器；17-压板；18-圆柱垫片；19-压板螺母

图 10-26　力测量系统的轴测图

10.2.7　辅助断屑的铣刀装置及不同润滑条件下辅助断屑的铣刀系统

该方案提供了一种辅助断屑的铣刀装置，该装置使用切削机构铣削工件，换刀机构中机械手夹持刀具能实现辅助断屑的功能，刀库机构实现刀具的存放，能实现多种刀具的选择。

图 10-27 是一种不同润滑条件下辅助断屑的铣削实验系统。辅助断屑的铣刀装置包括对工件进行切削加工的切削机构，切削机构设于工件的上方；刀库机构包括第一旋转机构和与第一旋转机构连接的多个刀具；换刀机构包括第二旋转机构和与第二旋转机构连接的机械手，换刀机构设于刀库机构与切削机构之间，机械手可移动以从刀库机构选取刀具并夹持，来对切削机构切削工件产生切屑进行切断。

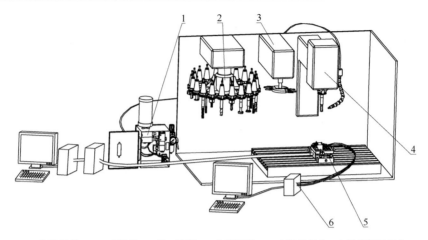

1-润滑机构；2-刀库机构；3-换刀机构；4-切削机构；5-力测量机构；6-温度测量机构

图 10-27　不同润滑条件下铣削实验系统

图 10-28 是切削系统的轴侧图，电机箱通过内部结构实现心轴的旋转，从而主轴铣刀旋转，实现切削加工，润滑系统提供的润滑油通过管道、喷嘴管和喷嘴喷到切削区，磁性吸盘通过螺钉和垫圈与喷嘴接口固定，磁性吸盘吸在电机箱的箱体上。

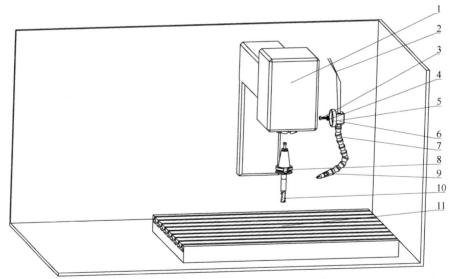

1-电机箱；2-管道；3-螺钉；4-垫圈；5-磁性吸盘；6-喷嘴接口；
7-润滑泵固定盖；8-心轴；9-喷嘴；10-铣刀；11-工作台

图 10-28　切削机构的轴侧图

图 10-29 是力测量系统的轴测图，测力仪用螺钉紧固在工作台上。工件夹具固

定在测力仪的工作台上,将工件放在测力仪的工作台上,工件的六个自由度通过工件夹具和测力仪的工作台实现完全定位。工件的 X 轴方向使用两个定位螺钉进行夹紧,在工件的 Y 方向,使用工件夹具螺钉对工件进行夹紧。定位块一面与工件侧面接触,一面与两个定位螺钉接触,拧紧定位螺钉使定位块在工件的 X 方向上进行夹紧。工件在 Z 方向上采用三个压板夹紧,三个压板借助平板、圆柱垫片和压板螺钉、压板螺母构成自调节压板,当工件长、宽、高三个尺寸发生变化时,可通过两个夹具螺钉、两个定位螺钉和三个压板实现装备可调,满足工件的尺寸变化要求。定位块用小压板螺钉和定位螺钉进行夹紧。工件受到切削力时,测量信号经放大器放大传给力信息采集仪,最后经过导线传到计算机并显示切削力的大小。

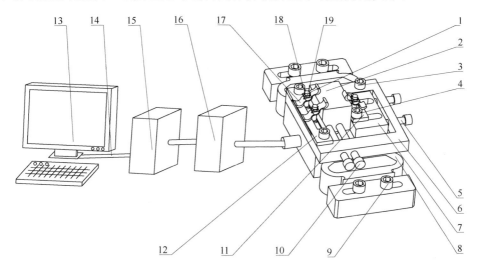

1-压板螺钉；2-工件；3-平板螺钉；4-小压板螺钉；5-定位螺钉；6-工件夹具；7-定位块；
8-测力仪；9-螺钉；10-夹具螺钉；11、12-平板；13-计算机；14-导线；
15-力信息采集仪；16-放大器；17-压板；18-圆柱垫片；19-压板螺母

图 10-29　力测量系统的轴测图

图 10-30 是具有断屑刃的铣刀三维图。图 10-31 是断屑刃实施方案 1 的铣刀剖视图。图 10-32 是断屑刃实施方案 1 原理图。结合图 10-31 和图 10-32 进行说明,在断屑刃实施方案 1 中,断屑刃后刀面与主切削刃(切削工件的第二铣刀)成 α 角,断屑刃后刀面与断屑刃前刀面成 φ 角,即断屑刃刀尖角度,在铣削加工中,主切削刃切削工件形成切屑,切屑沿着主切削刃前刀面流出,切屑的流出速度为 v_c,切屑在沿着主切削刃前刀面流出过程中,被断屑刃切断,切屑被切成较小的碎屑后,具有断屑刃的铣刀自身的旋转将切屑从排屑槽排出,当前角 γ_0 较大时, α 角也应较大,相反,当前角 γ_0 较小时, α 角应较小。此断屑刃适合切削深度 a_p 较大时的铣削加工。

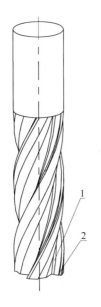

1-排屑槽；2-断屑刃

图 10-30　具有断屑刃的铣刀三维图

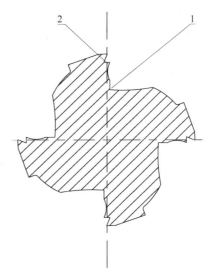

1-排屑槽；2-断屑刃

图 10-31　断屑刃实施方案 1 的铣刀剖视图

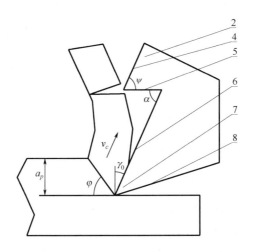

2-断屑刃；4-断屑刃前刀面；5-断屑刃后刀面；6-主切削刃前刀面；7-刀尖；8-主切削刃后刀面

图 10-32　断屑刃实施方案 1 原理图

图 10-33 是断屑刃实施方案 2 的铣刀剖视图，图 10-34 是断屑刃实施方案 2 的原理图。结合图 10-33 和图 10-34 进行说明。刀尖切削工件形成切屑，切屑沿着主切削刃前刀面流出，切屑的流出速度为 v_c。根据卷屑原理，切屑产生于主切削刃前

刀面流出过程中，分析断屑刃卷屑面的弯曲形状，其中，断屑刃卷屑面的半径为 R，断屑刃对流动中的切屑施加一定的约束力，使切屑应变增大，切屑卷曲半径减小，形成 C 形，切屑经过第 I 变形区、第 II 变形区的剧烈变形后，硬度增加，塑性下降，性能变脆。在切屑排出过程中，当碰到刀具后刀面、工件上过渡表面或待加工表面等障碍时，如某一部位的应变超过了切屑材料的断裂应变值，切屑就会折断。断屑刃卷屑面的半径 R 的选择与材料的性能有关，材料的脆性越小，R 值越大，切屑卷曲程度越大，越有利于断屑，此断屑刃适合切削深度 a_p 较小时的铣削加工。同时，工件材料的脆性越大(断裂应变值越小)、切屑厚度越大、切屑卷曲半径越小，切屑就容易折断。

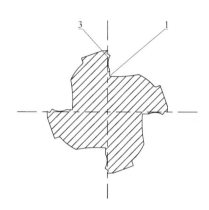

1-排屑槽；3-断屑刃

图 10-33　断屑刃实施方案 2 的铣刀剖视图

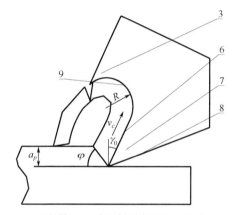

3-断屑刃；6-主切削刃前刀面；7-刀尖；

8-主切削刃后刀面；9-断屑刃卷屑面

图 10-34　断屑刃实施方案 2 原理图

　　图 10-35 是铣削加工空气流场示意图，根据图 10-35 进行说明，铣刀周围的空气本来是静止的，但高速旋转的铣刀会导致其产生流动，并且越靠近切削刃部位的空气的流动速度越高，从而在铣刀周围形成了一个封闭的"环形"区域，这些存在对切削液的进入产生了阻碍作用，切削液无法进入铣刀/工件界面，造成加工烧伤。因此，采用合适的切削液注入方法，即最佳的喷嘴位置，可以增加切削液进入加工区的比例，对于提高冷却润滑效果，改善工件表面质量具有非常重要的作用。从图中可以看出铣削区周围各个气流分布：最外面一层为气障，阻碍切削液进入切削区，因此喷嘴的位置要避免在气障之外；进入流是气流方向指向铣刀表面的气流，有利于切削液进入，切削液跟随进入气流到达铣刀周围以及铣刀槽处，达到输运切削液的作用；进一步，切削液经过径向流输运到达切削区，径向流是气流方向为轴向方向的气流，一部分切削液会在工件表面附着，形成一层致密的润滑油膜，起到减摩抗磨的作用，冷却润滑刀具/工件界面；一部分切削液会随"返回流"流出，"返回

流"是气流方向背向铣刀表面的气流,"返回流"的存在会使部分切削液流出切削区,同时对切削液进入切削区起到阻碍作用,因此切削液的注入应避免与"返回流"接触。根据测量,当喷嘴轴线与工件表面呈一定角度(40°～50°)和一定距离(20～30mm)时,气流场会对切削液起到输运的作用,同时"返回流"对切削液的阻碍最小,切削液更容易进入切削区,起到的润滑冷却作用最大。

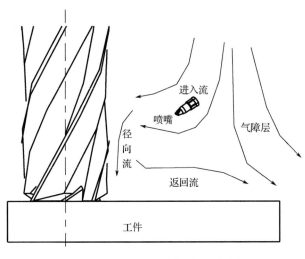

图 10-35　铣削加工空气流场示意图

参 考 文 献

[1]　武文涛, 李长河, 曹华军, 等. 一种切削液喷嘴可智能随动的铣床加工系统及工作方法:
　　　201810372196.5[P]. 2018-08-24.

[2]　隋孟华, 李长河, 武文涛, 等. 基于三轴并联平台的数控卧式车床微量润滑智能喷头系统:
　　　201811139981.2[P]. 2018-12-28.

[3]　隋孟华, 李长河, 武文涛, 等. 基于六轴联动平台的数控卧式车床微量润滑智能喷头系统:
　　　201811139973.8[P]. 2018-12-28.

[4]　武文涛, 李长河, 曹华军, 等. 基于数控铣床的微量润滑多自由度智能喷头系统:
　　　201811067912.5[P]. 2019-01-01.

[5]　隋孟华, 李长河, 武文涛, 等.CNC铣床多自由度微量润滑智能喷头系统: 201810707515.3[P].
　　　2018-09-21.

[6]　殷庆安, 李长河, 段振景, 等. 一种不同润滑条件下的铣削系统及方法: 201811399670.X[P].
　　　201-02-15.

[7]　殷庆安, 李长河, 曹华军, 等. 辅助断屑的铣刀装置及不同润滑条件下辅助断屑的铣刀系统:

201811399655.5[P]. 2019-02-15.

[8] DONG L, LI C H, BAI X F, et al. Analysis of the cooling performance of Ti-6Al-4V in minimum quantity lubricant milling with different nanoparticles[J]. The International Journal of Advanced Manufacturing Technology, 2019, 103(5-8): 2197-2206.

[9] YIN Q A, LI C H, DONG L, et al. Effects of the physicochemical properties of different nanoparticles on lubrication performance and experimental evaluation in the NMQL milling of Ti-6Al-4V[J]. The International Journal of Advanced Manufacturing Technology, 2018, 99(9-12): 3091-3109.

[10] YIN Q A, LI C H, ZHANG Y B, et al. Spectral analysis and power spectral density evaluation in Al_2O_3 nanofluid minimum quantity lubrication milling of 45 steel[J]. The International Journal of Advanced Manufacturing Technology, 2018, 97(1-4): 129-145.

[11] BAI X F, ZHOU F M, LI C H, et al. Physicochemical properties of degradable vegetable-based oils on minimum quantity lubrication milling[J]. The International Journal of Advanced Manufacturing Technology, 2020, 106(9-10): 4143-4155.

[12] DUAN Z, LI C, ZHANG Y, et al. Milling surface roughness for 7050 aluminum alloy cavity influenced by nozzle position of nanofluid minimum quantity lubrication[J]. Chinese Journal of Aeronautics, 2020, 125: 110-118.

[13] ZHANG J C, LI C H, ZHANG Y B, et al. Temperature field model and experimental verification on cryogenic air nanofluid minimum quantity lubrication grinding[J]. The International Journal of Advanced Manufacturing Technology, 2018, 97(1-4): 209-228.

[14] YANG M, LI C H, ZHANG Y B, et al. Effect of friction coefficient on chip thickness models in ductile-regime grinding of zirconia ceramics[J]. The International Journal of Advanced Manufacturing Technology, 2019, 102(5-8): 2617-2632.

[15] WU W T, LI C H, YANG M, et al. Specific Energy and G ratio of Grinding Cemented Carbide under Different Cooling and Lubrication Conditions[J]. The International Journal of Advanced Manufacturing Technology, 2019, 105(1-4): 67-82.

[16] GAO T, ZHANG X P, LI C H, et al. Surface morphology evaluation of multi-angle 2D ultrasonic vibration integrated with nanofluid minimum quantity lubrication grinding[J]. Journal of Manufacturing Processes, 2020, 51: 44-61.

[17] LI B K, LI C H, ZHANG Y B, et al. Effect of the physical properties of different vegetable oil-based nanofluids on MQLC grinding temperature of Ni-based alloy[J]. The International Journal of Advanced Manufacturing Technology, 2017, 89(9-12): 3459-3474.

[18] LI B K, DING W F, YANG C Y, et al. Grindability of powder metallurgy nickel-base superalloy FGH96 and sensibility analysis of machined surface roughness[J]. The International Journal of Advanced Manufacturing Technology, 2019, 101(9-12): 2259-2273.

[19] GAO T, LI C H, ZHANG Y B, et al. Dispersing mechanism and tribological performance of vegetable oil-based CNT nanofluids with different surfactants[J]. Tribology International, 2019, 131: 51-63.

[20] WANG Y G, LI C H, ZHANG Y B, et al. Processing characteristics of vegetable oil-based nanofluid MQL for grinding different workpiece materials[J]. International Journal of the Japan Society for Precision Engineering, 2018, 5(2): 327-339.

[21] LIU G T, LI C H, ZHANG Y B, et al. Process parameter optimization and experimental evaluation for nanofluid MQL in grinding Ti-6Al-4V based on grey relational analysis[J]. Materials and Manufacturing Processes, 2018, 33(9): 950-963.

[22] YANG M, LI C H, ZHANG Y B, et al. Microscale bone grinding temperature by dynamic heat flux in nanoparticle jet mist cooling with different particle sizes[J]. Materials and Manufacturing Processes, 2018, 33(1): 58-68.

[23] YANG M, LI C H, ZHANG Y B, et al. Research on microscale skull grinding temperature field under different cooling conditions[J]. Applied Thermal Engineering, 2017, 126: 525-537.

[24] BAI X F, LI C H, DONG L, et al. Experimental evaluation of the lubrication performances of different nanofluids for minimum quantity lubrication (MQL) in milling Ti-6Al-4V[J]. The International Journal of Advanced Manufacturing Technology, 2019, 101(9-12): 2621-2632.

[25] DUAN Z J, YIN Q G, LI C H, et al. Milling force and surface morphology of 45 steel under different Al_2O_3 nanofluid concentrations[J]. The International Journal of Advanced Manufacturing Technology, 2020, 107(3-4): 1277-1296.

[26] MALI R A, AISWARESH R, GUPTA T V K. The influence of tool-path strategies and cutting parameters on cutting forces, tool wear and surface quality in finish milling of Aluminium 7075 curved surface[J]. The International Journal of Advanced Manufacturing Technology, 2020, 108(1-2): 589-601.

第 11 章　纳米流体微量润滑轴向力可控的
外科骨钻案例库设计

11.1　概　　述

骨折现象在我们生活中常有发生，骨折内固定治疗方法以其安全可靠、恢复快、痛苦少等优点得到了普及和发展。目前，骨外科手术钻孔器械为手持式电动钻[1, 2]，具体的操作方式为：由医师徒手扶持电钻来控制钻孔方向与进给量。电钻内部设计有一组安全装置，动力源通过离合器与钻头相连接，当钻头承受压力会使钻头通过离合器与动力源相连，带动钻头运转以进行骨钻孔操作。当钻头钻穿骨骼时，因不再承受骨骼的反作用力会使钻头与动力源分离，使电钻停止运转。这种钻孔方式须凭借医师丰富的临床经验与手部感觉来判断骨钻孔的过程中是否已钻穿骨骼，并手动迅速停止。若是经由缺乏丰富经验的医师执行，即使有上述特殊安全装置的电钻，稍有不慎也有可能在穿越骨骼的同时伤及下方的神经组织。此外采用徒手方式钻孔，可能因手臂力量不足导致钻孔过程产生震动，影响钻孔过程的安全性、准确性与舒适性[3]。

杨健发明了一种"骨科用电动骨钻"[4]，包括把手、壳体、电机、钻头和第一按钮。通过电机和钻头的配合可以对患者的骨头进行精密的钻孔操作，钻孔完毕后，通过清洁结构对患者钻孔附近的区域喷洒生理盐水。朱玉珍发明了"一种智能骨钻及其控制方法"[5]。在骨钻电机上设置有应变式扭矩传感器、转速传感器或压力传感器的任意一种、两种或三种传感器件；在骨钻电机上设置嵌入式智能测控模块接收传感器采集的感应信号并进行判断，控制骨钻电机。这种方法是在骨钻电机的基体上设置转速传感器、扭矩传感器压力传感器对钻头转速、扭矩和压力进行实时测量。显然这种测量方法的精度和准确性不能保证要求，因为骨钻电机基体易受各种复杂信号影响，信号的采集和处理精度与准确性很难得到保证，再加上从钻头的受力点到动力源电机，传动链比较长，测试的精度和准确性也不能满足要求。

现有骨钻虽然在一定程度上能够满足需求，但也存在较多问题。手术钻孔过程中轴向力不可控、钻孔温度过高的问题仍然值得关注。为解决骨钻孔过程中轴向力不可控的问题，研究人员发明了多种新型手持医疗电钻。该电钻靠离合器或者弹簧来完成动力切断，从而实现钻穿急停功能，这种机械式分离系统不够精确及时，针对这一问题，本章设计了一种轴向力可控的外科骨钻，这种手持式骨科电钻具有信号监测准确、动力分离及时等特点。为了解决骨钻孔温度过高这一问题，本节应用磨料可控排布钎焊金刚石技术，对包括钎焊磨粒钻头、钎焊麻花钻钻头、钎焊阶梯钻头和钎焊 PCBN 超硬材料钻头在内的系列新型医疗钻头进行了分析。

11.2 纳米流体微量润滑轴向力可控的外科骨钻案例库

11.2.1 采用钎焊麻花钻钻头的轴向力可控的外科骨钻

如图 11-1 所示，骨钻包括机壳，在机壳内设有直流电机，直流电机与智能集成控制系统和直流电源连接，直流电机的输出轴与齿轮传动装置连接，齿轮传动装置

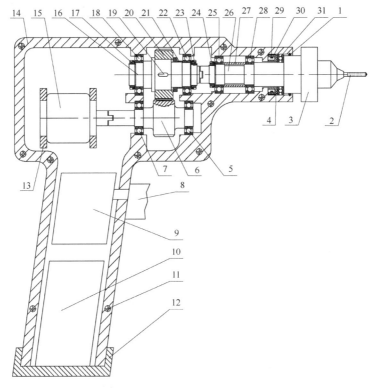

1-密封圈；2-钻头；3-钻头夹头；4-变形元件；5-深沟球轴承Ⅱ；6-主动齿轮轴；7-深沟球轴承Ⅰ；8-控制开关；9-智能集成控制系统；10-直流电源；11-螺纹孔；12-直流电源底盖；13-直流电机底座；14-机壳；15-直流电机；16-从动轴；17-止动螺母Ⅱ；18-深沟球轴承Ⅲ；19-平键；20-从动齿轮；21-轴套Ⅰ；22-深沟球轴承Ⅳ；23-止动螺母Ⅰ；24-止动螺母Ⅲ；25-深沟球轴承Ⅴ；26-传动轴；27-轴套Ⅱ；28-深沟球轴承Ⅵ；29-电阻应变片；30-弹性元件；31-推力轴承

图 11-1 轴向力可控外科骨钻结构图

通过传动轴与钻头夹头连接，钻头安装在钻头夹头上；在钻头夹头与传动轴的连接处设有推力轴承，推力轴承紧贴变形元件，变形元件紧贴在机壳上，变形元件用弹性元件定位，电阻应变片粘贴在变形元件内表面，电阻应变片与智能集成控制系统相连，钻头夹头与机壳间则设有密封装置[6]。这种骨科手术电钻的优点是，在手电钻传动轴的前轴承，即推力轴承上设置变形元件和电阻应变片，从而实时监测钻削过程中轴向力的变化，并且由于前轴承直接在钻头受力点附近，信号的监测和传输比较准确，精度比较高。当轴向力过大或者突然消失时，骨钻的智能控制系统就能够立即识别，并发出制动指令，可以有效防止轴向力过大或骨钻穿时对骨组织的伤害。由图 11-1 中可以看出进行钻孔之前，首先要将骨钻头卡紧在钻头夹头上，闭合开关接通电路，直流电机的动力通过电机主轴、主动齿轮、从动齿轮、从动轴、传动轴、钻头夹头依次传递给钻头。手持电钻对准需要钻孔部位进行钻孔，钻孔过程中骨头反作用在钻头上的力经钻头夹头、传动轴、推力轴承依次传递给变形元件。变形元件受压力产生变形，粘贴在变形元件上的电阻应变片也随之发生形变，这样轴向力大小就转化为电阻应变片形变量的大小。

标准麻花钻主要由工作部分、颈部和尾部三大部分组成[7]，如图 11-2 所示。

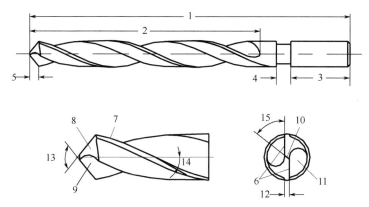

1-钻头总长；2-工作部分；3-尾部；4-颈部；5-切削部分；6-主切削刃；7-副切削；8-后刀面；
9-前刀面；10-横刃；11-螺旋槽；12-棱边；13-顶角；14-螺旋角；15-横刃倾角

图 11-2　麻花钻组成部分

（1）工作部分：钻头的主要部分分为钻削部分和导向部分。钻削部分负责主要钻削工作。导向部分在钻孔过程中起引导作用，同时是钻削部分的后备部分。

（2）颈部：位于工作部分与尾部之间，磨尾部时供砂轮退刀用，又是钻头打标记的地方。

（3）尾部：钻头上的夹持部分，用来传递动力。

麻花钻的导向部分外径磨有倒锥量，即外径从切削部分向尾部逐渐减小，从而形成很小的副偏角，可以减小棱边和孔壁的摩擦。标准麻花钻的倒锥量是每 100mm 长度上减小 0.03~0.12mm，其中大直径钻头取值较大。标准麻花钻的两个刀齿靠钻心连接，为了增大钻头强度，把钻心做成正锥体，钻心从切削部分向尾部逐渐增大。

标准麻花钻切削部分的各基本要素如下[8]。

（1）前刀面：和切削刃相连，是承担着容屑和排屑的螺旋槽表面。在骨外科钻孔过程中形成的骨碎屑能否容易排出对钻削温度有着显著影响。

（2）后刀面：位于工作部分的前端，与已加工表面相对的两个表面，每个表面又可分为第一后面和第二后面，其形状一般为螺旋圆锥面。

（3）主切削刃：前刀面和后刀面相交成的刃口，每个钻头有两条主切削刃。

（4）副切削刃：麻花钻前端外圆棱边和螺旋槽的交线，每个钻头同样有两条副切削刃。

（5）横刃：两个后刀面相交所形成的刀刃，位于切削部分最顶端，处于被加工孔中心部分。骨外科手术中横刃附近骨组织发生挤压变形严重，变形剧烈，导致钻削力增加、钻削温度升高。

钻削要素是指在切削加工过程中所采用的切削速度、切削深度和进给量等工艺参数，如图 11-3 所示。正确选择钻削要素，对于保证加工质量、提高加工效率和降低生产成本具有重要意义[9]。选择钻削要素时应考虑的主要因素有刀具和工件的材料、工件的加工精度和表面粗糙度、刀具寿命、机床功率、加工系统刚度以及断屑、排屑条件等。

（1）切削速度：切削速度 v 是指钻头主切削刃外缘处的线速度。

$$v = \frac{\pi \cdot d_0 \cdot n}{1000} \tag{11-1}$$

（2）进给量：钻头或者工件每转一转，它们之间的轴向相对位移称为每转进给量 f，单位为 mm/r。钻头或者工件相对钻头每转一个刀齿，它们之间的轴向相对位移称为每齿进给量 a_f，单位为 mm/齿。钻头或工件每秒钟之间的轴向相对位移，称为每秒进给量或进给速度 v_f，单位为 mm/s。

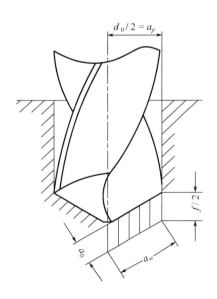

图 11-3　钻削要素

三个进给量之间的关系为

$$v_f = n \cdot f = 2na_f \tag{11-2}$$

（3）钻削深度：$a_p = d_0 / 2$。

(4)切削宽度：在基面上测量出的主切削刃参与切削加工的长度，即切削宽度 a_w。

$$a_w = \frac{a_p}{\sin \kappa_r} = \frac{d_0}{2\sin \kappa_r} \tag{11-3}$$

(5)切削厚度：垂直于主切削刃，在基面上投影方向测出的切削层断面尺寸，即切削厚度 a_0。

$$a_0 = a_f \cdot \sin \kappa_r = \frac{f \sin \kappa_r}{2} \tag{11-4}$$

(6)切削面积：钻头每个刀齿的切削面积

$$A_{cz} = a_0 \cdot a_w = a_f \cdot a_p = \frac{f \cdot d_0}{4} \tag{11-5}$$

式中，d_0 为钻头外径，mm；n 为钻头转速，r/min；κ_r 为钻头主偏角。

如图 11-4 所示，钎焊麻花钻钻头[10]的基体为普通标准麻花钻，在麻花钻的主切削刃和副切削刃处进行磨粒可控排布钎焊金刚石，用整齐、规则的金刚石磨粒代替传统的麻花钻切削刃，用一种间歇式切削代替传统钻头的连续切削。同样金刚石磨粒和磨粒之间的间距也可以按照需要进行调节控制。

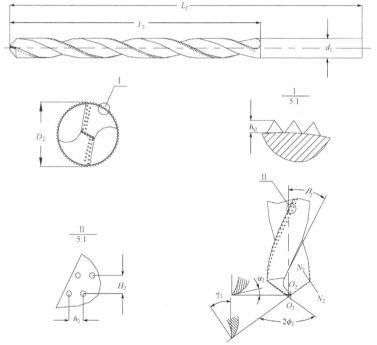

L_2-钎焊麻花钻钻头总长；d_2-钎焊麻花钻钻头基体直径；l_2-钎焊麻花钻钻头工作部分长度；
$2\phi_2$-钎焊麻花钻钻头顶角；β_2-钎焊麻花钻钻头螺旋角；γ_2-钎焊麻花钻钻头前角；α_2-钎焊麻花钻钻头后角；
h_{t2}-钎焊麻花钻钻头单颗金刚石磨粒裸露高度；D_2-钎焊麻花钻钻头平均直径；H_2-钎焊麻花钻钻头金刚石磨粒行间距；
h_2-钎焊麻花钻钻头金刚石磨粒列间距

图 11-4　钎焊麻花钻钻头几何结构

11.2.2　采用阶梯钻头的轴向力可控的外科骨钻

如图 11-5 所示，钎焊阶梯钻头[11]的形状类似于普通阶梯钻头，钻头的整个工作部分分为三个部分，即钻孔部分、过渡部分和扩孔部分。钻头的钻孔部分由于其直径很小，在钻孔的过程中能够有效减小轴向力。在过渡部分和扩孔部分的副切削刃处进行磨粒可控排布钎焊金刚石，用整齐、规则的金刚石磨粒代替传统的麻花钻切削刃。

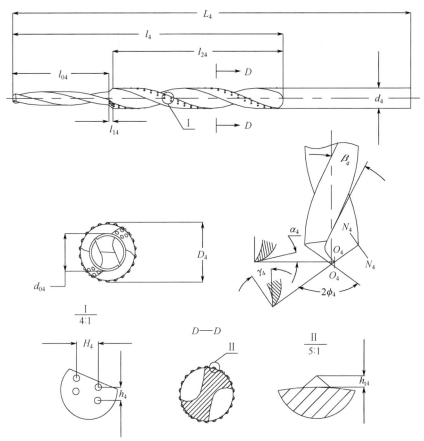

L_4-钎焊阶梯钻头总长；l_4-钎焊阶梯钻头工作部分长度；d_4-钎焊阶梯钻头基体直径；β_4-钎焊阶梯钻头螺旋角；
l_{04}-钻孔部分；d_{04}-钻孔部分直径；$2\phi_4$-钎焊阶梯钻头顶角；γ_4-钎焊阶梯钻头前角(N_4-N_4剖面)；
α_4-钎焊阶梯钻头后角(O_4-O_4剖面)；l_{14}-过渡部分；l_{24}-扩孔部分；H_4-钎焊阶梯钻头金刚石磨粒行间距；
h_4-钎焊阶梯钻头金刚石磨粒列间距单颗磨粒裸露高度；h_{t4}-钎焊阶梯钻头单颗金刚石磨粒裸露高度；
D_4-钎焊阶梯钻头平均直径

图 11-5　钎焊阶梯钻头几何结构

11.2.3　采用磨粒钻头的轴向力可控的外科骨钻

金刚石是碳在高温高压条件下的结晶体，是自然界最硬的矿物，其分类有多种方法，但至今尚无统一的规定[12]。一般金刚石按来源分为天然金刚石和人造金刚石，天然金刚石中宝石级多用于制作工艺品，人造金刚石主要用于工业用途，常用来制作刀具，如目前应用十分广泛的聚晶金刚石(PCD)刀具材料以其高硬度、高耐磨性、低摩擦系数等诸多优良性能，受到研究学者和生产厂家的青睐，在车削、铣削中得到了很好的应用[13, 14]。在磨具方面，金刚石磨削由精磨扩展到粗磨、成形磨、强力磨削研磨、抛光等。金刚石之所以能够用来制作优质刀具是由它本身特性所决定的。

(1)硬度：材料局部抵抗硬物压入其表面的能力称为硬度。固体材料抗拒永久形变的能力，衡量材料力学性能的重要参数之一。用维氏硬度试验法测得金刚石的维氏硬度值(HV)约为100GPa，用努普硬度实验法测得人造金刚石的努普硬度值(HK)约为70GPa，这一数值为硬质合金的8~12倍，无论在任何一种硬度标度上，金刚石都是最硬的物质。这一性质保证了金刚石的高耐磨性，保证刀具持久的切削性能，延长了刀具的使用寿命。

(2)热学性能：金刚石具有高熔点、高热导率、低比热容、低线胀系数等特点。金刚石的热导率受温度和杂质含量的不同变化范围较大，如聚晶金刚石的导热系数为700W/mK，为硬质合金的1.5~9倍，甚至高于铜，因此PCD刀具热量传递迅速。这一特点保证了在加工工件中所产生的热量能够迅速地传递到外界中。

(3)摩擦系数：金刚石的摩擦系数很低，一般在0.1~0.3，(硬质合金的摩擦系数为0.4~1)，因此金刚石刀具可显著减小切削力，从而降低了切削温度。

(4)化学稳定性：纯净的金刚石的化学成分是碳，常见的金刚石中，无论是天然金刚石还是人造金刚石都或多或少含有少量杂质。在常温下，金刚石对酸、碱、盐等化学试剂都表现为惰性。在骨科手术中这一特性显得尤为重要，具有很好的生物相容性。

另外金刚石还具有高温热稳定性、亲水性、热膨胀系数小、电阻率高及电致发光、摩擦发光等特点。正因为金刚石多种多样的特性，现在金刚石在各个领域的应用越来越广泛。

目前已经有了金刚石材料在医学手术中应用的例子。医用金属材料钛合金(Ti6A14V)是一种医用金属材料，主要作为骨科手术中的移植物，其本身因具有密度低、强度高、耐腐蚀等优点而应用广泛，但是其耐磨性差，生物相容性也有待进一步提高[15, 16]。另外骨科手术钻头存在钻削力大、温升高、寿命短等缺点。针对以上问题，有些学者尝试在钛合金移植物和牙科骨钻表面沉积纳米金刚石薄膜进行改性研究。这种尝试的依据就是金刚石薄膜具有高硬度、低摩擦系数、高热导率和良好的生物相容性等一系列优越性能。并且经过反复试验已经证明涂覆金刚石薄膜的钛合金的耐磨性获得显著提高，并且和血液的相容性也得到了明显改善。

传统的金刚石刀制造方法导致磨粒固结在砂轮表面呈无规则随机排布，金刚石浓度高的地方重复磨损严重，且由于容屑空间减小，工具容易发生堵塞，不仅降低了切削效率，而且导致切削温度严重升高；而金刚石浓度低的地方，单颗金刚石承受过大的工作负荷，容易破碎或脱落，缩短了刀具寿命[17]。

大量的研究显示金刚石磨粒之间的容屑空间对刀具的切削性能有显著影响，充分的容屑空间能够保证切削及时排除，提高磨削效率的同时降低了磨削温度，而影响金刚石磨粒容屑空间的主要因素有金刚石浓度、磨粒尺寸和金刚石的出刃高度。为了获得一种磨粒裸露高度和磨粒间距近似一致的规则化、序列化的理想磨削形貌，人们发明了多种磨粒可控排布方法，其中应用比较广泛的有模板有序排布技术、激光焊接技术和静电排布技术[18]。

传统的烧结和电镀金刚石工具是将金刚石磨粒以机械包镶力包埋在机体材料中，为了保证足够的包镶力，金刚石的出刃高度不能太高，所以刀具容屑空间有限，容易造成堵塞、磨削力增大、磨削温度升高等问题。采用钎焊金刚石工艺则可以成功解决上述问题。采用钎焊技术的主要原因是钎焊金刚石工具凭借着合金钎料中的强碳化物形成元素和金刚石发生了化学冶金反应，能够牢牢地把持住金刚石，并且在满足结合强度的同时，磨粒的裸露高度高达 70%~80%，显著提高了金刚石的利用率，并且提高了磨具表面的容屑空间，与此同时磨粒的锋利度高且能够长久保持，显著地缓解了磨削过程中的堵塞、磨削力增大、磨削温度过高等问题[18, 19]。

每一个磨粒在切削工件的过程中都相当于一个刀具，而众多的磨粒形状不一、大小不同。为了研究磨粒和工件之间的相互作用，许多学者把磨粒统一简化为简单的几何形状，用形状规则的金刚石或者其他材料压头进行磨削实验来进行磨削机理的研究[20]。图 11-6 为单颗磨粒切除材料示意图。

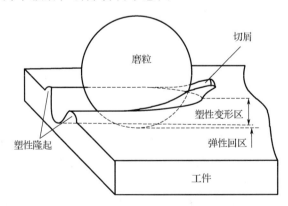

图 11-6　单颗磨粒切除材料示意图

在图 11-6 中的磨粒两边存在塑性隆起和切屑[21]，此外，磨粒最下方的一部分材料最终流向磨粒后面并产生了相应的塑性回复。由此看出单颗磨粒切除材料过程中主要有三种流动形式，分别为磨粒前端附近材料发生的塑性变形及塑性回复、塑性隆起和切屑[22, 23]。这三种流动形式也是单颗磨粒切除材料过程中发生的滑擦、耕犁和切削三个阶段的不同宏观表现形式[24, 25]。

单颗磨粒对工件进行切削过程中，工件反作用在单颗磨粒法线上的力可以看作和测试布氏硬度受力情况相同。整个材料的变形过程设定在一个弹塑性变形边界里面。当磨粒进行水平切削时，磨粒球形界面上的塑性变形部分开始倾斜，工件材料逐渐向前方堆积，最终从工件表面撕裂成切屑[26]。图 11-7 为单颗磨粒运动前后受力模型示意图。

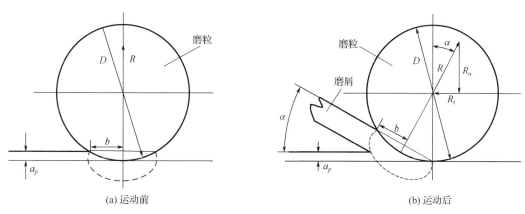

(a) 运动前　　　　　　　　　　　　　(b) 运动后

图 11-7　单颗磨粒受力模型

由图 11-7(a)可得单颗磨粒运动前所受的正压力可表示为

$$R = \pi b^2 H(C / 3) \tag{11-6}$$

式中，H 为材料布氏硬度，HB；b 为磨粒在工件上所形成的压痕截面半径，mm；C 为磨粒和工件接触区平均压力和轴向应力比值，其数值通常取 3。

图 11-7(b) 为单颗磨粒磨削的受力分析示意图，其所受的法向磨削力和切向磨削力可表示为

$$\begin{cases} F_n = R_n(\sin\varphi + f\cos\varphi) \\ F_t = R_t(\cos\varphi - f\sin\varphi) \end{cases} \tag{11-7}$$

式中，f 为工件和单颗磨粒之间的摩擦系数；φ 为磨粒转过的角度，rad。

磨粒转角 φ 可用以下公式计算：

$$\varphi = \arccos\frac{D - 2a_p}{D} \tag{11-8}$$

式中，a_p 为磨削深度，mm；D 为磨粒直径，mm。

如图 11-8 所示，钎焊磨粒钻头[27]的基体是一根带有圆锥顶端的圆柱杆，在基体表面进行磨料可控排布钎焊金刚石，在保证金刚石包镶能力的同时可以控制其出刃高度，磨粒和磨粒之间的间距也可以按照需要进行调节。磨料可控排布钎焊金刚石工艺能够保证金刚石磨粒的裸露高度可达 70%～80%，并且磨粒排布可控，这就保证钻头有足够的容屑空间，及时排除切屑，带走产生的热量，降低温升。

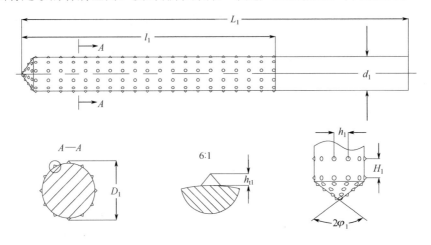

L_1-钎焊磨粒钻头总长；l_1-钎焊磨粒钻头工作部分长度；$2\varphi_1$-圆锥的顶角；d_1-钎焊磨粒钻头基体直径；
h_{t1}-钎焊磨粒钻头单颗磨粒的裸露高度；H_1-钎焊磨粒钻头金刚石磨粒行间距；
h_1-钎焊磨粒钻头金刚石列间距；D_1-钎焊磨粒钻头平均直径

图 11-8　钎焊磨粒钻头几何结构

11.2.4　采用钎焊 PCBN 超硬材料钻头的轴向力可控的外科骨钻

20 世纪 50 年代，美国通用公司在高温高压条件下成功合成了超硬材料立方氮化硼（CBN）。由于立方氮化硼单晶具有硬度高、热稳定性好和化学稳定性高等优良特性，因此广泛用来制作刀具材料。但是立方氮化硼颗粒尺寸很小，且存在容易劈裂的"解理面"，烧结性很差，直到 20 世纪 70 年代才成功研制出了聚晶立方氮化硼（PCBN）。目前 PCBN 主要有两种制作方法：一种是直接采用六方氮化硼聚合成高密度的烧结体；另一种是先合成高密度立方氮化硼，再经过高温高压烧结，最终加工出聚晶立方氮化硼。PCBN 复合片质量的好坏受多种因素影响，主要有基体材料的选择、CBN 晶粒的颗粒度、清洁度、黏结剂的物理特性等[28]。

聚晶立方氮化硼（PCBN）是一种人工合成的新型刀具材料，其硬度仅次于金刚石，和金刚石一起称为超硬刀具材料，并且在切削过程中 PCBN 刀具材料表现出了如下优良的力学性能和化学、物理性能[29]。

（1）较高的硬度和耐磨性。CBN 材料硬度仅次于金刚石，其显微硬度可达 HV8000～9000，而人工合成的 PCBN 刀具材料硬度也可达到 HV3000～5000。高硬度保证了其在切削过程中的高耐磨性，有数据显示 PCBN 刀具在切削耐磨材料时所表现的耐磨性能约为陶瓷刀具的 25 倍、涂层硬质合金的 30 倍、硬质合金的 50 倍，在显著提高了材料的切除率的同时还保证了加工表面的质量和精度。

（2）良好导热性。CBN 材料是热的良导体，在刀具材料中导热性仅次于金刚石，其导热系数约为 1300W/(m·K)，并且随着切削温度的升高而增大，有利于切削过程中产生的热量及时传递到外界。

（3）良好的化学稳定性。CBN 材料为一种化学惰性材料，本身具有超强的抗氧化性，并且无论在中性还是还原性气体中，都不和酸碱发生任何反应。

（4）较低的摩擦系数。CBN 材料和不同材料之间的摩擦系数有所不同，在 0.1～0.3，相比于硬质合金减小一半，并且随着切削速度的进一步提高，摩擦系数会减小。这一性质显著降低了切削力、减小了切削变形和切削热量，提高了表面加工质量。

如图 11-9 所示，钎焊 PCBN 超硬材料钻头[30]钻尖部分和普通直柄麻花钻的钻尖部分相似，钻柄部分采用直柄形式，其余钻头的钻杆部分在圆柱基体表面上加工而成，钻头的基体材料采用不锈钢。具体制作方法：首先在圆柱基体一端加工出和普通麻花钻钻尖形状相同的钻尖部分，钻尖的形状参数和标准麻花钻钻尖参数一致，然后在圆柱基体圆柱表面上加工一个宽度为 H_3，深度为 h_3 的螺旋槽，螺旋槽的宽度和深度可根据钻头的需要而改变。螺旋槽的螺旋角 β_3 的变化范围为 18°～30°，能

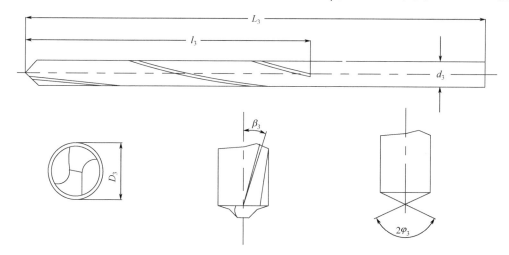

L_3-钎焊PCBN超硬材料钻头总长；l_3-钎焊PCBN超硬材料钻头工作部分长度；β_3-钎焊PCBN超硬材料钻头螺旋角；
d_3-钎焊PCBN超硬材料钻头基体直径；D_3-钎焊PCBN超硬材料钻头直径

图 11-9　钎焊 PCBN 超硬材料钻头几何结构

够保证切屑及时顺利排出，带走热量，降低温升。螺旋槽加工完成后，就将 PCBN 超硬材料切割成和钻头主后刀面和螺旋槽形状相同的板材，然后用钎焊的方法将切割好的 PCBN 超硬材料钎焊在钻头主后刀面和螺旋槽中，这种材料大大提高了切削刃的锋利程度，有效减小了钻孔轴向力，从而降低了钻削温度。

参 考 文 献

[1] SENDROWICZ A, SCALI M, CULMONE C, et al. Surgical drilling of curved holes in bone-a patent review [J]. Expert Review of Medical Devices, 2019: 287-298.

[2] 魏龙飞, 胡亚辉, 张善青, 等. 基于遗传算法的皮质骨钻削参数优化分析[J]. 机床与液压, 2019, 47（9）: 107-110.

[3] 马宏亮. 新型医疗钻头气雾冷却骨钻孔温度场建模仿真与实验研究[D]. 青岛: 青岛理工大学, 2014.

[4] 杨健. 一种骨科用电动骨钻: 201921558116[P]. 2020-08-11.

[5] 朱玉珍. 一种智能骨钻及其控制方法: 200910103642.3[P]. 2009-04-20.

[6] 马宏亮, 李长河. 采用磨粒钻头的轴向力可控的外科骨钻 : 201310011010.0[P]. 2013-01-12.

[7] 吴道全, 万光珉, 林树兴, 等. 金属切削原理及刀具[M] . 重庆: 重庆大学出版社, 1994.

[8] ISMAIL S O, DHAKAL H N, DIMLA E, et al. Recent advances in twist drill design for composite machining: A critical review[J]. Proceedings of the Institution of Mechanical Engineers Part B Journal of Engineering Manufacture, 2016, 231（14）: 2527-2542.

[9] 李长河, 杨建军. 金属工艺学[M]. 北京: 科学出版社, 2014.

[10] 马宏亮, 李长河. 采用钎焊麻花钻钻头的轴向力可控的外科骨钻: 201310011247.9[P] 2013-01-12.

[11] 李长河, 马宏亮. 采用阶梯钻头的轴向力可控的外科骨钻: 201310014256.3[P]. 2013-01-12.

[12] 孙毓超. 金刚石工具与金属学基础[M]. 北京: 中国建材工业出版社, 1999.

[13] 王义文, 许成阳, 许家忠, 等. CFRP 加工用内排屑钻头排屑条件的仿真分析及试验研究[J]. 机械工程学报, 2019, 55（5）: 223-231.

[14] 单忠德, 朱福先. 应用 PCD 刀具铣削砂型的刀具磨损机理和预测模型[J]. 机械工程学报, 2018, 54: 124-132.

[15] 闫双峰. 金刚石薄膜涂覆医用金属材料的改性研究[D]. 成都: 四川大学, 2004.

[16] HAUERT R. A review of modified DLC coatings for biological applications[J]. Diamond & Related Materials, 2003, 12（3-7）: 583-589.

[17] 房赞, 赵婷婷, 李长河. 金刚石磨粒的优化排布: 一种激光排布技术及对其磨削力和磨损特性的评价[J]. 精密制造与自动化, 2011, 1: 3-7.

[18] WRIGHT D N, WAPLER H, TÖNSHOFF H K. Investigations and prediction of diamond wear

when sawing[J] . CIRP Annals-Manufacturing Technology, 1986, 35（1）: 239-244.

[19] HUANG S F, TSAI H L, LIN S T. Effects of brazing route and brazing alloy on the interfacial structure between diamond and bonding matrix[J]. Materials Chemistry and Physics, 2004, 84（2-3）: 251-258.

[20]　张彦彬. 植物油基纳米粒子射流微量润滑磨削机理与磨削力预测模型及实验验证[D]. 青岛: 青岛理工大学, 2018.

[21] YANG M, LI C, ZHANG Y, et al. Maximum undeformed equivalent chip thickness for ductile-brittle transition of zirconia ceramics under different lubrication conditions[J]. International Journal of Machine Tools & Manufacture, 2017, 122: 55-65.

[22] ZHANG Y, LI C, JI H, et al. Analysis of grinding mechanics and improved predictive force model based on material-removal and plastic-stacking mechanisms[J]. International Journal of Machine Tools and Manufacture, 2017, 122: 81-97.

[23] 李长河, 修世超. 磨粒、磨具加工技术与应用[M]. 北京: 化学工业出版社, 2012.

[24] 言兰, 姜峰, 融亦鸣. 基于数值仿真技术的单颗磨粒切削机理[J]. 机械工程学报, 2012, 48（11）: 172-182.

[25] GUO S, LI C, ZHANG Y, et al. Experimental evaluation of the lubrication performance of mixtures of castor oil with other vegetable oils in MQL grinding of nickel-based alloy[J]. Journal of Cleaner Production, 2017, 140: 1060-1076.

[26] 王胜. 纳米粒子射流微量润滑磨削表面形貌创成机理与实验研究[D]. 青岛: 青岛理工大学, 2013.

[27] 马宏亮, 李长河. 采用磨粒钻头的轴向力可控的外科骨钻: 201310011010.0[P]. 2013-01-12.

[28] DING X, LIE W W Y H, LIU X D. Evaluation of machining performance of MMC with PCBN and PCD tools[J]. Wear, 2005, 259: 1225-1234.

[29] 李艳国, 成照楠, 邹芹, 等. PCBN 超硬刀具研究与进展[J]. 金刚石与磨料磨具工程, 2019, 39:58-68.

[30] 李长河, 马宏亮. 采用钎焊 PCBN 超硬材料钻头的轴向力可控的外科骨钻: 201320016750.9[P]. 2013-01-12.

第12章 医用材料纳米流体微量润滑磨削装置与工艺案例库设计

12.1 概　　述

由于社会发展和人民生活水平的改善，人们更加关注自身健康，同时也对治疗效果和医疗条件提出了更高的要求。近年来，随着患风湿性关节炎、类风湿性关节炎、迟行性关节炎、强直性脊柱炎、颈椎病、腰椎病、肩周炎、骨质增生、股骨头坏死等骨科疾病的人数日益增多[1]，人们对先进的骨外科手术的需求更加迫切。机械工程技术在生物医学领域一直发挥着重要作用，它与生物医学工程的结合推动了医学的持续性发展，为疾病患者带来了福音。骨外科手术常常借助铣削、锯削、钻削、激光切割、超声刀具切割等传统的机械加工方法对人体组织进行去除[2-5]。磨削作为一种精密的材料去除方法，顺应近年来机械科学与生物医学科学结合的趋势，已广泛地用于外科手术中对骨组织的去除及表面处理。然而，由于在骨外科手术中所加工的骨组织是活体组织，而金刚石磨具在磨削过程的比能明显高于其他切削方法，人体骨及神经、血管都极易受到高温的影响，当温度高于50℃时，骨组织会出现不可逆坏死现象，神经组织从 43℃就开始出现热损伤[6-9]。同时，骨组织作为一种结构复杂的脆性生物组织材料，外科医生在手术过程中需向磨具施加较大的力，在磨削过程中伴随着大量的微裂纹产生。对于拥有健康骨组织的个体，这种微裂纹可依赖骨组织自身修复能力进行愈合；对于骨组织修复存在问题的情况，如损伤超过骨组织的自我修复范围，或骨组织再生修复不完全时，部分微裂纹将转变成宏观裂纹，集中于裂纹尖端的应力逐渐增大，进而阻碍血管生成，裂纹进一步扩展，最后致使骨断裂[10,11]。综上所述，磨削温度过高导致的骨组织不可逆热损伤及过大的机械应力所引起的裂纹损伤是外科骨手术的瓶颈问题。

在机械加工领域，已有大量研究者通过理论分析与实验研究证明，纳米流体微量润滑磨削工艺只需将微量的润滑液喷入磨削区就可以起到优异的冷却及润滑效果[12-30]；医用纳米粒子具有良好的生物安全性和生物相容性、良好的力学性能及载药性能，基于此，针对临床外科骨磨削传统冷却技术冷却不足及手术区域能见度低，而机械加工领域纳米粒子射流微量润滑磨削工艺冷却润滑效果好且润滑液用量少的事实，作者提出一种纳米流体微量润滑冷却生物骨微磨削新工艺，将一定比例的医用纳米级固体粒子添加到生理盐水中，根据纳米粒子材料的物化性能选择相应的表面分散剂并辅助以超声振动,使得医用纳米粒子在生理盐水中均匀稳定地分布，形成悬浮稳定的医用纳米流体[31-34]，并通过微型喷嘴在高压气体携带下以射流的形式喷向病灶磨削区，以期利用纳米粒子特殊的抗磨减磨性能降低磨削力及优异的传热性能降低骨磨削温度。

随着人们生活水平的提高及患者对先进手术水平的期望值越来越高，对手术的要求由面向治疗转化为面向康复[35]。面向康复手术具有低损伤和快愈合特点，除了医生的临床经验，手术器械性能优劣也至关重要，正所谓"工欲善其事，必先利其器"，在临床骨手术中，除了外科医生和加工工人的操作经验，手术装置的结构设计也是手术成功的关键。以下将对外科骨磨削加工装置与工艺案例进行分析。

12.2　医用材料纳米流体微量润滑磨削装置与工艺案例库

12.2.1　外科手术颅骨磨削温度在线检测及可控手持式磨削装置

骨磨削时神经外科医生通常使用内窥镜扩大鼻内的方法通过鼻孔作为通道来治疗颅底患有癌症的患者[36,37]。这种微创技术在不需要毁容的条件下提供了一个直接通向颅底肿瘤的通道。在切除脑瘤的过程中发现和切除病变肿瘤需要广泛地研磨环绕在视神经、海绵窦、三叉神经分支上的骨头来识别并保护这些主要神经。在磨削骨头的过程中会产生热并且有可能会损伤神经[38]。这样的热损伤可以导致失明和失去颜面肌肉控制能力，由于缺少在骨磨削中热传递到神经的知识，所以对神经外科医生来说是很担心的。目前外科颅骨磨削的器械为手持式磨削装置，手术时须凭借医师个人丰富的临床经验与手部感觉来判断磨削力及磨削温度，当磨削温度过高时，会调整砂轮转速，使磨削温度降低以保护周围组织免受伤害。若是经由缺乏丰富经验的医师执行时，稍有不慎有可能在外科颅骨磨削时温度超过周围组织的临界承受温度而伤及头骨下方的脑膜及神经组织。

本案例提供一种外科手术颅骨磨削温度在线检测及可控手持式磨削装置，它控制的精确度高，通过监测骨磨削的声发射信号，来调整砂轮转速，降低磨削骨过程中的磨削温度，从而可有效避免对脑组织的热损伤。

图 12-1 显示了带测温装置的医用手持式磨削装置的各个组成部分[39]，其各个部分的传动与定位如下。壳体由对称的上下两半构成，并由螺钉通过螺纹孔连接固定，磨削装置外接直流电源，直流电源与控制开关由导线连接，控制开关与反馈装置由导线连接，反馈装置和直流电机用导线连接，直流电机固定在电机底座上，直流电机和主动齿轮轴通过联轴器连接，联轴器一端通过销钉与直流电机主轴连接实现轴向定位，通过直流电机主轴与联轴器凹凸配合实现周向传动，另一端通过平键与主

动齿轮轴连接实现周向定位，主动齿轮轴在齿轮两端安装深沟球轴承，两个轴承均靠主动齿轮轴的轴肩和壳体实现定位，主动齿轮轴与从动齿轮啮合，从动齿轮安装在轴上，通过平键周向定位，从动齿轮一侧靠轴的轴肩，另一侧安装轴套和深沟球轴承，深沟球轴承靠壳体定位，在轴靠近中心两侧安装圆锥滚子轴承，一对圆锥滚子轴承采用反装的方式安装，并由壳体和轴肩进行定位，在轴的另一端先安装套筒再安装锥齿轮，安装锥齿轮通过平键实现周向传动，锥齿轮两侧分别靠套筒和止动螺母轴向定位，锥齿轮与锥齿轮轴啮合传动，锥齿轮轴一侧安装套筒和深沟球轴承并由壳体对其定位，另一侧安装深沟球轴承，靠轴肩和壳体定位，在壳体上嵌有密封圈起密封作用，锥齿轮轴伸出壳体的部分安装卡盘，卡盘一侧靠轴肩定位，再安装衬垫、砂轮，砂轮由衬垫限制了三个自由度包括一个移动副和两个转动副，砂轮套在卡盘上，砂轮与卡盘轴选取相同的公称直径采用过渡配合的方式安装，因此卡盘可以限制砂轮三个自由度包括两个移动副和一个转动副，所以砂轮完全定位，安装上衬垫和卡盘，最后用垫圈和螺母夹紧。

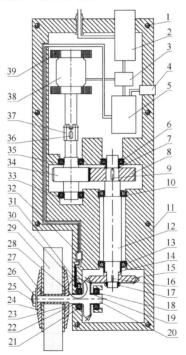

1-螺纹孔；2-控制开关；3-反馈装置；4-显示及报警装置；5-信号分析处理模块；6-深沟球轴承；7-轴套；8-从动齿轮；9、16、36-平键；10-圆锥滚子轴承；11-壳体；12-轴；13-圆锥滚子轴承；14、19-套筒；15-锥齿轮；17-止动螺母；18-深沟球轴承；20-锥齿轮轴；21-深沟球轴承；23、27-衬垫；24、28-卡盘；25-螺母；26-垫圈；29-砂轮；30-声发射传感器；22-密封圈；31-橡胶垫片；32-前置放大器；33-深沟球轴承；34-主动齿轮轴；35-深沟球轴承；37-联轴器；38-直流电机；39-电机底座

图 12-1 外科手术颅骨磨削温度在线检测及可控手持式磨削装置

如图 12-2，由于深沟球轴承外瓦形状为圆柱表面，为了与其实现良好的接触，所以针对接触表面的形状设计一个新的声发射传感器，由声匹配层、压电元件、永久磁铁、背衬、接头和外壳组成，由图可知，声匹配层表面形状为内凹圆弧面与深沟球轴承外瓦形状共轭，通过声匹配层可以实现声发射信号最大限度地向传感器进行辐射，此外还对传感器起到保护的作用，在声匹配层上开有环形槽，在其内安装环形永久磁铁的目的是使传感器吸附在深沟球轴承的外瓦上，声匹配层与压电元件之间由黏结胶层进行黏结连接，选择合适的黏结胶层厚度能极大地改善声能透射，可将黏结胶层看成声匹配层形成双匹配层，这样就扩大了材料的选择范围，压电元件上加背衬来消除或减少透过压电元件的声波交界面反射再度返回压电元件形成次生压电效应，能提高传感器的分辨率和信噪比，通过导线连接到接头上将电信号输出，声匹配层与外壳通过螺纹进行连接并将其内部元件固定，由于接触表面形状的特殊性，采用螺纹连接方式可以实现调节接头的方向方便接线。

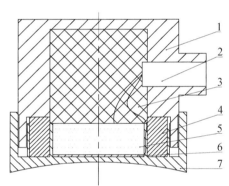

1-外壳；2-接头；3-背衬；4-永久磁铁；5-压电元件；6-黏结胶层；7-声匹配层

图 12-2　新型声发射传感器

12.2.2　静电雾化超声波辅助生物骨低损伤可控磨削工艺与装置

现有的骨磨削装置没有考虑骨屑排出问题，磨具堵塞严重；磨具亲水性弱，生理盐水不能有效注入磨削区进行冷却；没有考虑冷却液雾化性，冷却液液滴粒径较大，不利于液滴在磨削区的铺展；术后成膜装置纤维射流较粗，透气性差，不利于过滤空气中的细菌和微尘；需配合其他设备使用，会给患者带来不必要的附加损伤，且均有体积庞大、手术装置工作空间大的特点，手术操作难度高、手术效率低。为了克服现有技术的不足，本发明提供了一种静电雾化超声波辅助生物骨低损伤可控磨削装置，该装置实现磨具的纵-扭及旋转运动，有利于骨屑及时排出，从而提高磨削效率，促使热量随骨屑排出，可实现对磨削创伤面的雾化成膜保护处理。

图 12-3 所示为一种静电雾化超声波辅助生物骨低损伤可控磨削装置总装图[40]，

包含纵扭共振旋转超声电主轴、捕水磨具、内窥镜、焦距可调的超声聚焦辅助三级雾化冷却与成膜机构、超声波发生器、储液杯、超声波振动棒。纵扭共振旋转超声电主轴可实现变幅杆的纵-扭及旋转运动,装夹捕水磨具后在内窥镜辅助下可安全高效对病理骨组织进行去除;冷却与成膜机构对医用纳米流体进行气动-超声-静电三级雾化,最终在超声聚焦作用下以液滴形式冲入磨削区进行有效冷却及润滑;同时对术后创口进行包覆,以防止创口感染;超声波振动棒可对储液杯中的医用纳米流体(或医用纺丝介质)进行超声波振荡,以防止纳米粒子的团聚(降低纺丝介质黏度)。其中,纵扭共振旋转超声电主轴、冷却与成膜机构及超声波振动棒共用一个超声波发生器。

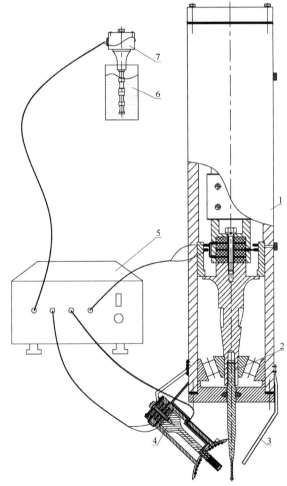

1-纵扭共振旋转超声电主轴;2-捕水磨具;3-内窥镜;4-冷却与成膜机构;5-超声波发生器;6-储液杯;7-超声波振动棒

图 12-3 静电雾化超声波辅助生物骨低损伤可控磨削工艺与装置总装图

图 12-4 所示为超声电主轴。端盖起对轴承轴向定位、防尘和密封的作用,用螺钉、弹簧垫圈固定在电主轴外壳上。由于在实际操作时磨削装置与水平方向要呈一定角度,因此主轴及变幅杆都要承受轴向和径向两个方向的力,装置采用圆锥滚子轴承,两个圆锥滚子轴承分别由端盖和主轴轴肩、变幅杆轴肩和端盖定位。端盖采用密封圈密封以防止润滑油外泄,同时还能防止外界灰尘进入电主轴中,此外密封圈还可以减少摩擦。垫片及垫片可以调整轴承间隙、游隙,主轴在转动过程中生热

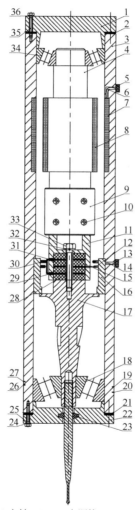

1-端盖;2、21-垫片;3-电主轴外壳;4-主轴;5、13-电源接口;6、14-电源线;7-定子绕组;8-转子绕组;
9-联轴器;10、19、20、26、27-螺纹孔;11-连接筒;12-短电刷;15-电极片;16-套筒;
17-变幅杆;18-圆锥滚子轴承;22-端盖;23-密封圈;24、32、36-弹簧垫圈;25、35-螺钉;
28-压电陶瓷片;29、31-电极片;30-长电刷;33-中心螺钉;34-圆锥滚子轴承

图 12-4　超声电主轴

膨胀，通过垫片调整主轴的热伸长。定子绕组与电主轴外壳是一体的，电源接口接通电源时，在电源线的传导作用下定子绕组通电产生旋转磁场，转子绕组中有电流通过并受磁场的作用而旋转，由于主轴与转子绕组是一体的，从而主轴旋转。主轴通过联轴器及螺纹孔与连接筒连接而旋转，而连接筒通过中心螺钉及弹簧垫圈带动电极片、压电陶瓷片、变幅杆旋转。

如表 12-1 所示，应用于创伤敷料的静电纺丝体系主要包括天然高分子和合成聚合物。采用静电纺丝技术，这些材料在体内和体外伤口愈合实验中，通过促进上皮的形成表现出了辅助愈合的能力[41-43]。

表 12-1　可进行静电纺丝的聚合物溶剂体系

天然高分子	溶剂体系	合成聚合物	溶剂体系
胶原	六氟异丙醇	聚乳酸	四氢呋喃、二氯甲烷、氯仿、丙酮等与 N, N-二甲基甲酰胺，N, N-二甲基乙酰胺等的混合溶剂
胶原/PEO	醋酸、水/氯化钠	聚乙醇酸	
胶原/聚己内酯	二(三)氯甲烷/六氟异丙醇	聚己内酯	
明胶/聚己内酯	2,2,2-三氟乙醇	聚丁羟酯	
明胶	2,2,2-三氟乙醇，六氟异丙醇	聚苯乙烯	
明胶/PEO	水/氯化钠	聚丙烯腈	
丝素蛋白	六氟异丙酸	聚碳酸酯	
丝素/PEO	水	聚酰胺	
纤维蛋白	六氟异丙醇	聚对苯二甲酸乙二醇酯	
甲壳素	六氟异丙醇	聚氨酯	
壳聚糖	甲酸，三氟乙酸	聚氧乙烯	
纤维素	醋酸	聚甲基丙烯酸甲酯	
酪蛋白/PVA	NMO/水	聚偏氟乙烯	
BSA/PVA	水		
荧光素酶/PVA	水		

图 12-5 是静电纺丝原理图。纺丝介质为聚合物溶液或熔体，其装在注射泵中，并插入一个金属电极。该电极与高压静电发生器相连，使液体带电。接地的接收板作为阴极。电场未启动时，由注射泵给活塞一个连续恒定的推力，注射泵中的纺丝介质以固定速率被挤出到针头上。当高压电场未开启时，纺丝液在其重力、自身黏度和表面张力的协同作用下形成液滴悬挂于喷口。电场开启时，聚合物溶液表面会产生电荷，电荷相互排斥和相反电荷电极对表面电荷的压缩，均会产生一种与表面张力相反的力。电压不够大时，液滴表面的表面张力将阻止液滴喷出而保持在喷嘴处。当外加的电压增大时，即将滴下的液滴半球型表面就会扭曲成一个锥体。继续加大外加电压，当电压超过某一临界值时，溶液中带电部分克服溶液的表面张力形

成一股带电的喷射流从喷嘴处喷出。在电场的作用下，当纤维射流被拉伸到一定程度时，发生弯曲及进一步的分裂拉伸，此时由于射流的比表面积迅速增大而使溶剂快速挥发，最终在收集网上被收集并固化形成非织造布状的纤维毡。高压静电发生器通常情况下选用 5～20kV 的高压，此外，正电压场有利于纤维表面电荷的释放，而负电压场能提供较为稳定的电场力，两者对不同的聚合物静电雾化成膜有着不同影响。

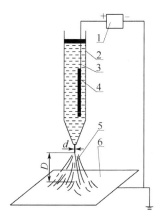

1-高压静电发生器；2-注射泵；3-纺丝介质；4-金属电极；5-纤维射流；6-接收板

图 12-5　静电纺丝原理图

图 12-6 所示为该装置的液路及气路系统图，冷却与成膜机构的液路(纳米流体)由储液杯、液压泵、调压阀、节流阀、涡轮流量计依次连接组成；成膜装置的液路(纺

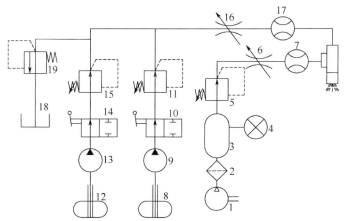

1-空气压缩机；2-过滤器；3-储气罐；4-压力表；5、11-调压阀；6、16-节流阀；7-涡轮流量计；8、12-储液杯；
9、13-液压泵；10、14-换向阀；15-调压阀；17-涡轮流量计；18-回收箱；19-溢流阀

图 12-6　冷却与成膜机构液路及气路系统图

丝介质)由储液杯、液压泵、调压阀、节流阀、涡轮流量计依次连接组成;气路由空气压缩机、过滤器、储气罐、调压阀、节流阀、涡轮流量计依次连接组成。工作时,启动液压泵,储存在储液罐中的流体经流体调压阀、流体节流阀和涡轮流量计进入喷嘴体的纳米流体入口。溢流阀起到安全阀的作用,当液路中的压力超过调定压力时,溢流阀打开,使冷却剂经溢流阀流回到回收箱中。当储液杯中储有医用纳米流体时,可实现对纳米流体气动及超声雾化后再进行静电雾化,得到分布均匀的超细液滴,对磨削区进行有效冷却及润滑;当储液杯中储有应用于创伤敷料的静电纺丝体系时,同理可得到超细纤维,对术后创口进行包覆。

12.2.3　手持式神经外科旋转超声共振捕水磨削装置

由于骨磨削手术磨具的磨粒小,磨粒间的空隙小,容易导致磨具堵塞,使工作磨粒迅速失去切削能力从而加剧磨具与骨之间的滑擦作用;且骨组织成分中含有一定量的多糖蛋白,在较高磨削温度作用下,磨屑中的多糖蛋白的黏性增强,在磨具与骨间的挤压作用下,骨屑黏附在砂轮表面,更容易引起磨具堵塞,降低磨具寿命。再次,骨磨削过程属于微磨削,骨病理磨除效率极低。密质骨组织是一种硬脆材料,在硬脆材料磨削加工中,磨具高速旋转的同时附加纵向和扭转超声机械振动,即纵-扭复合超声振动,能有效减小磨削力、促进切屑排出、提高加工质量和效率[44,45]。

经检索,目前的旋转超声纵扭共振装置[46-50]均需安装在机床主轴上,具有体积庞大、结构复杂、不便操作的特点,并没有一种装置或方法,能使外科医生在颅底肿瘤摘除手术中方便灵活操作,更没有一种磨削工具能在骨磨削过程中有效捕捉冷却液。

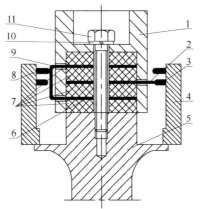

1-连接筒;2-电极片;3-短电刷;4-套筒;5-变幅杆;
6-电极片;7-压电陶瓷片;8-长电刷;
9-电极片;10-弹簧垫圈;11-中心螺钉

图 12-7　部分超声机构示意图

　　针对上述问题，为了解决现有技术的不足，本发明提供一种手持式神经外科旋转超声纵扭共振捕水磨削装置[51]，其体积小，利于外科医生灵活方便操作，电主轴可同时实现旋转、纵向振动及扭转振动，有利于骨屑及时排出且磨削效率高。

　　图 12-7 为部分超声机构示意图。电极片从连接筒引出后连接。工作时，超声波发生器将交流电转换成高频电振荡信号，由电源接口及电源线通过固定在套筒上的短电刷、长电刷分别传递给电极片，通过压电陶瓷片将高频电振荡信号转换成轴向高频振动，但该振动振幅较小，不能满足颅骨磨削所需的振幅要求。因此，压电陶瓷片的下端与变幅杆紧密连接，从而实现振幅的放大。最后，将经过放大的振幅传递给磨具，使磨具产生能够满足加工要求的振动。

　　图 12-8 为三角形栅栏组通槽变幅杆剖视图，变幅杆上端的螺纹孔与中心螺钉紧固连接，下端的螺纹孔与磨具柄紧固连接，两螺纹连接的螺纹方向均与旋转方向相反。

　　如图 12-9 所示，捕水磨具包括磨具柄及磨头基体。磨具柄上端加工有螺纹，与变幅杆下端螺纹孔紧固连接。

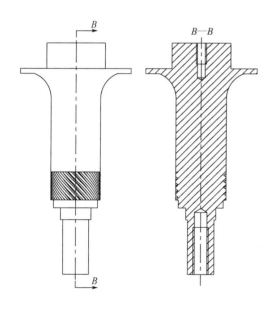

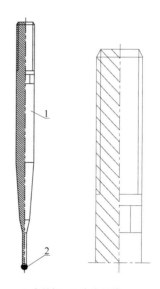

1-磨具柄；2-磨头基体

图 12-8　三角形栅栏组通槽变幅杆剖视图　　　图 12-9　神经外科颅骨磨削捕水磨具

12.2.4　多自由度颅骨外科手术磨削实验平台

　　已公开的骨磨削装备都没有解决输入参数，如磨头转速、进给量、冷却方式在实际外科临床手术中对磨削力和磨削温度的影响，不能很好地预测输入参数和磨削结果的数学关系，不能对临床实践具有实际的指导意义。本案例提出一种通过搭建多自由度颅骨外科手术磨削实验平台，解决在颅骨磨削过程中颅骨温度和所受磨削力的不可知问题，精确测量磨削温度及磨削力，以给临床实践提供指导[52]。

如图 12-10 所示，该实验平台包括六部分：第一部分是微量润滑系统，把压缩

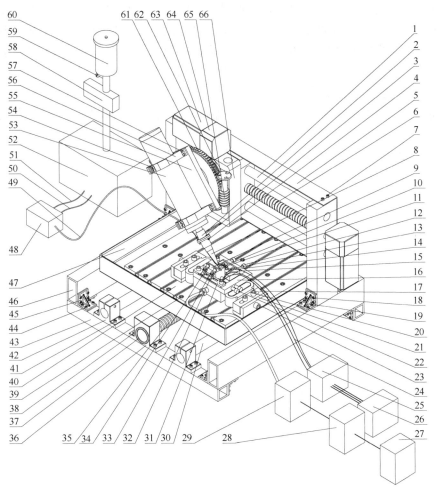

1-Y 轴导杆；2-联轴器；3、12、13、20、22、23、33、54、57-螺栓；4、32-螺母；5-保护盒；6-Y 轴丝杠；
7-紧固螺钉；8-磨头；9-工件；10-垫片；11-喷嘴；14-挡块；15、31-平板；16-环形块；17-磨削测力仪；
18-紧固螺钉；19、45-拐角连接件；21-底座；24-热电偶；25、28-信息采集仪；26、27-数据分析仪；29-放大器；
30-X 轴导杆；34-压板；35-X 轴丝杠；36-轴承座；37-深沟球轴承；38、39、41、44-紧固螺钉；40-工作台；
42-端面法兰；43-三自由度平台底座；46-三自由度平台支座；47-工作盘；48-混合室；49～51-软管；
52-冷却室；53-电主轴外壳；54-固定座；56-卡座；58-流量调节器；59-调速阀；60-生理盐水容器；
61-蜗轮；62-Z 轴法兰；63-电机；64-减速器；65-蜗杆；66-Y 轴盒子

图 12-10　四自由度颅骨外科手术磨削实验平台

空气和生理盐水冷却后混合，以喷雾的形式供给磨削系统；第二部分是三自由度平台，精确实现磨头 X、Y、Z 三个方向的移动；第三部分是电主轴旋转装置，利用蜗杆副实现电主轴在任意角度的固定；第四部分是电主轴，利用电磁场原理使磨头高速旋转；第五部分是磨削力测量装置，对磨骨过程中颅骨所受磨削力进行精确测量；第六部分是磨削温度测量装置，用三根阶梯状分布的热电偶实现用同一装置得到两组测量结果，即简化了实验，节省了时间，又避免了因多次装配实验仪器而引起的实验误差。在该实验台中，既能用三根阶梯状分布的热电偶对磨削温度进行精确的测量，又能利用磨削测力仪对磨削力进行测量，通过分析实验数据给临床实践提供指导。

　　图 12-11 为电主轴剖视图。主轴用轴肩定位，角接触球轴承成对使用以提高承载能力。定子绕组与电主轴外壳是一体的，电源接口接通三相电源时，在电源线的传导作用下电动机定子绕组通电产生旋转磁场，转子绕组中有电流通过并受磁场的作用而旋转，由于主轴与转子绕组是一体的，从而主轴也会旋转。这就是电主轴的工作原理。主轴用键与联轴器连接。

　　在图 12-12 中，因为电主轴不只受轴向力，还受径向力的作用，因此应选用角接触球轴承以提高承载力，电主轴重量较轻，蜗杆也会承受一部分径向力。Z 轴法兰与角接触球轴承、固定座均为过盈配合，Z 轴法兰加工有轴肩，固定座也加工有凸台，两者给轴承定位。Z 轴法兰只能沿 X、Y、Z 三个方向直线移动，是不能旋转的，固定座绕 Z 轴法兰转动，由此便可实现电主轴任意角度的旋转。该装置采用手动，转速很小，传递的功率不大，因此采用阿基米德圆柱蜗杆。对于蜗杆副，当当量摩擦角 α 大于导程角 γ 时，蜗杆便有自锁能力且蜗杆只能带动蜗轮，而不能由蜗轮带动蜗杆。所用蜗杆头数

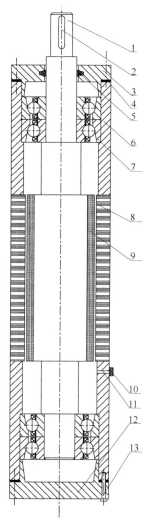

1-主轴；2-键；3-前端盖；4-垫片；5-密封圈；
6-电主轴外壳；7-角接触球轴承；8-定子绕组；
9-转子绕组；10-电源接口；11-电源线；
12-后端盖；13-紧固螺钉

图 12-11　电主轴剖视图

为 1，当导程角 $\gamma < 3°30'$ 且选用摩擦系数 f 较大的蜗杆副材料时，当量摩擦系数 $(\alpha = \arctan f)$ 便会远远大于导程角，大大提高蜗杆副的自锁能力，使蜗杆自锁能力可靠。

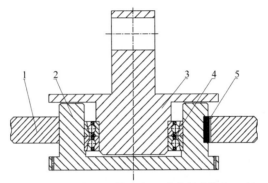

1-蜗轮；2-固定座；3-Z 轴法兰；4-角接触球轴承；5-键

图 12-12　固定座与 Z 轴法兰装配图

12.2.5　医用外科手术六自由度自动调节机械臂磨削夹持装置

目前外科颅骨磨削的器械为手持式磨削装置，手术时须凭借医师个人丰富的临床经验与手部感觉来调整磨削装置的运动和位姿，对外科医生的操作要求较高。与手持式手术装置相比，医用外科手术六自由度自动调节机械臂磨削夹持装置在治疗效果、减轻痛苦、恢复周期、医疗成本等方面具有明显优势。它主要借助先进的手术器械来操作，以达到出色的治疗效果。当前颅骨外科手术广泛应用的手动微机械手仅含有旋转和夹持两个自由度，常常需要操作者进行大量的辅助动作才能达到一定的工作空间，从而提高了手术操作的难度，并降低了手术效率，同时也会给患者带来不必要的附加损伤。

本发明的目的就是为解决上述问题，提供一种医用外科手术六自由度自动调节机械臂磨削夹持装置[53]，具有控制精确度高，可实现任意位姿的颅骨外科手术操作，从而可有效避免对脑组织的机械损伤。

如图 12-13 所示，李长河等设计研发的医用外科手术六自由度自动调节机械臂磨削夹持装置，具有三个旋转、三个移动共计六个自由度，即回转台在电机与底座环形槽的齿轮内啮合传动下实现转动；液压杆通过电机与液压杆花键孔配合以及螺钉的固定实现转动，同样空心轴通过电机与空心轴花键孔配合以及螺钉的固定实现转动。回转轴通过与空心轴的连接与电机的配合实现转动。液压杆与液压杆构成液压装置，可以使液压杆伸长与缩短，实现竖直方向的移动。滑动连接装置与横向导轨两条导轨啮合实现横向移动，在横向导轨的一条导轨上安装限位开关，可以调节滑动连接装置横向移动的范围。同样，纵向运动装置与滑动连接装置导轨套在一起实现纵向移动，在纵向运动装置底部的孔内两端安装限位开关，可以调节纵向移动的范围。该装置控制精确度高，可实现任意位姿的颅骨外科手术操作，从而可有效避免对脑组织的机械损伤。

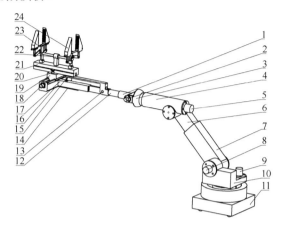

1-T 形连接杆；2、5、8、9、18、20、22-电机；3-回转轴；4-空心轴；6-液压杆 I；7-液压杆；10-回转台；
11-底座；12、17-连接杆；13-柱销；14-应变片；15-液压装置；16-横向导轨；19-滑动连接装置；
21-纵向运动装置；23、24-卡爪装置

图 12-13　医用外科手术六自由度自动调节机械臂磨削夹持装置

图 12-14 显示了医用外科手术六自由度自动调节机械臂磨削夹持装置的各个组成部分。底座为实体金属材料，在整个装置中起到保持装置重心的作用，使装置不易因受力或其他部位过重而导致歪倒。

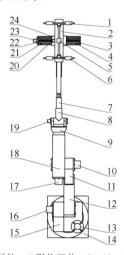

1、6-卡爪装置；2-纵向运动装置；3-横向导轨；4-限位开关；5、10、13、16、17、19、20、23-电机；7-连接杆；
8-T 形连接杆；9-回转轴；11、12-液压杆；14-底座；15-回转台；18-空心轴；
21-限位开关；22-丝杠；24-滑动连接装置

图 12-14　医用外科手术六自由度自动调节机械臂磨削夹持装置的各个组成部分

如图 12-15 所示，纵向运动装置底部孔内两端安装限位开关，通过调节限位开关的位置控制纵向运动装置的运动范围。与横向导轨上的限位开关构成一个矩形，从而可以通过调节四个限位开关的位置来调节运动范围。

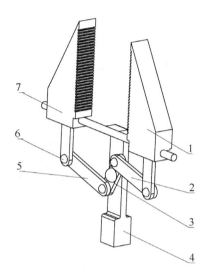

1-卡爪；2-连杆；3-连杆；4-T 形支架；5-连杆；6-柱销；7-卡爪

图 12-15　医用外科手术六自由度自动调节机械臂磨削夹持装置端部卡爪装置

12.2.6　静电雾化内冷磨头

内冷方式在钻削和机械磨削加工中也是一种常用的冷却方式。它是将冷却液通过钻头或磨具的内冷孔直接输送至切削区，从而有效降低切削温度。图 12-16 所示是静电雾化内冷磨削结构剖视图[54]。将定位轴固定在机床上，由于定位轴与固定外套是一体的，固定外套也是固定不动的。莫氏主轴与机床主轴连接并随机床主轴旋转。莫氏主轴上钻有两个互相贯通的孔，横孔为通孔，横孔的一侧为压力腔。在固定外套上冷却液进口，冷却液从该孔依次进入固定外套内的环槽、莫氏主轴的横孔并流入竖直孔，在外界泵的压力下进入内冷磨头柄的内冷孔。由于冷却液在固定外套内的环槽和磨头柄的上端莫氏主轴内的环槽内要承受一定的压力，因此本装置采用旋转密封圈作为密封装置。圆锥滚子轴承由端盖和套筒定位，另一圆锥滚子轴承由固定外套和套筒定位。轴承两端采用密封圈密封以防止润滑油漏油。端盖由螺钉和垫片固定在固定外套上，垫片可以调整轴承间隙、游隙以及轴的轴向位置。安装时先将内冷磨头柄装入莫氏主轴下端的孔中，再装上夹头，最后通过莫氏主轴与锁紧螺母的螺纹将锁紧螺母拧紧。

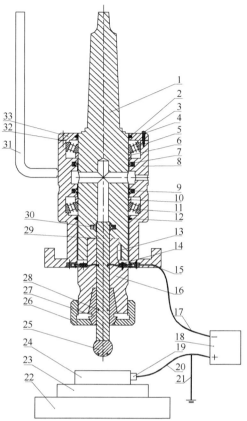

1-莫氏主轴；2、12-密封圈；3-螺钉；4、32-垫片；5-圆锥滚子轴承；6、10-套筒；7、9、30-旋转密封圈；
8-固定外套；11-圆锥滚子轴承；13-平键；14、17、20-导线；15-导线放置槽；16-磨头柄夹紧体；
18-可调高压直流电源；19-工件加电装置；21-接地线；22-工作台；23-测力仪；24-工件；25-内冷磨头；
26-锁紧螺母；27-夹头；28-内冷孔；29-内冷磨头柄；31-定位轴；33-端盖

图 12-16　静电雾化内冷磨削结构剖视图

　　图 12-17 为静电雾化结构剖视图。导线连接块由垫片和螺钉固定在磨头柄夹紧体上。导线连接块有两根导线通入内冷磨头柄的内冷孔。莫氏主轴是旋转的，并通过平键带动磨头柄夹紧体旋转，高压电转换装置通过垫片和螺钉固定在固定外套上，也是固定不动的。滚轮与导线连接块是一体的，并在高压电转换装置的内凹槽内旋转，由此实现高压电由固定的高压电外导线向旋转的高压电内导线的传送。由于在电晕放电时负电晕放电的起晕电压低，而击穿电压高，高压电转换装置通过导线放置槽和导线与可调高压直流电源的负极相连，使液体带电，可调高压直流电源的正极通过导线和工件加电装置连接并通过接地线接地。工件安装在测力仪上，测力仪通过磁性吸附在工作台上。该静电雾化装置液滴的荷电原理为：当电源负极放电时，会在电晕区内产生大量的离子，正离子会向电极阴极移动并发生电性中和，而负离

子和电子会向阳极移动，进入漂移区，在漂移区与液滴碰撞，附着在液滴上，使液滴变成了电荷携带者，带上了与电极极性相同的电荷。纳米粒子被荷电后，其荷质比比雾滴的荷质比大，能更早到达工件，从而能更好地发挥其优异的换热能力。同时，静电场中的"静电环抱"效应，能使雾滴和纳米粒子更容易进入工件表面的凹陷处，从而扩大了相对覆盖面积，进一步起到更好的润滑和换热作用。

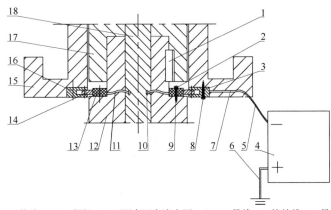

1-平键；2、8-垫片；3、9-螺钉；4-可调高压直流电源；5、11-导线；6-接地线；7-导线放置槽；
10-内冷孔；12-磨头柄夹紧体；13-导线连接块；14-滚轮；15-固定外套；
16-高压电转换装置；17-莫氏主轴；18-内冷磨头柄

图 12-17　静电雾化结构剖视图

如图 12-18 所示，内冷孔为双螺旋孔，从内冷磨头柄的顶端贯穿到内冷磨头的底端。在磨削过程中压缩空气、冷却液或纳米流体经两个螺旋孔中加速后直接喷射到磨削区，从而能有效降低磨削区温度，并冲走磨屑，延长刀具寿命。

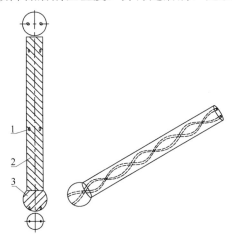

1-内冷孔；2-内冷磨头柄；3-内冷磨头

图 12-18　内冷磨削结构的内冷孔

12.3　医用纳米流体微量润滑骨磨削实验

研究者研究了人和一些动物湿的密质骨和松质骨的力学性能,通过对比发现牛和人股骨密质骨的力学性能最相似。表 12-2[55,56]列出了牛和人湿的股骨密质骨的基本力学性能。本节采用新鲜牛股骨密质骨进行生物骨材料去除机理的研究。

表 12-2　牛股骨和人股骨的基本力学性能

力学性能	牛	人(20~39 岁)
拉伸强度极限/MPa	113±2.1	124±1.1
压缩强度极限/MPa	147±1.1	170±4.3
剪切强度极限/MPa	91±1.6	54±0.6
拉伸弹性模量/GPa	25.0	17.6
压缩弹性模量/GPa	8.7	—
扭转弹性模量/GPa	16.8	3.2
最大伸长百分比	0.88±0.02	1.41
最大压缩百分比	1.7±0.02	1.85±0.04

从屠宰场购买新鲜的牛股骨,将其切割成棒骨后运至实验室。为缩小生物个体间的差异,避免性别、年龄等因素对实验结果的影响,所用骨均取自两岁龄、重 500kg 的黄公牛。将骨表面附着的软组织去除干净,取一段直径尺寸相对均匀的筒状骨干,去除骨髓,用角磨机将筒状骨干切割成块状,最后用 K-P36 平面磨床对块状骨表面进行加工,尤其是被磨削表面。为了减小取样位置和取样方向对实验结果的影响,骨试样均取自牛股骨密质骨层的轴向,如图 12-19 所示。块状骨试样尺寸为长(20±3)mm、宽(15±3)mm、高(10±3)mm。密质骨的主要成分是 65%的矿物质、25%的蛋白质和 10%的水,由于密质骨的生理活性较差,而-20℃冷冻保存不会影响皮质骨的力学性能,因此,为了保持骨试样的新鲜度,试样做好后放入-20 ℃的冷藏室中保持水分以备实验。

利用 12.2.5 节多自由度颅骨外科手术磨削实验平台进行骨微磨削实验。图 12-20 所示为干磨削条件下的典型磨削力及磨削温度信号。

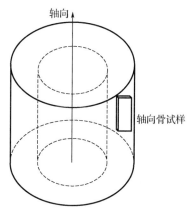

图 12-19　骨试样取样方式示意图

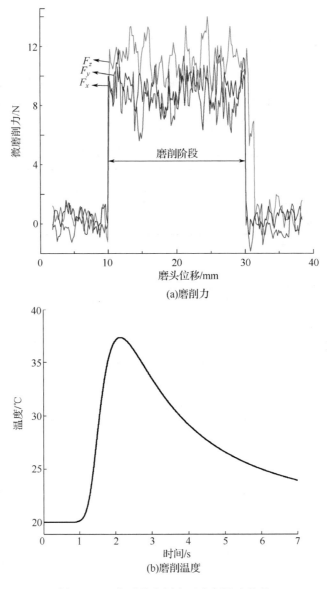

(a)磨削力

(b)磨削温度

图 12-20　典型骨磨削力及磨削温度信号

　　为了探索纳米粒子粒径对骨微磨削温度的影响规律，分别采用粒径 30nm、50nm、70 nm、90nm 的 Al_2O_3 纳米粒子与生理盐水制备纳米流体进行骨微磨削实验，测量磨削力及骨表面温度。体积分数 2%的 Al_2O_3 纳米粒子与生理盐水制备纳米流体，制备方法同 8.3.1 节，在此不再赘述。由图 12-21 可知，磨削温度随纳米粒子粒径的增大而增大。

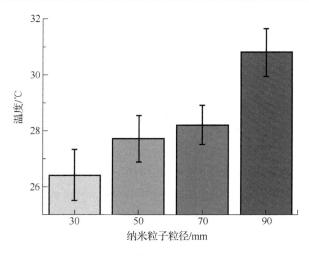

图 12-21　采用不同粒径纳米粒子测得的温度值

为了探索纳米粒子浓度对骨微磨削温度的影响规律，实验分别制备了体积分数为 0.5%、1%、1.5%、2%、2.5%的 SiO_2 纳米流体，以喷雾式冷却作为对比实验，测量微磨削力及骨微磨削温度。如图 12-22 所示，采用喷雾式冷却测得的温度为 32.7 ℃，以喷雾式冷却作为对比，采用纳米粒子体积分数为 0.5%、1%、1.5%、2%、2.5%的纳米流体得到的表面温度分别降低了 14.1%、17.1%、19.6%、22.9%、33.3%，即微磨削表面温度随纳米粒子体积分数的增大而减小。

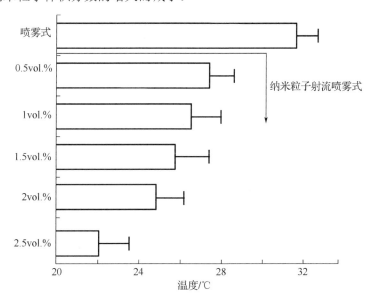

图 12-22　采用不同纳米粒子浓度测得的温度值

参 考 文 献

[1] 田永超, 王东强. 骨质增生性腰腿痛病因病机探讨[J]. 吉林中医药, 2010, 30(10): 833-834.

[2] 黄哲元, 易碧龙, 刘好源, 等. 胸椎骨折合并胸骨骨折的治疗与分型[J]. 中南大学学报(医学版), 2011, 36(12): 1199-1205.

[3] KONDO S, OKADA Y, ISEKI H, et al. Thermological study of drilling bone tissue with a high-speed drill[J]. Neurosurgery, 2000, 46 (5): 1162-1168.

[4] SASAKI M, MORRIS S, GOTO T, et al. Spray-irrigation system attached to high-speed drills for simultaneous prevention of local heating and preservation of a clear operative field in spinal surgery[J]. Neurologia Medico-Chirurgica (Tokyo), 2010, 50 (10): 900-904.

[5] ENOMOTO T, SHIGETA H, SUGIHARA T, et al. A new surgical grinding wheel for suppressing grinding heat generation in bone resection[J]. CIRP Annals-Manufacturing Technology, 2014, 63 (1): 305-308.

[6] ZHANG L, TAI B L, WANG G, et al. Thermal model to investigate the temperature in bone grinding for skull base neurosurgery[J]. Medical Engineering & Physics, 2013, 35(10): 1391-1398.

[7] SHI A J, TAI B L, ZHANG L, et al. Prediction of bone grinding temperature in skull base neurosurgery[J]. CIRP Annals-Manufacturing Technology, 2012, 61(1): 307-310.

[8] SUGITA N, MITSUISHI M. Specifications for machining the bovine cortical bone in relation to its microstructure[J]. Journal of Biomechanics, 2009, 42 (16): 2826-2829.

[9] FELDMANN A, GANSER P, NOLTE L, et al. Orthogonal cutting of cortical bone: Temperature elevation and fracture toughness[J]. International Journal of Machine Tools and Manufacture, 2017, 118-119: 1-11.

[10] 许琳琳, 王成勇, 江敏, 等. 面向康复的医疗手术中钻削力和钻削温度研究[J]. 工具技术, 2014, 48(7): 3-11.

[11] LIAO Z, AXINTE D A, GAO D. A novel cutting tool design to avoid surface damage in bone machining[J]. International Journal of Machine Tools and Manufacture, 2017, 116: 52-59.

[12] ZHANG Y, LI C, YANG M, et al. Experimental evaluation of cooling performance by friction coefficient and specific friction energy in nanofluid minimum quantity lubrication grinding with different types of vegetable oil[J]. Journal of Cleaner Production, 2016, 139: 685-705.

[13] MAO C, ZHANG J, HUANG Y, et al. Investigation on the effect of nanofluid parameters on MQL grinding[J]. Advanced Manufacturing Processes, 2013, 28 (4): 436-442.

[14] YANG M, LI C H, ZHANG Y B, et al. Maximum undeformed equivalent chip thickness for ductile-brittle transition of zirconia ceramics under different lubrication conditions[J].

International Journal of Machine Tools and Manufacture, 2017, 122: 55-65.

[15] WANG Y G, LI C H, ZHANG Y B, et al. Comprehen-sive review of experimental investigations of forced convective heat transfer characterwastics for various nanofluids[J]. Experimental evaluation of the lubrication properties of the wheel/workpiece interface in MQL grinding with different nanofluids. Tribology International, 2016, 99: 198-210.

[16] LI C H, ALI H M. Enhanced heat transfer mechanism of nanofluid MQL cooling grinding[M] Pennsylvania: IGI Global, 2020: 298-312.

[17] JIA D Z, LI C H, ZHANG Y B, et al. Experimental evaluation of surface topographies of NMQL grinding ZrO_2 ceramics combining multiangle ultrasonic vibration[J]. The International Journal of Advanced Manufacturing Technology, 2019, 100: 457-473.

[18] 杨敏, 李长河, 张彦彬, 等. 神经外科颅骨磨削温度场预测新模型[J]. 机械工程学报, 2018, 54(23): 215-222.

[19] ZHANG D K, LI C H, ZHANG Y B, et al. Experimental research on the energy ratio coefficient and specific grinding energy in nanoparticle jet MQL grinding[J]. The International Journal of Advanced Manufacturing Technology, 2015, 78(5): 1275-1288.

[20] 李长河, 张彦彬, 杨敏. 纳米流体微量润滑磨削热力学作用机理[M]. 北京: 科学出版社, 2019.

[21] ZHANG Y B, LI C H, ZHAO Y J, et al. Material removal mechanism and force model of nanofluid minimum quantity lubrication grinding[J]. Advances in microfluidic technologies for energy and environmental applications. London: IntechOpen. 2019, 12: 107-119.

[22] LI B K, LI C H, ZHANG Y B, et al. Grinding temperature and energy ratio coefficient in MQL grinding of high-temperature nickel-base alloy by using different vegetable oils as base oil[J]. Chinese Journal of Aeronautics, 2016, 29: 1084-1095.

[23] LI B K, LI C H, ZHANG Y B, et al. Heat transfer performance of MQL grinding with different nanofluids for Ni-based alloys using vegetable oil[J]. Journal of Cleaner Production, 2017, 154: 1-11.

[24] WANG Y G, LI C H, ZHANG Y B, et al. Experimental evaluation on tribological performance of the wheel/workpiece interface in minimum quantity lubrication grinding with different concentrations of Al_2O_3 nanofluids[J]. Journal of Cleaner Production, 2016, 142: 3571-3583.

[25] LI B K, LI C H, ZHANG Y B, et al. Effect of the physical properties of different vegetable oil-based nanofluids on MQLC grinding temperature of Ni-based alloy[J]. The International Journal of Advanced Manufacturing Technology, 2017, 89: 3459-3474.

[26] SETTI D, SINHA M K, GHOSH S, et al. Performance evaluation of Ti-6Al-4V grinding using chip formation and coefficient of friction under the influence of nanofluids[J]. International Journal of Machine Tools and Manufacture, 2015, 88(88): 237-248.

[27] MAO C, ZOU H F, HUANG X M, et al. The influence of spraying parameters on grinding performance for nanofluid minimum quantity lubrication[J]. The International Journal of Advanced Manufacturing Technology, 2013, 64: 1791-1799.

[28] MAO C, TANG X J, ZOU H F, et al. Investigation of grinding characteristic using nanofluid minimum quantity lubrication[J]. International Journal of Precision Engineering and Manufacturing, 2012, 13: 1745-1752.

[29] DONG L, LI C H, BAI X F, et al. Cooling performance analysis based on minimum quantity lubrication milling with Al_2O_3 nanoparticle[J]. Manufacturing Techniques and Machine Tool, 2018, 675: 131-134.

[30] JIA D Z, LI C H, ZHANG Y B, et al. Experimental research on the influence of the jet parameters of minimum quantity lubrication on the lubricating property of Ni-based alloy grinding[J]. The International Journal of Advanced Manufacturing Technology, 2016, 82: 617-630.

[31] 李长河, 纳米流体微量润滑磨削理论与关键技术[M]. 北京: 科学出版社, 2017.

[32] MAO C, ZOU H, HUANG Y, et al. Analysis of heat transfer coefficient on workpiece surface during minimum quantity lubricant grinding[J]. International Journal of Advanced Manufacturing Technology, 2013, 66 (1-4): 363-370.

[33] MAO C, ZOU H, HUANG X, et al. The influence of spraying parameters on grinding performance for nanofluid minimum quantity lubrication[J]. International Journal of Advanced Manufacturing Technology, 2013, 64 (9-12): 1791-1799.

[34] MAO C, TANG X, ZOU H, et al. Experimental investigation of surface quality for minimum quantity oil-water lubrication grinding[J]. International Journal of Advanced Manufacturing Technology, 2012, 59 (1-4): 93-100.

[35] 张惠霞, 李秋香, 程敏娜. 骨科患者围手术期护理中应用加速康复外科理念的可行性研究[J]. 养生保健指南, 2019, (28): 162.

[36] TAI B L, ZHANG L, WANG A C, et al. Temperature prediction in high speed bone grinding using motor PWM signal[J]. Medical Engineering and Physics, 2013, 35 (10): 1545-1549.

[37] WALLACE R J, WHITTERS C J, MCGEOUGH J A, et al. Experimental evaluation of laser cutting of bone[J]. Journal of Materials Processing Technology, 2004, 149 (1-3): 557-560.

[38] 张丽慧. 骨头磨削过程传热及其反问题研究[D]. 重庆: 重庆大学, 2014.

[39] 张东坤, 李长河, 马宏亮, 等. 外科手术颅骨磨削温度在线检测及可控手持式磨削装置: 201310030327.9[P]. 2013-04-24.

[40] LI C H, YANG M, ZHANG Y B, et al. Electrostatic-atomization ultrasonic wave assisted low-damage and controllable biologic bone grinding process and apparatus: AU 2018373743 [P]. 2020-10-15.

[41] 王乐. 静电纺丝制备微纳米纤维在伤口敷料及纺织服装领域的潜在应用[D]. 青岛: 青岛大学,

2017.

[42] LIU M, DUAN X P, LI Y M, et al. Electrospun nanofibers for wound healing[J]. Materials ence & Engineering C, 2017, 76: 1413-1423.

[43] DONG R H, JIA Y X, QIN C C, et al. In situ deposition of a personalized nanofibrous dressing via a handy electrospinning device for skin wound care[J]. Nanoscale, 2016, 8（6）: 3482-3488.

[44] 廖志荣. 骨材料切削加工及一种新型刀具研究[D]. 哈尔滨: 哈尔滨工业大学, 2017.

[45] LIAO Z R, AXINTE D A, GAO D. A novel cutting tool design to avoid surface damage in bone machining[J]. International Journal of Machine Tools and Manufacture, 2017, 116: 52-59.

[46] 郑建新, 刘传绍, 田月红, 等. 单激励纵-扭复合振动转换装置: 201110176076.6[P]. 2011-12-28.

[47] 邹平, 陈汐, 张涛, 等. 一种纵扭复合超声振动切削装置: 201410240342.0[P]. 2014-09-03.

[48] 陈时锦, 吴陈军, 孙雪. 一种双向纵扭复合振动装置: 201510811507.X[P]. 2016-01-27.

[49] 陈涛, 方亮, 邓炎, 等. 一种超声纵扭振动磨削装置: 201510898212.0[P]. 2016-04-27.

[50] 李鹏阳, 刘强, 李言, 等. 一种纵-扭复合振动换能器: 201610130086.9[P]. 2016-06-22.

[51] 杨敏, 李长河, 贾东洲, 等. 一种手持式神经外科旋转超声共振捕水磨削装置: CN107789031A [P]. 2018-03-13.

[52] 杨敏, 李长河, 李本凯, 等. 多自由度颅骨外科手术磨削实验平台: 201410510448.8[P]. 2016-05-18.

[53] 李长河, 张东坤. 医用外科手术六自由度自动调节机械臂磨削夹持装置: 201310277636.6[P]. 2015-02-18.

[54] 杨敏, 李长河, 张彦彬, 等. 一种静电雾化内冷磨头: 201510604803.2[P]. 2017-09-12.

[55] 刘冠辉. 骨组织力学特性和重建的数值模拟及分析[D]. 南京: 南京航空航天大学, 2005.

[56] 张冠军, 邓先攀, 杨洁, 等. 皮质骨试样制备及其材料参数识别方法研究[J]. 中国生物医学工程学报, 2017, 36（1）: 75-82.

第13章 纳米流体微量润滑磨削工艺与表面评价案例库设计

13.1 概　述

磨削加工一般作为机械零件的终加工工序，其主要目的是保证零件的表面粗糙度和形状精度要求[1-9]。磨削表面的创成过程是砂轮表面磨粒与工件表面材料相互干涉的最终结果。由于磨削过程极为复杂，影响因素众多，磨削过程的物理关系往往很难精确表达。加强对磨削表面创成机理的理论与实验研究，建立准确、可靠、通用的表面粗糙度的理论计算方法对工业生产意义重大。近年来，国内外学者一直致力于磨削表面粗糙度预测方法的研究，并取得了一些成果。Malkin 等[5]在大量的实验结果基础上，建立了外圆纵向磨削表面粗糙度的预测模型，提出至少有 8 个变量同时影响表面粗糙度。Tönshoff 等[6]结了 1952～1992 年的磨削的理论模型和经验模型，提出了考虑多种变量影响的通用模型，但是在这些理论模型或实验模型中，几乎都没有把磨削液的影响因素考虑进去。实验表明：磨削液对粗糙度起着重要的作用，不能忽略。进一步，国内外学者已经对纳米微量润滑进行了理论分析与实验研究，并做了大量的论证和实验[10-20]，但纳米微量润滑与工件表面形貌的联系有待更深入的研究[21-23]，润滑油膜的形成与工件表面形貌之间的内在关系亟须建立[24-26]，建立纳米粒子微量润滑磨削在具有微凸体工件表面的油膜形成机理也有利于探明纳米粒子射流对微量磨削砂轮/工件界面的润滑与散热优势。另外，在纳米射流微量润滑加工过程中的悬浮微粒主要由雾化、蒸发以及飘散三种作用机理决定。在这三种机理作用下产生的微粒粒径十分小，导致了微粒易于飘散到空气中，并长期滞留在空气中。这些细小的粒子悬浮在空气中，形成危害极大的气溶胶，对工人健康产生的危害是极大的。而且测量纳米粒子射流微量润滑磨削雾滴粒径分布规律及表面形态对保证磨削性能也至关重要[27-30]。为了描述和评定液滴群的雾化质量与表示其雾化特性，需要一个既可以表示颗粒直径大小又可以表示不同直径颗粒的数量或质量的方式，即所谓的液滴尺寸分布表达式。在喷嘴雾化特性诸参数中，最为难测量的是雾化后的液滴尺寸和尺寸分布，而这两个参数又是衡量喷嘴雾化特性优劣的不可缺少的指标。因此，为纳米微量润滑与磨削工艺作用机制，提高纳米粒子微量润滑磨削液的有效利用率和工件表面质量，以下将对纳米射流微量润滑磨削工艺装置和表面评价方法案例库进行分析。

13.2 纳米流体微量润滑磨削工艺与表面评价案例库

13.2.1 支持不同润滑工况的单颗磨粒速度及尺寸效应试验系统及方法

如图 13-1 所示，该试验系统包括电主轴机构、磨削力测量机构、三维移动机构、光学平台机构、润滑机构。电主轴机构主要实现磨削功能，三维移动机构实现工件的进给，润滑机构为磨削提供润滑油进行冷却润滑，磨削力测量机构用来测量磨削中的磨削力，光学平台机构主要起到防护实验系统的作用。

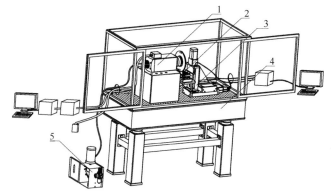

1-电主轴机构；2-磨削力测量机构；3-三维移动机构；4-光学平台机构；5-润滑机构

图 13-1　支持不同润滑工况的单颗磨粒速度及尺寸效应试验装置总装图

图 13-2 所示为电主轴机构的爆炸装配图。电主轴前盖通过电主轴前盖螺钉及前盖螺钉垫圈固定在电主轴箱体上，电主轴后盖通过四个电主轴后盖螺钉及后盖螺钉垫圈固定在电主轴箱体上，防止外界灰尘进入电主轴箱体，电主轴电箱通过四个电主轴电箱螺钉及电箱螺钉垫圈固定在电主轴箱体上，电主轴通过变频器连接导线接电，变频器用来调节输入频率从而改变主轴的转速，砂轮盘后压板通过键进行周向固定，与主轴保持旋转，砂轮盘通过砂轮盘前压板、砂轮盘后压板和压板螺母夹紧，使砂轮盘与主轴一起旋转，两个节块分别通过两个节块螺钉和两个节块螺钉垫圈固定在砂轮盘上，单颗磨粒通过钎焊工艺焊接在芯轴上，芯轴装在一端的节块里，并通过芯轴对顶螺钉固定。电主轴通过六个电主轴固定螺钉和电主轴固定螺钉垫圈固定在工作台上，工作台通过八个工作台固定螺钉和工作台螺钉垫圈固定在光学平台上，防止电主轴在工作过程中发生移动，喷嘴固定侧有外螺纹，通过螺纹拧紧固定在喷嘴管上，喷嘴管可以调节喷嘴的方向，喷嘴管通过磁性吸盘螺钉固定在磁性吸盘上，磁性吸盘吸在电主轴箱体上，防止在工作过程中移动，润滑系统通过喷嘴接头向喷嘴供给微量润滑油。

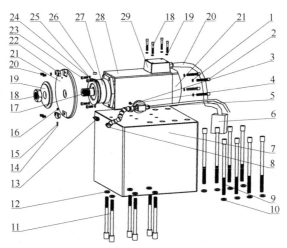

1-后盖螺钉垫圈；2-电主轴后盖螺；3-芯轴；4-芯轴对顶螺钉；5、17-主轴；6、18-压板螺母；7、19-砂轮盘前压板；
8、20-节块螺钉；9、21-砂轮盘；10、22-节块；11、23-电主轴前盖螺钉；12-电主轴固定螺钉；13-喷嘴；
14-单颗磨粒；15-芯轴；16-芯轴对顶螺钉；24-前盖螺钉垫圈；25-砂轮盘后压板；26-键；
27-电主轴前盖；28-电主轴箱体；29-电主轴电箱

图 13-2　电主轴机构的爆炸装配图

图 13-3 所示为三维移动机构的爆炸装配图。磨削测力仪用螺钉紧固在磨削测力仪平台上，使磨削测力仪上的工件随着三维移动平台系统移动，实现工件在 X、Y、Z 向的移动。磨削测力仪平台通过测力仪平台螺钉紧固在 Z 向移动单元上，Z 向移

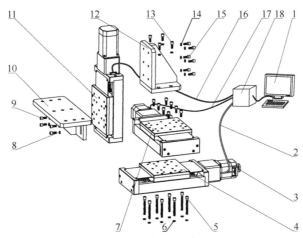

1-计算机；2-导线；3-手动调节旋钮；4-X 向移动单元；5-三维移动平台固定螺钉；6-固定螺钉垫圈；
7-Y 向移动单元；8、9-测力仪平台螺钉；10-磨削测力仪平台；11-Z 向移动单元；12-支撑板；
13、15-支撑板螺钉；14-支撑板螺钉垫圈；16、17-导线；18-计算机主机

图 13-3　三维移动机构的爆炸装配图

动单元的电机可以实现每次 0.1μm 的 Z 向进给，支撑板通过支撑板螺钉和支撑板螺钉垫圈将 Z 向移动单元和 Y 向移动单元固定在一起，Y 向移动单元通过固定螺钉固定在 X 向移动单元上，X 向移动单元通过三维移动平台固定螺钉和固定螺钉垫圈固定在光学平台上，其中，X 向移动单元和 Y 向移动单元可以实现每次 1μm 的进给，X 向移动单元、Y 向移动单元、Z 向移动单元分别通过导线与计算机主机连接，计算机通过计算机主机控制三维移动平台 X、Y、Z 向的移动。其中，Z 向移动单元与 X(Y) 向移动单元区别在于电机不同以及没有手动调节旋钮，Z 向移动单元的电机更加精密，可以实现每次 0.1μm 的进给，而 X(Y) 向移动单元可以实现每次 1μm 的进给。

图 13-4 所示为光学平台机构的爆炸装配图。防护罩主要具有防止外界灰尘进入实验系统、防止切屑冷却液飞溅出实验系统的作用，将实验系统与周边环境隔离开，而且能够维护实验系统的正常精度，延长系统的使用寿命，防护罩推拉门主要便于实验人员进行实验操作，防护罩通过四个护罩固定螺钉和防护罩固定螺钉垫圈固定在光学平台上，光学平台用于长期稳定的安装放置实验系统，没有固有共振，可以有效地抑制由实验中电主轴系统或三维移动平台系统产生的任何振动，阻止这些振动影响关键性的元件。四个支撑架通过固定螺钉、短横梁和长横梁固定在一起，防止移动，起到支撑作用。支撑架上的弹性垫片可以进一步起到防震吸震的作用，弹性垫片下的调节螺母可以调节光学平台的水平度，使用水平仪将光学平台调平后，将对顶螺母拧紧锁死，从而保证在水平条件下进行实验。

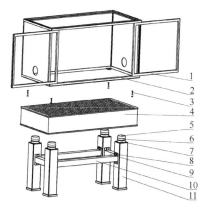

1-防护罩推拉门；2-防护罩；3-护罩固定螺钉；4-光学平台；5-弹性垫片；6-调节螺母；
7-对顶螺母；8-固定螺钉；9-短横梁；10-长横梁；11-防护罩固定螺钉垫圈

图 13-4　光学平台机构的爆炸装配图

13.2.2　纳米粒子射流条件下工件表面微凸体油膜形成工艺与装置

一种纳米粒子射流条件下工件表面微凸体油膜形成工艺与装置，它利用磨削加工领域中的纳米粒子射流微量润滑与工件表面微凸体耦合作用下，将纳米流体输送到喷嘴，纳米流体在压缩空气作用下以较高速度喷射到磨削区，在有微凸体的工件表面上形成润滑油膜，实现对磨削加工区域最大限度地冷却与润滑。它具有微量润滑技术的所有优点，并考虑工件表面的形貌特征，在有微凸体的工件表面上形成润滑油膜，纳米粒子吸附在工件粗糙表面具有更强的冷却性能和优异摩擦学特性，有效解决了磨削烧伤，提高了工件表面质量，实现高效、低耗、环境友好、资源节约的低碳绿色清洁生产，具有举足轻重的意义。

具体工艺步骤如下。步骤一，砂轮运行开始进行磨削，纳米流体与压缩空气进入喷嘴，在喷嘴内经混合加速后形成三相流：压缩空气、固体纳米粒子和基油粒子的混合流后喷出，喷嘴与工件距离 d 定为 $15\sim25$cm，喷嘴角度 α 定为 $15°\sim30°$，喷嘴的喷射流量为 $2.5\sim3.0$mL/min；步骤二，喷嘴喷出的纳米流体喷雾突破砂轮与工件表面间的气障层，涂覆在具有微凸体的工件表面；步骤三，在磨削的开始阶段，纳米粒子填充到微凸体的波谷处，当波谷被完全覆盖以后，这些纳米粒子在波谷处堆积，以致最后完全覆盖加工表面，形成油膜；此时纳米粒子起到类滚珠作用，使得砂轮与工件表面间的滑动摩擦转变成了滚动摩擦，降低了摩擦系数；步骤四，当磨削力加大后，使工件表面上层油膜中的纳米粒子和峰谷中的纳米粒子发生塑性变形被压平，在热作用下融化成膜或者通过表面修饰剂的物理吸附使纳米粒子沉淀于摩擦表面，生成一层有机复合物理膜，将砂轮与工件表面隔开，形成一层致密的边界润滑膜，起到抗磨减磨的作用；这层物理膜降低砂轮与工件间的摩擦力，并且这层物理膜具有良好的强化换热性能。

根据评定表面粗糙度的参数来确定表面的粗糙程度。表面粗糙度的参数首先从高度参数 Ra、Rz 两项中选取，根据要求，在高度参数不能满足的前提下，可用附加参数 RSm 或 $Rmr(C)$。对于有粗糙度要求的表面，应同时给出两项要求，即参数值和取样长度 l_r。现定义微凸体表面的粗糙度参数如下，$Ra(0.05\sim12.5\mu m)$、$Rz(0.1\sim25\mu m)$、$RSm(0.025\sim0.8mm)$ 和当 C 取为 Rz 的 60%时 $Rmr(15\%\sim70\%)$。同时我们定义，比微凸体表面光滑的表面为光滑表面，比微凸体表面粗糙的表面为粗糙表面。它们的粗糙度参数范围如下，光滑表面 $Ra\leqslant0.05\mu m$，$Rz\leqslant0.1\mu m$，$RSm\geqslant0.8mm$，当 C 取 Rz 的 60%时 $Rmr(C)\geqslant70\%$，粗糙表面 $Ra\geqslant12.5\mu m$，$Rz\geqslant25\mu m$，$RSm\leqslant0.025mm$，当 C 取 Rz 的 60%时 $Rmr(C)\leqslant15\%$。

当喷嘴向工件喷射纳米流体喷雾时，由于纳米粒子、被油膜包裹的纳米粒子和纯油微粒易于吸附在金属表面，所以这些粒子就会均匀地分散于工件表面，由于工件表面是一定程度粗糙的，所以这些颗粒起初一些就会填充到粗糙表面的波谷处，其效果如图 13-5 所示。当金属表面的波谷被完全覆盖以后，这些颗粒就会在峰谷处堆积，以致最后完全覆盖加工表面，形成油膜如图 13-6 所示。当磨削开始的时候纳米粒子出现塑性变形平铺开，形成黏附于加工表面峰谷的一层硬膜，它具有良好的减磨、抗磨和传热特性。

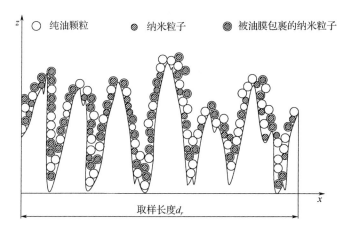

图 13-5　纳米粒子和纯油颗粒在微凸体表面的初始分布示意图

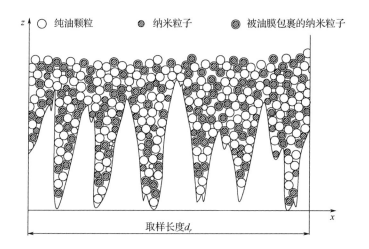

图 13-6　纳米粒子和纯油颗粒在微凸体表面的最终分布示意图

　　纳米粒子对金属材料吸附能力强，所以含有纳米粒子的纳米流体喷雾进入磨削区后，相比于传统的磨削液更易吸附在材料表面形成油膜。由于纳米粒子的小尺寸效应，其近似于液体分子，纳米粒子自身强烈的布朗运动有利于其在油基溶液中分布均匀，从而使得形成的油膜中纳米粒子分布均匀。这些固体与液体的颗粒在一定程度上减小了加工表面的表面粗糙度。小的表面粗糙度必然会在磨削时降低其摩擦系数，从而降低了磨削力和磨削温度，这对于磨削加工是极为有利的。

　　在磨削的开始阶段纳米粒子起到类滚珠作用，在一定程度上使得砂轮与工件表面间的滑动摩擦转变成了滚动摩擦，从降低了摩擦系数。当磨削力加大，使加工表面上层油膜中的纳米粒子和峰谷中的纳米粒子发生塑性变形被压平，在热作用下融化成膜或者通过表面修饰剂的物理吸附使纳米粒子沉淀于摩擦表面，生成一层有机复合物理膜，将砂轮与工件表面隔开，形成一层致密的边界润滑膜，起到抗磨减磨的作用。这层物理膜可以在很大程度上降低砂轮与工件间的摩擦力，并且这层物理膜具有良好的强化换热性能。然而使用传统的水基磨削液或油基切削液在加工表面形成的油膜是不稳定的，很容易破坏，而且换热能力较差。这会导致磨削区磨削力增大，产生大量的热，会造成表面精度不高甚至会造成表面烧伤。

基于这种成膜方式，可以发现当在传统磨削液中加入纳米粒子，形成的油膜极大地改善了磨削区的润滑性能和热传导性能。这不仅能够降低磨削用力和加工表面温度，同时改善了加工表面的质量。但工件表面的粗糙度不同，它们的成膜能力和所成油膜的形态也有所不同。成膜的能力和所成油膜形态，直接影响磨削过程中的摩擦性能和换热性能，其表现为摩擦系数，磨削比能、G 比率和磨削区峰值温度的变化。如下结合试验进行验证分析。

实验分别采用添加质量分数 8%的纳米级粒子的微量润滑，对磨削区进行冷却润滑。微量润滑采用的基油是石蜡油(矿物油)，在 20℃时它的运动黏度为 2.4cst。所用纳米粒子是 MoS_2，其粒径为 40～70nm。实验进行 100 个磨削工步，计算得出在不同表面粗糙度条件下的摩擦系数，比磨削能和 G 比率，同时测量磨削区峰值温度。摩擦系数为切向磨削力 (F_t) 和法向磨削力 (F_n) 的比值，磨削比能即为移除每单位体积材料所需的能量，G 比率为每单位体积砂轮磨损所移除的材料体积。

如图 13-7～图 13-10 所示，实验发现使用纳米微量润滑，对具有不同粗糙度表面的三个试件进行磨削加工时，所获得的摩擦系数、磨削比能、G 比率和磨削区峰值温度是不同的。这说明在进行磨削加工时，纳米微量润滑的性能是与工件表面的粗糙度相关的。对光滑表面试件Ⅰ进行磨削加工时，获得的摩擦系数、磨削比能、磨削区峰值温度和 G 比率都处于中间值，但更接近于粗糙表面试件Ⅲ所得数据。

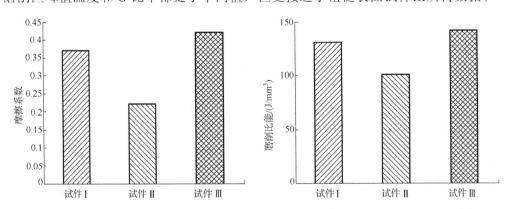

图 13-7　不同试件粗糙度条件与摩擦系数的关系　图 13-8　不同试件粗糙度条件与磨削比能的关系

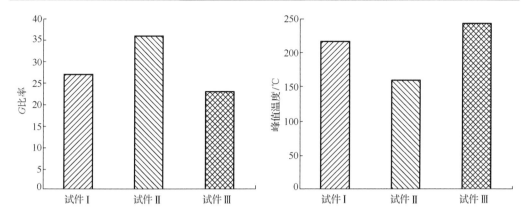

图 13-9　不同试件粗糙度条件与 G 比率的关系　图 13-10　不同试件粗糙度条件与峰值温度的关系

通过观察分析发现，出现这种情况的原因如下。当被加工表面是光滑表面时，表面粗糙度较低，定体积的油保持力差。此时，微量润滑液喷射到加工表面上形成的油膜相对较薄，因其实际表面积相对较小，故而所含纳米粒子相对较少。当磨削加工开始进行时，砂轮与加工表面间的部分润滑油会被挤掉，形成干摩擦。这对磨削加工是非常不利的，纳米润滑液不能达到预期的润滑目的，这样就会增大磨削用力，从而增大摩擦系数和磨削比能。差的润滑油膜会导致砂轮较快的磨损，故而获得了较低的 G 比率。同时磨削力的增大会增加磨削区的温度。磨削区温度的升高和磨削力的增大，对加工表面的质量影响很大。

然而当被加工表面是粗糙表面时，虽然表面的定体积油保持力强，但由于磨削加工速度较快，而纳米微量润滑用量小，同时由于其过于粗糙，喷射的磨削液不足以填充整个表面形成均匀油膜。在这粗糙度情况下，虽然表面的含油量较多，但是油膜不均匀。在波峰处的润滑油非常少，只是极薄的一层油膜，极容易破裂分散成多个小的局部油膜，甚至在较高的波峰处不能形成油膜。这对磨削加工是非常不利的，在磨削时砂轮首先与工件表面微凸体的波峰接触，在这种情况下会产生很大的磨削力。由于在加工表面的波峰及以上，不能形成有效的润滑薄膜，这必然会增大摩擦系数、磨削比能和磨削区峰值温度，而且其对砂轮磨损严重，故而 G 比率较低。当被加工的表面是微凸体表面时，喷射的磨削液会完整地填充到粗糙表面，并在上方形成一个完整的薄膜。这对磨削加工非常有利，在磨削加工时会形成一层不易破坏的坚韧薄膜，能够有效地对磨削区进行润滑散热。

13.2.3　纳米粒子射流微量润滑磨削表面粗糙度预测方法和装置

该装置通过砂轮表面形貌测量装置捕获砂轮的表面形貌曲线，曲线的波峰点所处的横纵坐标即为砂轮表面磨粒相对转角位置及突出高度，将曲线的波峰点的横纵坐标存储为矩阵 A_{ij}，通过有效磨粒判定条件，从形貌矩阵 A_{ij} 选择满足条件的波峰点，存储相应的横纵坐标生成新的矩阵 B_{ij}，再根据磨削加工工件表面形貌创成机理，生成工件表面形貌曲线，并将曲线上的波峰值和波谷值存储为一维矩阵 C_m，通过表面形貌曲线计算轮廓算术平均偏差 Ra 值，通过一维矩阵 C_m 计算轮廓的最大高度 R_z 值。矩阵 A_{ij} 和矩阵 B_{ij} 为 i 行 j 列矩阵，其中行数 i 表示第 i 颗磨粒，在砂轮的中心建立极坐标系，第一列表示在上述极坐标中第 i 颗磨粒与第一颗磨粒所在位置之间的夹角 θ_i，其中 θ_0 为 0，第二列表示该磨粒的突出高度 H_i。有限磨粒判定条件为

$$H_i \geqslant H_{\max} - a_p \tag{13-1}$$

式中，H_i 为第 i 磨粒的突出高度，μm；$H_{\max}$ 为所测磨粒高度最大值，μm；a_p 为磨削深度，μm。

本发明的砂轮表面形貌曲线测量装置，主要由八部分组成，即触针、传感器杠杆、电感式位移传感器、交流电源、滤波放大器、计算器、存储器以及示波器，其中触针与传感器杠杆左端固结，传感器杠杆的支点处与测量装置机体铰接，传感器杠杆右端与传感器的衔铁固结，传感器、保护电阻以及交流电源串接构成闭合回路。传感器杠杆左端即触针与支点之间的杆长为 L_1，右端即支点与衔铁与传感器杠杆连接点之间的杆长为 L_2。触针为金刚石触针，触针外径尺寸为 0.6mm，触针尖部圆锥角为 60°～90°，圆锥角过度圆弧为 2～3μm。电感式位移传感器主要由三部分组成，即衔铁、铁心以及线圈，衔铁、铁心以及线圈安装在电感式位移传感器壳体的内部，衔铁与铁心之间的气隙长度为 δ，线圈绕在铁心上，线圈的匝数为 N。

电感式位移传感器输出信号端与滤波放大器相连，滤波放大器一根输出线依次与计算器、存储器相连，另一根输出线与示波器相连。砂轮表面形貌曲线测量装置的工作原理为：砂轮以固定角速度 ω_0 转动，安装在传感器杠杆左端的触针沿砂轮表面轮廓上下移动，从而使安装在传感器杠杆右端的电感式位移传感器的衔铁上下移动，导致电感式位移传感器的衔铁与铁心之间的气隙长度相应变化，使得电感式位移传感器输出的电流也相应变化，输出电流经滤波放大器放大 V 倍后的电流为 I，之后电信号分为两路，与示波器相连的一路在示波器上显示电流 I 随位置变化的波形信号，与计算器相连的一路采用电流与突出高度关系公式和转角计算公式将电流 I 随位置变化的波形转化为砂轮表面突出高度与砂轮转角之间信号曲线，并将曲线的波峰点处的横纵坐标即砂轮表面磨粒相对转角位置及突出高度存储为矩阵 A_{ij}，最后将转化的信号曲线和矩阵 A_{ij} 存储在存储器中。

电流与突出高度关系公式推导过程如下。

由电感式位移传感器的工作原理可知，电感式位移传感器的自感量 L 为

$$L = \frac{N^2 \mu_0 A_0}{2\delta} \tag{13-2}$$

式中，N 为线圈匝数；μ_0 为空气磁导率，H/m；A_0 为气隙截面积，m^2；δ 为气隙长

度，m。感抗 X_L 为

$$X_L = 2\pi f L \tag{13-3}$$

式中，X_L 为感抗，Ω；f 是交流电源频率，Hz；L 是线圈电感，H。滤波放大器的放大 V 倍的电流为 I，则电感式位移传感器输出的电流 I_0 为

$$I_0 = \frac{I}{V} = \frac{U}{Z} = \frac{U}{\sqrt{R^2 + X_L^2}} \tag{13-4}$$

式中，R 为保护电阻，Ω；U 为交流电源电压，V；Z 为回路中的总阻抗，Ω。由式（13-4）导出感抗 X_L 为

$$X_L = \sqrt{\frac{V^2 U^2}{I^2} R^2} \tag{13-5}$$

联立式（13-2）和式（13-3），感抗 X_L 又可表达为

$$X_L = 2\pi f L = \frac{\pi f N^2 \mu_0 A_0}{\delta} \tag{13-6}$$

联立式（13-5）和式（13-6）可求得气隙长度为

$$\delta = \frac{\pi f N^2 \mu_0 A_0}{\sqrt{\dfrac{V^2 U^2}{I^2} R^2}} \tag{13-7}$$

放大电流与砂轮表面突出高度关系公式为

$$h = \frac{L_1 \delta}{L_2} = \frac{L_1 \pi f N^2 \mu_0 A_0}{L_2 \sqrt{\dfrac{V^2 U^2}{I^2} R^2}} \tag{13-8}$$

式中，传感器杠杆臂长 L_1、传感器杠杆臂长 L_2、交流电源频率 f、线圈匝数 N、空气磁导率 μ_0、气隙截面积 A_0、交流电源电压 U、保护电阻 R、放大倍数 V 皆为已知常量，放大后的电流 I 与砂轮表面突出高度 h 呈一一对应关系。

转角计算公式推导过程如下。

设砂轮表面形貌曲线采样时间为 t，放大电流 I 随位置变化的波形所在的坐标中对应的横坐标最大值为 $X_{\max}$，对于任意的位置 x 所对应的转角 θ 为

$$\theta = \frac{\omega_0 t_x}{X_{\max}} \tag{13-9}$$

式中，砂轮角速度 ω_0、采样时间 t、最大位置 $X_{\max}$ 对于特定的采样曲线皆为已知常量，位置 x 与转角 θ 呈一一对应关系。

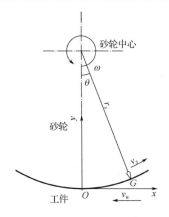

图 13-11 单颗磨粒运动轨迹示意图

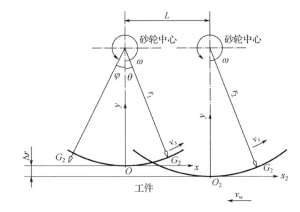

图 13-12 两相邻磨粒运动轨迹示意图

结合图 13-11 和图 13-12 可见，磨削加工工件表面形貌创成机理如下：以磨粒与工件接触的最低点为坐标原点 O，建立直角坐标系，如图 13-11 所示。则磨粒 G 的轨迹方程为

$$x = v_w t + r_s \sin\theta \tag{13-10}$$

$$y = r_s(1 - \cos\theta) \tag{13-11}$$

式中，v_w 为工件的进给速度，m/s；r_s 为砂轮的半径，m；t 为时间，s；θ 为砂轮的转角，rad；由于 θ 非常小，则有 $\theta_2 = 2(1-\cos\theta)$。此外，$v_s = r_s\omega$，其中，$\omega$ 为砂轮角速度，rad/s。又有 $\theta = \omega t$，可以导出

$$v_s t = r_s \theta \tag{13-12}$$

将式(13-12)代入式(13-10)可得

$$x = r_s \theta \left(\frac{V_x}{V_s} + 1 \right) \tag{13-13}$$

将 $\theta_2 = 2(1-\cos\theta)$ 代入式(13-11)可得

$$y = \frac{r_s \theta^2}{2} \tag{13-14}$$

联立式(13-13)和式(13-14)，消去 θ 可得磨粒 G 的轨迹方程为

$$\frac{y}{x^2} = \frac{1}{2r_s \left(\dfrac{v_v}{v_s} + 1 \right)^2} \tag{13-15}$$

可进一步写为

$$y = \frac{r_s x^2}{2\left(r_s + \dfrac{v_w}{\omega}\right)^2} \tag{13-16}$$

为了计算两颗磨粒轨迹的交点，在第一颗磨粒 G_1 与工件的接触点处 O_1 处建立局部坐标系，该坐标系与全局坐标系重合，如图 13-12 所示，根据式（13-16）该磨粒在局部坐标系中的轨迹方程为

$$y = \frac{r_1 x_1^2}{2\left(r_1 + \dfrac{v_w}{\omega}\right)^2} \tag{13-17}$$

式中，下标 1 表示第一颗磨粒，r_1 为该颗磨粒与砂轮中心的距离，m。由于第一颗磨粒的局部坐标系与全局坐标系重合，则第一颗磨粒在全局坐标系中的轨迹方程为

$$y = \frac{r_1 x^2}{2\left(r_1 + \dfrac{v_w}{\omega}\right)^2} \tag{13-18}$$

在第二颗磨粒 G_2 与工件的接触点处 O_2 处建立相应的局部坐标系，该磨粒在局部坐标系中的轨迹方程为

$$y_2 = \frac{r_2 x_2^2}{2\left(r_2 - \dfrac{v_{u_r}}{\omega}\right)^2} \tag{13-19}$$

式中，下标 2 表示第二颗磨粒，r_2 为该颗磨粒与砂轮中心的距离，m。全局坐标系原点 O 与局部坐标系原点 O_2 沿 X 轴方向的距离 L 为

$$L = \frac{V_W}{V_S} r_s \varphi \tag{13-20}$$

式中，φ 为第 2 颗磨粒与第 1 颗磨粒之间的夹角，rad。全局坐标系原点 O 与局部坐标系原点 O_2 沿 Y 轴方向的距离 Δr 为

$$\Delta r = r_2 - r_1 \tag{13-21}$$

进而磨粒 G_2 在全局坐标系中的轨迹方程为

$$y + (r_2 - r_1) = \frac{r_2\left(x - \dfrac{v_w}{\omega}\theta_1\right)^2}{2\left(r_2 + \dfrac{v_w}{\omega}\right)^2} \tag{13-22}$$

磨粒 G_i 在全局坐标系中的轨迹方程为

$$y + (r_i - r_1) = \frac{r_i\left(x - \frac{v_w}{\omega}\theta_i\right)^2}{2\left(r_i + \frac{v_w}{\omega}\right)^2} \quad (13-23)$$

式中，r_i 为第 i 颗磨粒与砂轮中心的距离，m；θ_i 为第 i 颗磨粒与第一颗磨粒所在位置之间的夹角，rad。

联立式(13-18)和式(13-22)可得

$$\frac{r_1 x^2}{2\left(r_1 + \frac{v_w}{\omega}\right)^2} + (r_2 - r_1) = \frac{r_2\left(x - \frac{v_w}{\omega}\theta_1\right)^2}{2\left(r_2 + \frac{v_w}{\omega}\right)^2} \quad (13-24)$$

相邻磨粒在全局坐标系中的交点方程可以写作

$$\frac{r_i\left(x - \frac{v_w}{\omega}\theta_i\right)^2}{2\left(r_i + \frac{v_w}{\omega}\right)^2} + (r_{i+1} - r_i) = \frac{r_{i+1}\left(x - \frac{v_w}{\omega}\theta_{i+1}\right)^2}{2\left(r_{i+1} + \frac{v_w}{\omega}\right)^2} \quad (13-25)$$

式中，r_{i+1} 为第 $i+1$ 颗磨粒与砂轮中心的距离，m；θ_{i+1} 为第 $i+1$ 颗磨粒与第 1 颗磨粒所在位置之间的夹角，rad。

根据式(13-23)求出取样长度内的每颗磨粒在工件上生成的轨迹，根据式(13-25)求出相邻两颗磨粒的交点，选取相邻交点间的弧线组成的轨迹即为磨削加工后工件表面生成的形貌曲线。

结合图 13-13 可见，表面粗糙度评定参数的计算过程如下。

(1)轮廓的算术平均偏差 Ra。在图 13-13 中工件表面形貌曲线所处的坐标系中找出轮廓最小二乘中线 O_1O_1，中线方程为 $y=f(x)$，工件表面形貌曲线方程为 $y=z(x)$，取样长度 l_r 为 2.5mm，对应的轮廓的算术平均偏差 Ra 值为

$$Ra = \frac{1}{l_r}\int_0^{l_r}|z(x) - f(x)|\,\mathrm{d}x \quad (13-26)$$

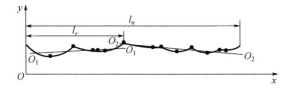

图 13-13　一维表面形貌预估图

(2)轮廓的最大高度 Rz。图 13-13 中工件表面形貌曲线的波峰值和波谷值存储为一维矩阵 C_m，找出该矩阵中最大值 C_{max} 和最小值 C_{min}，在取样长度 l_r 上对应的轮廓的最大高度 Rz 值为

$$Rz = C_{max} - C_{min} \qquad (13-27)$$

一种纳米粒子射流微量润滑磨削表面粗糙度预测方法的具体步骤如下。

(1)通过砂轮表面形貌测量装置捕获砂轮的表面形貌曲线,并将曲线的波峰点处的横纵坐标即为砂轮表面磨粒相对转角位置及突出高度存储为矩阵 A_{ij},如图 13-14 所示。

图 13-14　一维砂轮表面形貌采样图

(2)通过有效磨粒判定条件式(13-1),从形貌矩阵 A_{ij} 选择满足条件的波峰点,存储相应的横纵坐标生成新的矩阵 B_{ij},如图 13-15 和图 13-16 所示,其中 h_1 线为最高磨粒线,h_2 线为有效磨粒选择线。

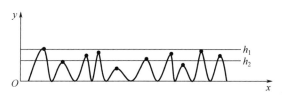

图 13-15　一维砂轮表面有效磨粒选取图

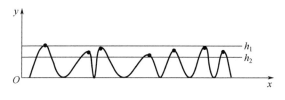

图 13-16　一维砂轮表面有效磨粒图

(3)根据磨削加工工件表面形貌创成机理,生成工件表面形貌曲线,并将曲线上的波峰值和波谷值存储为一维矩阵 C_m,如图 13-13 所示。

(4)根据式(13-26)计算轮廓的算术平均偏差 Ra 值。

(5)根据式(13-27)计算轮廓的最大高度 Rz 值。

13.2.4 纳米粒子射流微量润滑磨削雾滴粒径的测量方法与装置

该装置和方法的目的是解决目前微量润滑磨削润滑剂喷射到工件上雾滴粒径大小不易测量的问题，提供一种纳米粒子射流微量润滑磨削雾滴粒径的测量方法与装置，它结合显微技术测量纳米粒子射流微量润滑磨削雾滴在工件表面分布的粒径大小，使雾滴在工件表面的分布清晰可见，扫描得到单颗雾滴的形态轮廓，从而可以计算出雾滴的粒径大小，有助于研究射流微量润滑磨削雾滴的分布规律，提高纳米粒子微量润滑磨削液的有效利用率，提高磨削性能，降低对环境的污染，为工作人员提供了更好的健康保障。

它的工作过程如下。

(1)纳米流体经喷嘴形成磨削雾滴并送入工件的磨削区。

(2)利用与工件表面垂直的共聚焦显微镜获得视野内全部单颗雾粒图。

(3)利用两个共聚焦显微镜同时获取同一单颗雾粒的侧视图和俯视图。

(4)将步骤(3)中该单颗雾粒的侧视图根据其与工件表面的接触角 θ_1 和 θ_2 以及高度 h，据此将磨削雾滴图解析为两个椭圆合成，并得到相应的椭圆方程;将该单颗雾粒的俯视图解析为两个相切的椭圆合成，并得到相应的椭圆方程。

(5)将步骤(4)的信息送入计算机，得到磨削雾滴形态轮廓的三维方程式。

(6)计算机根据共聚焦显微镜的显示得到单颗雾滴的坐标，形成一个数据矩阵，经过数据重组后可以模拟出雾滴的形态，计算出雾滴的粒径大小。

砂轮与工件相互磨削作用，纳米粒子由喷嘴喷出，经大量实验验证纳米粒子射流的喷射角度为纳米粒子射流沿砂轮切向射入磨削区的方向为最佳，此时纳米粒子磨削液可以起到最佳作用。共聚焦显微镜放置于磨削区前端纳米粒子磨削液射入区，此时共聚焦显微镜可以清晰地扫描到由喷嘴喷出的纳米粒子雾滴的侧面，可以由共聚焦显微镜扫描出雾滴在接触工件前、接触工件表面，稳定状态多种情况下的侧视图，为分析纳米粒子射流微量润滑磨削液雾滴的形态做好前期工作。测量装置采用共聚焦显微镜(如 OlympusFV1200 双扫描激光共聚焦显微镜)，各共聚焦显微镜主要由五部分组成：显微光学系统、共聚焦显微镜、光源、检测系统，整套仪器由计算机控制。

图 13-17 所示为纳米粒子射流微量润滑磨削液雾滴测量装置结构示意图，通过光源发出探测光，由扩光器放大光线，由光学系统处理，探测光照射到半反半透镜上反射，通过光学系统聚焦到被观测物体上，如果物体恰在焦点上，那么反射光应当通过原光学系统返回，在反射光的光路上透过扫描镜、半反半透镜，反射光通过光学系统汇聚在焦点，在其焦点上有一个针孔，针孔后面是一个探测器，在探测光焦点前后的反射光通过这一套共焦系统，必不能聚焦到针孔上，会被挡板挡住。探测器中的光度计测量的就是焦点处的反射光强度。共聚焦显微镜就是通过一组光学系统利用探测光对一个物体进行扫描的。

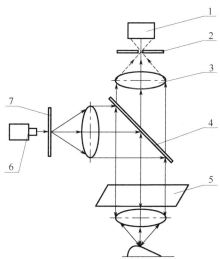

1-探测器；2-针孔；3-光学系统；4-半反半透镜；5-扫描镜；6-光源；7-扩光器

图 13-17 纳米粒子射流微量润滑磨削液雾滴测量装置结构示意图

在磨削工作中，保持喷嘴、工件的工作状态不变，为方便共聚焦显微镜的扫描，调整砂轮的位置离开工件表面一段距离，将砂轮离开工件表面不影响磨削液雾滴喷射到工件表面。在研究工件表面纳米粒子射流雾滴的分布时，采取使共聚焦显微镜垂直于工件表面，共聚焦显微镜的镜头正对纳米粒子射流，共聚焦显微镜是共聚焦检测系统进行大范围检测必需的组件，共聚焦显微镜安装在丝杠导轨上，由丝杠导轨组成的 X 轴 Z 轴平移扫描的方式，由驱动装置使共聚焦显微镜沿 Y 方向移动，以便于使共聚焦显微镜的焦距调整后焦点可以落到扫描目标上。通过移动共聚焦显微镜这样的扫描方式可以实现大范围区域的扫描，从而分析纳米粒子射流微量润滑磨削液雾滴的分布规律。

工件以 v_w 运动，对于小区域雾滴的测量，采用两个共聚焦显微镜进行小范围扫描。将一个共聚焦显微镜放置在工件上方并垂直于工件表面，将另一共聚焦显微镜放置在工件一侧并垂直于工件的运动方向，即两个共聚焦显微镜相垂直。调整两个共聚焦显微镜的焦距，将两个共聚焦显微镜的焦点汇聚于一点，这样就可以在同一时间同时对同一区域的雾滴进行扫描，同时得到俯视图和侧视图，可以准确地捕捉扫描信息。

图 13-18 所示为纳米粒子射流微量润滑磨削液单颗雾滴的三种形态示意图，纳米粒子射流经喷嘴喷出后磨削液雾化，形成雾滴，单颗雾滴在空中的形态为球形，直径为 d_0，当雾滴落到工件或者砂轮时，由于工件以速度 v_w 运动，砂轮以速度 v_s 运动，所以雾滴落到运动着的工件或者砂轮上时会出现前后接触角大小不同的现象，$\theta_1 > \theta_2$，高度为 h，当工件停止运动时，雾滴的形态达到稳定状态，此时前后接触角 θ_3 相等，高度为 h'。

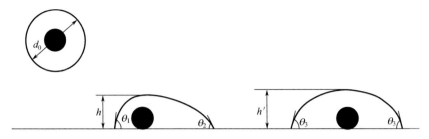

图 13-18　纳米粒子射流微量润滑磨削液单颗雾滴的三种形态示意图

　　图 13-19 所示为纳米粒子射流微量润滑磨削液雾滴测量俯视图，雾滴落到工件表面后，共聚焦显微镜对工件上的雾滴进行局部小区域的扫描，将扫描到的图像经探测器接收，采集信息传递到计算机，计算机根据具体需要设置各种功能，将扫描位置坐标与探测器接收的信号一一对应起来，并在显示器显示出来，由图 13-19 可知，在扫描到的图像中，雾滴位于坐标中并与坐标一一对应，雾滴落到工件上有的并排在 z 轴方向，有的叠在一起，为研究单颗雾滴的形态，在选择研究对象时不选择叠在一起的雾滴。在俯视图扫描的同时，另一个共聚焦显微镜也对 z 方向进行了侧视图的扫描。图 13-20 所示为纳米粒子射流微量润滑磨削液雾滴测量侧视图，由同一区域的俯视图和侧视图的对应可看出，在侧视图中，并排在 z 轴方向的雾滴并不能将并排的所有雾滴轮廓完全显示出来，只能显示位于 z 轴坐标值较小并没有被其他雾滴所遮挡的雾滴轮廓，由于位于垂直的两个共聚焦显微镜的焦点汇聚于一点，所以扫描得到的俯视图和侧视图的 x 轴的坐标是一一对应的，根据侧视图中图像的虚实关系(重叠关系)，将俯视图和侧视图雾滴的轮廓相对应，判断在俯视图中哪个轮廓与侧视图中的哪个轮廓是由同一颗雾滴扫描得到的，因此可以根据雾滴在 x 轴坐标上一一对应的关系选择单颗雾滴，并且此单颗雾滴在俯视图和侧视图的扫描图像中是完整的没有被其他雾滴干扰的，选定该雾滴进行研究，如图 13-19 和图 13-20 中圈出的雾滴轮廓为同一颗雾滴。

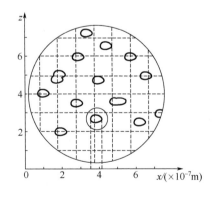

图 13-19　纳米粒子射流微量润滑磨削液雾滴测量俯视图

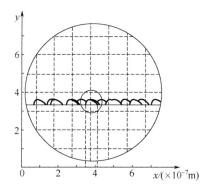

图 13-20　纳米粒子射流微量润滑磨削液雾滴测量侧视图

图 13-21 所示为纳米粒子射流微量润滑磨削液单颗雾滴侧视图，单颗雾滴侧视图是由小区域扫描的侧视图得到的。侧视图中 $ABCDA$ 为单颗雾滴侧视图，接触角为 θ_1 和 θ_2，高为 h。可解析为由椭圆 E_{1C} 和椭圆 E_{2C} 合成的，两个椭圆在 B 点相切，$AD=l_1$，$CD=l_2$，$O_1O_2=y_0$。通过解析法可以解得椭圆 E_{1C} 和椭圆 E_{2C} 的解析方程分别为

E_{1C}:
$$\frac{x^2}{a_{1C}^2}+\frac{y^2}{b_{1C}^2}=1 \tag{13-28}$$

$$a_{1C}=\sqrt{\frac{l_1(l_1\tan\theta_1-h)^2}{(l_1\tan\theta_1-2h)\tan\theta_1}} \tag{13-29}$$

$$b_{1C}=\frac{hl_1\tan\theta_1-h^2}{l_1\tan\theta_1-2h} \tag{13-30}$$

E_{2C}:
$$\frac{x^2}{a_{2C}^2}+\frac{y^2}{b_{2C}^2}=1 \tag{13-31}$$

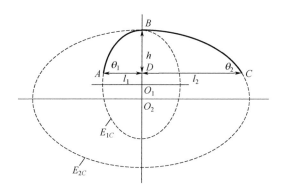

图 13-21　纳米粒子射流微量润滑磨削液单颗雾滴侧视图

$$a_{2C} = \sqrt{\frac{l_2(l_2 \tan\theta_2 - h)^2}{(l_2 \tan\theta_2 - 2h)\tan\theta_2}} \tag{13-32}$$

$$b_{2C} = \frac{hl_2 \tan\theta_2 - h^2}{l_2 \tan\theta_2 - 2h} \tag{13-33}$$

式中，椭圆 E_{1C} 的短半轴为 a_{1C}，长半轴为 b_{1C}；$AD=l_1$；θ_1、θ_2 为雾滴接触角，(°)；$BD=h$ 为雾滴的高度；椭圆 E_{2C} 的长半轴为 a_{2C}，短半轴为 b_{2C}；$CD=l_2$。

图 13-22 所示为纳米粒子射流微量润滑磨削液单颗雾滴俯视图，该侧视图是由小区域扫描的俯视图得到的，此单颗雾滴俯视图与图 13-21 的单颗雾滴侧视图为同一颗雾滴。俯视图中 $AMCNA$ 为雾滴俯视图，轮廓可解析为由椭圆 E_{1F} 和椭圆 E_{2F} 合成的，两个椭圆在 M 点和 N 点相切，$AD=l_1$，$CD=l_2$，$l_1+l_2=d_1$，$MN=d_2$。根据图 13-19 可知此平面为 XOZ 面，通过解析法可以解得椭圆 E_{1F} 和椭圆 E_{2F} 的解析方程为

$$E_{1F}: \qquad \frac{x^2}{l_1^2} + \frac{z^2}{(d_2/2)^2} = 1 \tag{13-34}$$

$$E_{2F}: \qquad \frac{x^2}{l_2^2} + \frac{z^2}{(d_2/2)^2} = 1 \tag{13-35}$$

式中，$AD=l_1$ 为椭圆 E_{1F} 的短半轴；$CD=l_2$ 为椭圆 E_{2F} 的长半轴；$MN=d_2$ 既是椭圆 E_{1F} 的长轴，也是椭圆 E_{2F} 的短轴；$MD=d_2/2$ 既是椭圆 E_{1F} 的长半轴，也是椭圆 E_{2F} 的短半轴。

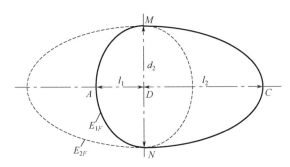

图 13-22　纳米粒子射流微量润滑磨削液单颗雾滴俯视图

图 13-23 所示为纳米粒子射流微量润滑磨削液单颗雾滴形态模拟图，通过共聚焦显微镜扫描得到小区域俯视图和侧视图，将扫描结果输送到计算机中，根据雾滴轮廓每一点的坐标，分别建立椭圆方程 E_{1C}、E_{2C} 和 E_{1F}、E_{2F}，应用数据分析软件如 Matlab，根据椭圆方程 E_{1C}、E_{2C} 可以绘出雾滴的侧视图二维轮廓，根据椭圆方程 E_{1F}、E_{2F} 可以绘出雾滴的俯视图二维轮廓。三维结构分为两部分 $E_1(AMBNA)$ 和 $E_2(CMBNC)$。

$$\frac{x^2}{a_1^2} + \frac{(y-y_0)^2}{b_2^2} + \frac{z_2^2}{c_1^2} = 1 \tag{13-36}$$

当 $z=0$ 时，求得 $a_1=a_{1C}$，$b_1=b_{1C}$。$y=y_0+b_1-h$ 时求得

$$C_1 = \frac{d_2/2}{\sqrt{1-(b_1-h)^2/b_1^2}} \tag{13-37}$$

同理可得

$$\frac{x^2}{a_2^2} + \frac{y}{b_2^2} + \frac{z^2}{c_2^2} = 1 \tag{13-38}$$

$$a_2 = \sqrt{\frac{l_2(l_2\tan\theta_2 - h)^2}{(l_2\tan\theta_2 - 2h)\tan\theta_2}} \tag{13-39}$$

$$b_2 = \frac{hl_2\tan\theta_2 - h^2}{l_2\tan\theta_2 - 2h} \tag{13-40}$$

$$C_2 = \frac{d^2/2}{\sqrt{1-(b_2-h)^2/b_2^2}} \tag{13-41}$$

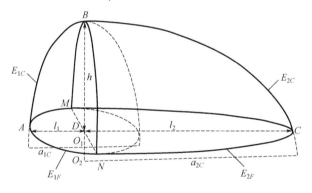

图 13-23　纳米粒子射流微量润滑磨削液单颗雾滴形态模拟图

雾滴在空中时的体积为

$$V_1 = \frac{\pi}{4}d_0^3 \tag{13-42}$$

当雾滴在接触移动的工件后体积为

$$V_2 = V_{AMBNA} + V_{CMBNC} = \frac{\pi}{6}\left[hd_1d_2 - \frac{h^2d_2}{2}\left(\frac{1}{\tan\theta_1} + \frac{1}{\tan\theta_2}\right)\right] \tag{13-43}$$

通过体积验证可得 $V=V_1=V_2$ 体积守恒。

同时也可以求得雾滴的上表面积 A 为

$$A = A_{AMBNA} + A_{CMBNC} = 2\int_{\arctan\left(1-\frac{h}{b_1}\right)}^{\pi} \int_0^{\pi} \sin\phi\sqrt{a_1^2 b_1^2 \cos^2\phi + c_1^2\left(b_1^2\cos^2\theta + a_1^2\sin^2\theta\right)\sin^2\phi}\,\mathrm{d}\theta\mathrm{d}\phi$$

$$+ 2\int_{\arctan\left(1-\frac{h}{b_2}\right)}^{\pi} \int_0^{\pi} \sin\phi\sqrt{a_2^2 b_2^2 \cos^2\phi + c_2^2\left(b_2^2\cos^2\theta + a_2^2\sin^2\theta\right)\sin^2\phi}\,\mathrm{d}\theta\mathrm{d}\phi \qquad (13\text{-}44)$$

雾滴覆盖面积 A' 为

$$A' = \frac{\pi}{4}d_1 A d_2 A = \frac{\pi}{4}d_1 d_2 \qquad (13\text{-}45)$$

雾滴的总表面积 S 为

$$S = A + A'$$

假定喷雾由具有同一直径(索太尔直径 d_{SMD})的微粒组成,同时要求微粒的总表面积和总体积都与实际喷射的油雾相同,即

$$V = \frac{N}{6}\pi d_{SMD}^3 = \frac{\pi}{6}\sum N_i d_i^3 \qquad (13\text{-}46)$$

$$S = N\pi_{SMD}^2 = \pi\sum N_i d_i^2 \qquad (13\text{-}47)$$

式中,N 为喷雾微粒总数,个;N_i 为直径为 d_i 的微粒数,个。

据定义可求得索太尔平均直径 d_{SMD} 为

$$d_{SMD} = \frac{\sum N_i d_i^3}{\sum N_i d_i^2} \qquad (13\text{-}48)$$

式中,雾滴的 V 和 S 均可通过上述公式计算求得。

13.2.5　纳米流体磨削工艺

把纳米材料引入磨削工艺,主要是考虑纳米材料具有极低的物质量和良好的导热性能。其实施过程要做好两个方面的工作:一是要选取合适的材料和工作参数,二是要研制适当的设备。大量实验表明,所采用纳米材料的范围很广,可以是金属粉末,如铜、铝、锌等,也可以是氧化物粉末,如氧化铝、氧化锌、氧化锆等。其工作参数范围也很宽,如纳米材料的粒度在 1~100nm,输送量的体积分数含量为1%~10%;高压空气进气量为 10~100L/min;水的供给量 200~800mL/h;润滑油为 10~50mL/h,都具有满意的效果。该装置的目的是提供一种具有微量润滑技术的所有优点,并具有更强的冷却性能的磨削工艺以及实现该工艺的专用设备。

图 13-24 介绍了一种最简单的设备,由图可见,在一个箱式机架上方设有三个储存罐,分别是润滑油储存罐、水储存罐和纳米级粉末储存罐,在机架的左侧装有

一个高压气泵，各储存罐的下面均接有输送管，各输送管上分别装有流量控制阀和输送泵。高压气泵一侧经流量控制阀和空气滤清器与空气入口相接，另一侧后分为两支管路，其中一支通过高压气管接雾化室，另一支通过分流气管控制阀与纳米粉末输送管汇合后接雾化室。雾化室通过控制阀和软管相连，软管另一端装有喷头。

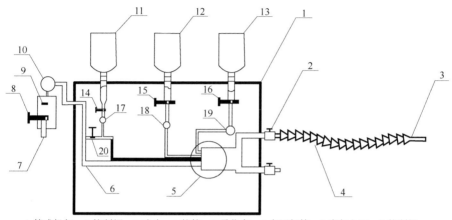

1-箱式机架；2-控制阀；3-喷头；4-软管；5-雾化室；6-高压气管；7-空气入口；8-控制阀；
9-空气滤清器；10-高压气泵；11-纳米级粉末储存罐；12-水储存罐；13-润滑油储存罐；
14～16-流量控制阀；17～19-输送泵；20-分流气管控制阀

图 13-24　设备主视图

雾化室是一个容器状的空间，有一个高压空气入口，在高压空气入口面里有纳米入口、润滑油入口和水入口，其中水的入口也是设在润滑油的入口里面。工作时，在高压气体的拉动下，纳米颗粒和油水混合液滴混合并雾化后冲入磨削区。为了证明纳米粉末的作用，我们做了大量的实验。归纳起来，大体上有两类实验。一类是加入纳米材料的磨削介质与其他磨削介质的对比实验，另一类是加入纳米材料的磨削介质自身的优化实验。下面仅提供部分典型实验情况。

第一类实验：不同加工方式对比。

实验用品：斯来福临(SCHILETFRING)K-P36 精密数控平面磨床，CBN 砂轮，砂轮参数为直径 300m，粒度 240#，最大线速度 65m/s。三向压电式磨削力测量仪(YDM-Ⅲ99)，表形貌仪(Talysurf)，红外热像仪(Thermovision A20M)。采用 Al_2O_3 纳米粉末，润滑油选用以植物油为基础油的聚甲基丙烯酸烷基酯。

实验设计：

(1)采用传统的加工模式(湿加工)分别加工陶瓷、45 号钢、铸铁。加工工艺参数，砂轮线速度为 45m/s，磨削方式为 Z 形磨削，横向进给量 30mm/s，工作台移动速度为 60m/s，采用手动进给加工方式，切削深度 5μm/每行程。在加工过程中保证充分的磨削液供给。陶瓷材料性能硬度(HV)可以达到 2100，耐热温度 1200℃，韧性较差，采用灰铸铁牌号为 HT150，材料性能是硬度(HB)为 180。实验过程中测量磨削区温度、切削力，实验结束后，分别测量各工件的表面粗糙度。

(2)使用干加工方式加工上述材料。加工工艺参数同(1)，同样测量磨削区温度、切削力、表面粗糙度。

(3)采用微量润滑方法加工上述材料。加工工艺参数同(1)，微量润滑系统中采用的工艺参数为进气量 35L/min，水的供给量 600mL/h，润滑油 20mL/h。同样测量磨削区温度、切削力、表面粗糙度。

(4)采用纳米流体微量润滑方法加工上述材料。加工工艺参数同(1)，纳米流体微量润滑系统中采用的工艺参数同(3)。同样测量磨削区温度、切削力、表面粗糙度。

上述几部分实验所得数据如表 13-1 所示。

表 13-1　不同加工模式性能对比

材料	表征参数	湿加工	干加工	微量润滑	纳米流体微量润滑
铸铁	$Ra/\mu m$	0.5	0.8	0.66	0.63
	磨削区温度/℃	142	483	446	198
	F_t/F_n/(N/mm)	0.33	0.16	0.30	0.46
45 号钢	$Ra/\mu m$	0.4	0.63	0.45	0.42
	T/℃	126	478	444	187
	F_t/F_n/(N/mm)	0.42	0.24	0.34	0.56
陶瓷	$Ra/\mu m$	0.5	0.8	0.63	0.53
	T/℃	150	496	458	158
	F_t/F_n/(N/mm)	0.55	0.3	0.45	0.67

由表 13-2 可见，在高压气流中加入纳米颗粒的方法，能够进一步提高微量润滑技术的冷却效果。表中，F_t/F_n 比值越大，说明冷却润滑效果越好。

表 13-2　四种工艺加工效果的定性评价

加工方式	冷却效果	润滑效果	排屑	工作环境	成本
湿加工	优	优	好	差	高
干加工	差	差	差	好	低
微量润滑	中	良	好	较好	低
纳米流体微量润滑	良	良	好	较好	低

第二类实验：本实验共分为四部分，分别验证纳米颗粒输送量大小，纳米颗粒粒度，润滑油与水的比例，送气量的大小对纳米流体磨削效果的影响。本实验在斯来福临(SCHLETFRING)K-P36 精密数控平面磨床进行，砂轮使用 CBN 砂轮，砂轮参数：直径 300mm，粒度 240#。最大线速度可以达到 65m/s。工件材料采用表面未

经过处理的 50mm×100m×20mm 45 号钢，硬度(HB)为 230。

(1)通过改变纳米流体中纳米粉末的含量来研究其对磨削加工的影响。实验设计中的设定机床加工工艺参数同第一类实验中的(1)，纳米流体微量润滑系统中采用的工艺参数同第一类实验中的(3)。纳米固体颗粒的输送量分为五种状态，体积分数分别为 1%、2.5%、4%、5%、8%。试验结束后，测量工件表面质量结果如表 13-3 所示。

表 13-3　不同 Al_2O_3 用量情况下工件的表面质量对比

Al_2O_3 体积分数/%	1	2.5	4	5	8
表面粗糙度 Ra/μm	1.25	0.8	0.42	0.52	0.68
磨削区温度峰值/℃	481	372	212	202	187
工件表面是否有烧伤	有	轻微	否	否	否
工件表面是否有划痕	否	否	否	轻微	有

由表 13-3 可知，随着纳米固体粉末输送量的增加，磨削区温度峰值降低，但超过 5%体积分数的输送量，工件表面粗糙度数值增加，且在工件表面有轻微划痕，在此工艺条件下 1%输送量综合效果最好。

(2)通过添加不同大小的纳米固体来观察纳米颗粒的大小对加工效果的影响。加工工艺参数同(1)。纳米流体微量润滑系统中采用的工艺参数是进气量 35L/min，水的供给量 600mL/h，润滑油 20mL/h，纳米颗粒的输送量为 4%体积分数。纳米颗粒的大小分为 20nm、30nm、40nm、50nm、60nm、80nm。实验结果见表 13-4。

表 13-4　添加不同粒度的纳米颗粒加工效果对比

Al_2O_3 粒度/nm	20	30	40	50	60	80
表面粗糙度 Ra/μm	1	0.63	0.42	0.63	0.68	0.72
磨削区温度峰值/℃	465	349	232	209	185	162
工件表面是否有划痕	否	否	否	轻微	有	明显

由表 13-4 可知，添加较大颗粒的纳米固体粉末的微量润滑具有很好的冷却效果，但纳米颗粒大小在 50nm 以后表面粗糙度数值增大，且工件表面有划痕现象，故在此工艺条件下，纳米颗粒大小为 40nm 可以得到较好的表面质量和综合效果。

(3)研究纳米流体磨削液中水和润滑油的配比。实验设计中的加工工艺参数同(1)，纳米流体微量润滑系统采用的工艺参数是进气量 35L/min，纳米颗粒输送量的体积分数为 4%，纳米颗粒为 40nm。水与润滑油成一定比例混合，现定润滑油的供给量为 20mL/h，水的供给量分别采用 200mL/h、400mL/h、600mL/h、800mL/h，即油与水的比例分别为 1：10、1：20、1：30、1：40。实验结果见表 13-5。

表 13-5　纳米流体磨削液中水和润滑油的不同配比的加工质量对比

水与润滑油比例	1：10	1：20	1：30	1：40
表面粗糙度 Ra/μm	1	0.8	0.4	0.63
切向力 F_t/(N/mm)	1.25	1.12	1.35	1.21
F_t/F_n	0.15	0.17	0.19	0.16

由表 13-5 可知，在润滑油与水的比例为 1：30 时，此装置的润滑效果最好，可以有效减小切削力，得到较好的加工效果。

(4)通过改变进气量来研究气流大小对加工的影响。实验设计中先将工件(45 号钢)固定在电磁工作台上，设定机床加工工艺参数同(1)。纳米流体微量润滑系统中采用的工艺参数是纳米颗粒的输送量体积分数为 4%，纳米颗粒的粒度为 40nm，水的供给量 600mL/h，润滑油 20mL/h，设定进气量分别为 20L/min、40L/min、60L/min、80L/min、100L/min。实验结果见表 13-6。

表 13-6　气体输送量对加工的影响

气体输送量/(L/min)	20	40	60	80	100
表面粗糙度 Ra/μm	0.63	0.5	0.4	0.63	0.8
磨削区温度峰值/℃	466	441	416	443	456
切向力 F_t/(N/mm)	1.15	1.09	1.26	1.12	1.18

由表 13-6 可知，在气流为 60L/min 时，加工的工件表面质量最好。

综合上述实验结果，选定优化方式：纳米固体粉末的粒度为 40nm，输送量为 4%，高压空气进气量为 60L/min，水的供给量 600mL/h，润滑油 20mL/h。

参 考 文 献

[1] WANG Y, LI C, ZHANG Y, et al. Experimental evaluation on tribological performance of the wheel/workpiece interface in minimum quantity lubrication grinding with different concentrations of Al_2O_3 nanofluidsp[J]. Journal of Cleaner Production, 2017, 142: 3571-3583.

[2] LI C H, ZHANG D K, JIA D Z, et al. Experimental evaluation on tribological properties of nano-particle jet MQL grinding[J]. International Journal of Surface Science and Engineering, 2015,9(2-3): 159-175.

[3] 张彦彬, 李长河, 贾东洲, 等. MoS_2/CNTs 混合纳米流体微量润滑磨削加工表面质量试验评价[J]. 机械工程学报, 2018, 1: 161-170.

[4] 李长河, 王胜, 张强. 纳米粒子射流微量润滑磨削表面粗糙度预测方法和装置: 201210490401.0[P]. 2013-03-06.

[5] MALKIN A Y, PATLAZHAN S A, KULICHIKHIN V G. Physicochemical phenomena leading to slip of a fluid along a solid surface[J]. Russian Chemical Reviews, 2019, 88(3): 319-349.

[6] TÖNSHOFF H K, FRIEMUTH T, BECKER J C. Process monitoring in grinding[J]. CIRP Annals, 2002, 51(2): 551-571.

[7] ALI Y M, ZHANG L C. Surface roughness prediction of ground components using a fuzzy logic approach[J]. Journal of Materials Processing Technology, 1999,89-90: 561-568.

[8] 刘贵杰, 巩亚东, 王宛山. 磨削质量在线监测方法研究[J]. 金刚石与磨料磨具工程, 2004, 5: 24-27.

[9] 殷庆安, 李长河, 杨敏, 等. 支持不同润滑工况的单颗磨粒速度及尺寸效应试验系统及方法: 201711447994.1[P]. 2018-04-27.

[10] GUO S, LI C, ZHANG Y, et al. Experimental evaluation of the lubrication performance of mixtures of castor oil with other vegetable oils in MQL grinding of nickel-based alloy[J]. Journal of Cleaner Production, 2017,140: 1060-1076.

[11] WANG Y, LI C, ZHANG Y, et al. Experimental evaluation of the lubrication properties of the wheel/workpiece interface in MQL grinding with different nanofluids[J]. Tribology International, 2016, 99: 198-210.

[12] GAO T, LI C, ZHANG Y, et al. Dispersing mechanism and tribological performance of vegetable oil-based CNT nanofluids with different surfactants[J]. Tribology International, 2019, 131: 51-63.

[13] LI B, LI C, ZHANG Y, et al. Grinding temperature and energy ratio coefficient in MQL grinding of high-temperature nickel-base alloy by using different vegetable oils as base oil[J]. Chinese Journal of Aeronautics, 2016, 29(4): 1084-1095.

[14] WANG Y, LI C, ZHANG Y, et al. Comparative evaluation of the lubricating properties of vegetable-oil-based nanofluids between frictional test and grinding experiment[J]. Journal of Manufacturing Processes, 2017, 26: 94-104.

[15] ZHANG X P, LI C H, ZHANG Y B, et al. Performances of Al_2O_3/SiC hybrid nanofluids in minimum-quantity lubrication grinding[J]. International Journal of Advanced Manufacturing Technology, 2016,86(9-12): 3427-3441.

[16] ZHANG J C, LI C H, ZHANG Y B, et al. Temperature field model and experimental verification on cryogenic air nanofluid minimum quantity lubrication grinding[J]. International Journal of Advanced Manufacturing Technology, 2018. 97(1-4): 209-228.

[17] LI B K, LI C H, ZHANG Y B, et al. Numerical and experimental research on the grinding temperature of minimum quantity lubrication cooling of different workpiece materials using vegetable oil-based nanofluids[J]. Intrenational Journal of Advanced Manufacturing Technology, 2017(93): 1971-1988.

[18] YIN Q A, LI C H, DONG L, et al. Effects of the physicochemical properties of different

nanoparticles on lubrication performance and experimental evaluation in the NMQL milling of Ti-6Al-4V[J]. International Journal Of Advanced Manufacturing Technology, 2018, 99(9-12): 3091-3109.

[19] LV T, HUANG S Q, HU X D, et al. Tribological and machining characteristics of a minimum quantity lubrication (MQL) technology using GO/SiO$_2$ hybrid nanoparticle water-based lubricants as cutting fluids[J]. International Journal of Advanced Manufacturing Technology, 2018, 96(5-8): 2931-2942.

[20] 张强, 李长河, 王胜. 纳米粒子射流微量润滑磨削的冷却性能分析[J]. 制造技术与机床, 2013,3: 91-96.

[21] 王胜, 李长河, 张强. 纳米粒子射流微量润滑磨削性能评价[J]. 制造技术与机床, 2013, 2: 86-89.

[22] 王胜, 李长河, 张强. 纳米粒子射流微量润滑磨削表面粗糙度预测与实验验证[J]. 现代制造工程, 2014, 8: 1-6.

[23] 贾东洲, 李长河, 张彦彬, 等. 纳米流体微量润滑磨削球墨铸铁磨削性能实验评价[J]. 制造技术与机床, 2017, 12: 40-43.

[24] 李长河, 贾东洲, 王胜, 等. 纳米粒子射流条件下工件表面微凸体油膜形成工艺与装置: 201310084438.8[P]. 2013-05-22.

[25] ZHANG Y, LI C, JIA D, et al. Experimental evaluation of the lubrication performance of MoS$_2$/CNT nanofluid for minimal quantity lubrication in Ni-based alloy grinding[J]. International Journal of Machine Tools and Manufacture, 2015, 99: 19-33.

[26] WANG Y, LI C, ZHANG Y, et al. Experimental evaluation of the lubrication properties of the wheel/workpiece interface in minimum quantity lubrication (MQL) grinding using different types of vegetable oils[J]. Journal of Cleaner Production, 2016,127: 487-499.

[27] 李长河, 张东坤, 贾东洲, 等. 纳米粒子射流微量润滑磨削雾滴粒径的测量方法与装置: 201310430277.3[P]. 2013-12-18.

[28] 李长河, 刘占瑞, 侯亚丽, 等. 一种纳米流体磨削工艺及设备. 200910207606.1[P]. 2010-06-09.

[29] 张东坤, 李长河, 贾东洲, 等. 球墨铸铁纳米粒子射流微量润滑磨削性能的实验研究[J]. 制造技术与机床, 2014, 11: 98-103.

[30] 毛聪, 邹洪富, 黄勇, 等. 微量润滑平面磨削接触区换热机理的研究[J]. 中国机械工程, 2014, 6: 826-831.